高等学校"十三五"规划教材

WURENJI YINGYONG JICHU

# 无人机应用基础

谢 辉 编著

西北工业大学出版社

西 安

【内容简介】 全书分为11章,分别介绍了国内外无人机的发展历程和总体技术特点,重点介绍了固定翼无人机、旋翼无人直升机、多旋翼无人机、无人飞艇等主要无人飞行器的总体设计、空气动力学基础、机体结构、航空电子(包含飞行控制系统、导航系统、相关任务设备等)和飞行原理等技术知识。在此基础之上,特别介绍了目前民航空中交通管制方面与无人机相关的基础知识,并且为了和实际应用领域紧密结合,还介绍了目前最新的无人机方面管制法规政策、无人机管理体系、培训体系和相关证件特点、无人机各个应用领域的现状和特点以及若干无人机研发公司的创建历程等。

本书关于无人机的知识介绍具有系统性和全面性的特点,并且紧密联系目前的行业应用实际情况,具有一定的实用性。

本书可作为高等学校无人机应用相关专业的教学用书,同时也可以供无人机行业应用人员、航空模型爱好者使用。

**图书在版编目(CIP)数据**

无人机应用基础/谢辉编著 . —西安:西北工业大学出版社,2018.2(2025.2重印)

ISBN 978 - 7 - 5612 - 5887 - 3

Ⅰ.①无… Ⅱ.①谢… Ⅲ.①无人驾驶飞机—高等学校—教材 Ⅳ.①V279

中国版本图书馆 CIP 数据核字 (2018)第 039819 号

策划编辑:杨 军
责任编辑:张 友

出版发行:西北工业大学出版社
通信地址:西安市友谊西路 127 号 邮编:710072
电 话:(029)88493844 88491757
网 址:www.nwpup.com
印 刷 者:西安五星印刷有限公司
开 本:787 mm×1 092 mm 1/16
印 张:18
字 数:440 千字
版 次:2018 年 2 月第 1 版 2025 年 2 月第 5 次印刷
定 价:56.00 元

# 前　言

近 30 年来,无人机技术在悄然之中快速发展,凭借着远程遥控飞行能力、自主飞行能力、低成本的优势,无人机广泛应用于军事领域中执行侦察、监测、科研甚至攻击等任务。特别是从 2012 年开始,随着微电子元器件工业和自动控制技术的进步,以及与之匹配的飞行控制算法推陈出新,以旋翼为主要特点的小型无人机在民用应用领域大放异彩,在航空拍摄、农林病虫害防护、安全监控、交通管制、应急通信、应急救援和物流快递等领域发挥着比传统方式更加出色的产业效用。正是在这种应用前景的影响下,越来越多的青年人进入无人机应用行业,成为近百万民用无人机从业人员的一份子。然而,无论是传统固定翼无人机,还是单旋翼、多旋翼无人机,从其本质上讲都是一种航空飞行器,很多年轻从业人员并没有系统地接受过航空工程应用专业知识教育,对飞行器缺乏基本、系统、全面的认识,这种知识构架方面的缺陷对于其个人未来在无人机应用行业中的工作和发展是极其不利的。

本书的编写既是为了满足刚刚进入无人机领域的年轻无人机操作人员的需要,也是为了满足在民用无人机行业从业多年的资深人士的需要,并且在极个别方面还兼顾了航模科技教育的需求。本书内容简明扼要、浅显易懂,原理公式引用适度。

本书中涉及的无人机类型包括固定翼无人机、无人直升机、多旋翼无人机和无人飞艇,书中对其飞行原理、机体结构、系统组成、实际应用和监管法规等各个方面进行了深入浅出的论述。笔者认为,以上内容基本涵盖了目前民用无人机应用的各个领域,尤其是民用无人机领域从业者们应该熟悉和掌握的基本知识。如果读者需要从事无人机平台及分系统的设计或者性能分析工作,可参阅相关领域专业学科的教科书。同时,为了便于教学需要,本书配有相应的教学课件。

西北工业大学航空学院无人机设计领域资深专家、博士生导师王和平教授对本书进行了细致认真的审阅,在此表示诚挚的感谢。

无人机领域涉及的专业知识相当多,笔者在本科阶段学习的是飞行器设计与工程专业,研究生阶段学习的是空气动力学专业,其后在近 10 年的无人机实际研发工作中也接触了很多其他专业的东西,笔者将近 20 年在无人机领域的学习、研究和工作的沉淀化为文字,用通俗易懂、略带幽默的文风表达给读者朋友,希望阅读本书的每一个读者都会喜欢并从中受益。

在编写本书的过程中,曾参阅了大量相关文献,在此谨向其作者深表谢意。

本书仅仅是从无人机基础应用角度进行了阐述,书中难免会有不足之处,敬请广大读者朋友不吝指正。

祝,读者朋友们学业有成,工作顺利!

谢　辉

2017 年 7 月

# 目　　录

**第1章　无人机综述** ·················································· 1

1.1　无人机发展历程 ············································· 1

1.2　无人机系统组成 ············································· 14

1.3　无人机种类与典型产品 ······································ 15

思考题 ··························································· 19

**第2章　无人机机体平台** ············································ 20

2.1　机身结构 ··················································· 20

2.2　机翼 ······················································· 26

2.3　尾翼 ······················································· 44

2.4　发动机与螺旋桨 ············································· 50

2.5　起落架 ····················································· 90

思考题 ··························································· 98

**第3章　无人机航电分系统** ·········································· 99

3.1　飞行控制系统 ··············································· 99

3.2　导航系统 ··················································· 125

3.3　空中交通管制系统 ··········································· 134

思考题 ··························································· 147

**第4章　无人机地面站分系统** ········································ 148

4.1　通信链路 ··················································· 149

4.2　地面控制站 ················································· 154

4.3　地面站软件 ················································· 157

思考题 ··························································· 159

**第5章　民用无人机任务设备** ········································ 160

5.1　光学摄影设备 ··············································· 160

5.2　合成孔径雷达成像设备 ······································· 169

5.3　液体喷洒设备 ··············································· 170

思考题 ··························································· 173

第6章　无人机地面保障系统 ·········································· 174

　6.1　运输与发射/起飞 ············································ 174

　6.2　无人机降落/回收 ············································ 177

　6.3　无人机机务 ················································ 179

　思考题 ······················································ 184

第7章　旋翼无人机 ·················································· 185

　7.1　旋翼无人机概述 ············································ 189

　7.2　旋翼无人机组成 ············································ 195

　7.3　旋翼无人机飞行操作原理 ···································· 206

　思考题 ······················································ 208

第8章　多旋翼无人机 ················································ 209

　8.1　多旋翼无人机概述 ·········································· 209

　8.2　多旋翼无人机总体构造 ······································ 213

　8.3　多旋翼无人机飞行原理 ······································ 221

　8.4　多旋翼飞控系统 ············································ 227

　思考题 ······················································ 233

第9章　无人飞艇 ···················································· 234

　9.1　飞艇发展历程 ·············································· 234

　9.2　飞艇总体构造 ·············································· 238

　9.3　无人飞艇应用前景 ·········································· 244

　思考题 ······················································ 244

第10章　民用无人机运行监管法规 ···································· 245

　10.1　实名备案制度 ············································· 245

　10.2　驾驶员执照考试制度 ······································· 251

　10.3　无人机飞行预先申报批准制度 ······························· 255

　思考题 ······················································ 262

第11章　民用无人机市场 ············································· 263

　11.1　民用无人机生产商 ········································· 263

　11.2　民用无人机应用领域现状 ··································· 268

　11.3　民用无人机市场前景 ······································· 280

　思考题 ······················································ 281

参考文献 ·························································· 282

# 第1章 无人机综述

无人机(Unmanned Aerial Vehicle,UAV)的产生和发展历程和人类其他工业产品一样,都是从最初的简单概念,久经挫折和使用考验,通过不断地改进、试验、使用、再改进、再试验、再使用这样的反复迭代过程,最终走向成熟和现代化。

为了让读者对无人机建立起一个宏观而全面的认识,本书将从1903年开始,分别从国际视角和国内视角介绍无人机的起源和发展过程。

## 1.1 无人机发展历程

### 1.1.1 世界无人机发展历程

1903年12月7日,美国莱特兄弟(Wright Brothers)发明的"飞行者一号"飞行器完成了人类历史上第一次完全依靠自身动力、人工操作、自重高于空气的飞行器试飞试验,开创了人类的航空时代(见图1-1、图1-2)。

图1-1 美国航空先驱莱特兄弟

图1-2 莱特兄弟发明的"飞行者一号"

从 1903 年之后航空科学在民用交通领域需求、第一次世界大战和第二次世界大战的军用领域需求双重刺激下获得了高速发展。到 20 世纪 40 年代末，人类载人航空器已经从最初的飞行者一号发展到活塞发动机的动力极限速度近 800km/h（P-51"野马"式战斗机），航程由最初的区区 100m 拓展到 6 000km（B-29"同温层堡垒"远程轰炸机）。所以说，航空工业的发展速度非常之快，超出想象（见图 1-3、图 1-4）。

图 1-3　P-51"野马"战斗机

图 1-4　B-29"同温层堡垒"远程轰炸机

然而，在载人航空器取得巨大进步的同时，无人机这种全新的航空器悄然在航空科技的角落中破土而出。就在 1903 年莱特兄弟发明第一架载人航空器之后的第四年（1907 年），美国电气工程师埃尔默·A·斯佩里（Elmer A. Sperry）发明了世界上第一台自动陀螺稳定器（陀螺仪）（见图 1-5）。这是一种对载人飞行器和无人机非常关键的设备，正是这种陀螺仪的诞生使得人类能够时刻掌握飞行器在空中飞行时的姿态，为日后实施自动飞行控制奠定了坚实的基础。因此，在这位先驱去世之后，为了表彰大师一生对航空工业的贡献，美国专门设立了 Elmer Ambrose Sperry 奖（见图 1-6），专门用来表彰在航空运输工程技术领域做出突出贡献的人物。

图 1-5　埃尔默·A·斯佩里及陀螺仪

图 1-6　埃尔默·A·斯佩里奖章

20 世纪 20 年代是航空史上极具开拓精神的时期，斯佩里的这项发明出现之后立即被一家具有传奇色彩的航空公司看中，这就是美国柯蒂斯航空公司。柯蒂斯公司将 N-9 型双翼水上教练机进行了开拓性的改装，去掉飞行员座舱，改成全封闭的机身结构，并且安装了自动陀螺仪和无线电控制装置，换装功率更大的活塞发动机（见图 1-7），具有在机身底部搭载一枚 167kg 炸弹或者鱼雷的能力，这样的性能即使放在今天也是不错的。随后，这架新型的飞机成功地进行了无线电遥控飞行试验，并获得成功，成为人类航空史上第一架无人机。不过很遗憾，这种型号的无人机并没有参加实战，只是停留在试验样机阶段。

同样，美国另外一家传奇公司——通用公司也涉足了无人机行业。1917 年通用公司为美国陆军研发出一种攻击性的无人航空器——"凯特灵"空中鱼雷机(注意,当时并没有无人机这种叫法),如图 1-8 所示。这是一种全木质的超小型活塞动力飞行器,整个机身非常流畅,宛如一枚鱼雷,实际上机身中配置了 167kg 重的炸药。全机没有传统意义上的起落架,取而代之的是一种类似小推车的轮式托架,当滑跑起飞离地之后,机体升空,托架仍然留在地面上,所以,这种产品是一种不会返航的无人机,一旦起飞,唯一的目标就是攻击。

图 1-7　柯蒂斯 N-9 型无人机

图 1-8　通用公司"凯特灵"空中鱼雷号

不过,同样令人遗憾的是,这种颇具威力的攻击无人机尽管获得美国陆军的青睐,投入了大规模量产,但是生不逢时,正好赶上了第一次世界大战结束,所以,没有一架投入实战。

在无人机技术发展的初期,真正让无人机技术大放异彩的却是第二次世界大战中的德国。20 世纪 30~40 年代,德国为了实现跨越英吉利海峡攻击英国的战略目标,对于无人驾驶技术持续进行了投入研发,并于 1944 年完成了一种全新远程无人攻击系统的研发,这就是著名的 V-1 型飞航式导弹(见图 1-9)。从外观上来看,V-1 更像一架无线电控制的飞机,采用直机翼设计,由于没有驾驶舱,整个机身非常细长光滑,机身背部设置一台一次性使用的小型喷气式发动机(采用辛烷作为动力源)。此外,因为装载近 800kg 的高爆炸药,整个 V-1 重量高达 2t,所以,需要设置专门的弹射架,通过一台额外的助推发动机帮助 V-1 起飞。当然,在整个 V-1 机体中少不了陀螺仪。

但是由于受当时无线电控制技术和导航技术水平的限制,V-1 在飞越 200 多千米的航程之后,攻击精度相当差,并不能实现高精度的攻击,但是所产生的破坏力仍然具有一定的威慑性。

德国在第二次世界大战期间还开发了 V-2 型武器,不过这种武器已经归入到真正的弹道导弹范畴,不再是属于无人机种类了。

图1-9　第二次世界大战德国"V-1"飞航式导弹

　　第二次世界大战结束之后,德国在V-1/2技术领域取得的成果相继被美国和苏联瓜分,并得以分别在东、西方阵营各自落根生花,从此分化出不同的航空技术道路。在冷战时期,美国为了能够深入到敌对国家进行战术/战略侦察,并且尽可能地降低被发现和被击落带来的政治风险,从20世纪50年代专门研发了两款不同类型的无人机。第一种就是由美国瑞安公司研发的"火蜂"无人侦察机(见图1-10),这种无人机采用了喷气式动力系统,发动机安装在机身中部下方位置,后掠翼设计,全身通常喷涂橘红色,宛如火蜂。"火蜂"无人机没有起落架,降落时采用发动机触地方式,通过发动机的损坏来吸收触地碰撞能量。发射方式方面"火蜂"采用两种可选方式,一种是由大型运输机空投,二是由地面火箭助推发射,实际应用中第一种最为常见。

图1-10　美国"火蜂"无人机

　　"火蜂"最基本型号是用来作为高射炮和防空导弹的靶机,后期由于发现无人机在高速侦查领域的价值,才逐步改进成为无人侦察机。

　　美国战后开发的第二种无人机产品就是"D-21"型高空高速隐身无人侦察机(见图1-11),这种无人机源自SR-71"黑鸟"侦察机,为了防止被敌方防空导弹击落才研发了"D-21"。"D-21"性能相当优越,经常黑夜时潜入敌对国家执行侦查任务,天明前离开,极其隐蔽。根据公开的报道,20世纪60年代"D-21"曾侵入我国领空试图侦查罗布泊地区,但仍旧被我防空部队成功击落(见图1-12)。

图 1-11　美国"D-21"无人机

图 1-12　被击落的"D-21"无人机

尽管美国在第二次世界大战之后对无人机进行了一定程度的研发,但是总的来看,无人机领域不是美国航空技术发展的重点方向,因此,在整个冷战时期,美国仅仅发展了这几个为数不多的型号,而且产量有限,使用的范围也仅仅停留在靶机和侦查两大领域。但是却有一个国家在无人机领域里另辟蹊径,并最终成为一个无人机强国,某种程度上说,21 世纪的无人机热潮就是由这个国家所引发的。这就是中东强国——以色列。

1968 年以色列为了战争需要整合国内相关军工企业,成立以色列航空工业有限公司(Is-rael Aerospace Industries Ltd. ,IAI),这家公司早期为以色列空军进行有人机(如战斗机、运输机等)的维修、改进工作,之后开始独立研发设计战斗机、反舰导弹和防御系统等诸多军事装备。进入到 20 世纪 80 年代,以色列国防军从历次中东战争中总结经验,发现无人机在军事领域非常具有使用价值,因此,要求 IAI 研发相关产品。从 1982 年开始,IAI 先后研发出了三代非常著名的无人机产品[2]:

第一代"Scout"(侦察兵)中程通用型无人机(见图 1-13),这种无人机采用了后推式动力布局,使用活塞发动机,双尾翼双尾撑、上单翼、前三点起落架总体布局。这种布局有利于机头搭载各种类型的侦查和通信设备。经过历次战火证明,该布局非常成功,也成为当今无人机,特别是军用固定翼无人机非常经典的布局方案之一,各国竞相模仿。

图 1-13　以色列"Scout"无人机

第二代"Pioneer"(先锋)中程通用型无人机(见图 1-14),这种无人机依然延续了第一代"Scout"无人机的布局形式,但是根据客户的实际需求,采用了火箭助推的零长发射方式,不再依赖任何机场跑道,返航时采用伞降方式降落,这就可以实现在陆地和军舰上灵活部署。这种布局方式同样也成为当今军用固定翼无人机非常经典的布局方案之一,可见以色列无人机工业水平相当先进。

图 1-14   以色列"Pioneer"无人机

第三代产品比较多,以 Hermes 系列(Hermes-450,Hermes-900,Hermes-1500)、苍鹭系列等远程通用型无人机(见图 1-15~图 1-18)为主。这一代无人机的布局方式不再局限于活塞式动力那样的双尾撑后推式布局,而是表现出一种多样性,后推式和前拉式布局都有,动力方面采用高端的带有涡轮增压大马力发动机,甚至一些采用了涡轴发动机,动力更为强劲。此外,这一代无人机最为重要的共同特性就是装备了现代化的合成孔径雷达(SAR)和卫星通信系统,这种设备成功应用于无人机,创新性地改变了无人机控制操作和使用模式,不再局限于小范围使用,而是可以投入上千千米的飞行任务,并能够实现全天候、24h 不间断的部署,将侦查信息同步传输到基地。

图 1-15   以色列"Hermes-450"无人机

图 1-16   以色列"Hermes-900"无人机

图 1-17　以色列"Hermes-1500"无人机

图 1-18　以色列"苍鹭"无人机

在这三代通用型无人机之外,以色列 IAI 公司在 20 世纪 90 年代还研发了一种针对敌方雷达系统的攻击型无人机——"Harpy"无人机(见图 1-19),这也是世界上第一种现代化的攻击型无人机。该无人机采用车载箱式储运、发射一体化方式,后掠三角翼的总体布局,配置战斗部,发射后在目标区域飞行,发现地方雷达之后,进行自杀式攻击。这种产品从另一个侧面显示出以色列无人机工业杰出的创新能力。

图 1-19　以色列"Harpy"攻击无人机

进入 21 世纪,得益于以色列在历次中东战争中使用无人机表现出的成功战绩,美国重新审视了自身的无人机技术路线图,明确指出"无人机是未来军队战斗力的倍增器"[3]。依靠自身强大的航空工业基础,美国从 2000 年开始重新大规模部署了一系列自主研发的无人机产品,如单兵使用的"大乌鸦"无人机(见图 1-20),旅级战斗队使用的"影子-200"型近程通用无人机(见图 1-21),以及非常著名的攻击型无人机"捕食者"(见图 1-22)和远程无人侦察机"全球鹰"(见图 1-23)。这些美制无人机无论是从部署规模上,还是在技术水平方面,都让美国在很短时间内就超越了以色列,成为世界无人机第一流水平的国家。

图 1-20　美国"大乌鸦"单兵无人机

图 1-21　美国"影子-200"近程通用无人机

图 1-22　美国"捕食者"远程攻击无人机

图 1 - 23　美国"全球鹰"高空长航时无人机

2010 年以来,美国、欧洲、以色列等传统航空强国仍在继续研发更为先进的无人机系统,重点瞄准信息化、网络化、智能化三个方向,相信不远的将来,我们可以欣赏到性能更为优秀的无人机产品。

### 1.1.2　中国无人机发展历程

相比于西方航空大国,新中国的航空事业起步比较晚,加上国内工业基础较为薄弱,不仅是在无人机领域,即使是载人机方面也落后于欧美。但是,在这种不利情形下,新中国第一代领导集体极具战略眼光地大力开展了面向全社会的航空模型运动,立足于各高等院校、研究所和相关单位,培养航模专业人才队伍。正是这种培养体制作用下,孕育出了新中国的无人机事业,并通过之后近 50 年时间的成长,最终形成了可以和美国相媲美的世界一流无人机水平。

1955 年,在原有国立西北工学院、西安航空学院(原上海交通大学、中央大学航空系合并成为华东航空学院整体迁入西安组建而成)基础上成立的西北工业大学(以下简称西工大)组建了第一只航模队,由陶考德前辈担当教练员。1956 年西工大航模队派出由薛民献和刘明道担当运动员,陶考德担当教练员的比赛团队,代表中国参加在匈牙利举行的国际航模比赛,薛民献获得第三名(见图 1 - 24)。1958 年西工大航模队再次参加匈牙利的国际航模比赛,获得活塞发动机模型第二名、牵引模型滑翔机第三名的成绩[5]。

图 1 - 24　1956 年匈牙利比赛(右一为薛民献)

在取得这一系列航模运动优异成绩的基础上,西工大航模队开始探索当时最先进的无线电遥控航模技术,在陶考德前辈带领下组建了由刘明道(主攻发动机技术)、薛民献(主攻气动技术)等15名师生参加的研发团队,独立自主地研发出04型无线电遥控飞机(见图1-25)。04型无人机翼展5m,起飞质量45kg,采用一台苏制双缸两冲程活塞发动机,1958年8月3日在西安窑村机场首飞成功,这是新中国成立以来第一个完全脱离航模范畴的、纯粹意义上的无人机。

图1-25 04型无人机1958年窑村机场首飞成功合影纪念
(右一为刘明道,左二为陶考德)

20世纪50年代末期,朝鲜战争刚刚结束,国家总结战争经验教训,为了防范未来可能发生的空中侵略威胁,迫切需要提高我国防空部队的训练水平和战斗水平。因此,当时国家总参军训部向西北工业大学下达了研发一种无线电遥控操作无人靶机的命令,代号"B-1"(见图1-26)。西工大为此专门成立无人机教研室,集中各航空专业的师生进行全力研发。1962年完成全部设计定型工作,转入批量生产,正式装备我国陆海空的防空部队,这也是我国第一种量产的无人机产品。

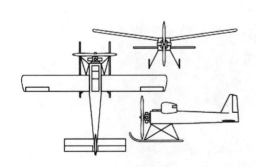

图1-26 "B-1"型靶机三面图

图1-27 国内航模/无人机先驱陶考德前辈

1986年在"B-1"靶机的基础上西工大进行了全新的改进设计,换装刘明道老师自主研发的无人机专用小型活塞发动机"HS-350",新的靶机称之为"B-1B"型,再次投入到批量生产中。在此之后,西工大在原无人机教研室的基础上成立了中国第一个无人机研究所——第

365 研究所,陶考德担任第一任所长(见图 1-27),专门从事各类无人机的研发工作。

在之后的 20 多年里,365 研究所先后研发出了"ASN-102"靶机(见图 1-28)、"ASN-206"系列通用型无人机(见图 1-29)、"ASN-209"通用中型无人机(见图 1-30)等诸多型号产品,逐渐成为我国军用中小型无人机的研发中心。

图 1-28　"ASN-102"靶机系统

图 1-29　"ASN-206"无人机

图 1-30　"ASN-209"无人机系统

此外,北京航空航天大学(以下简称北航)所属的无人机所 1972 年在"火蜂"无人机的基础上研制成功了"长虹-1"型高空高亚声速无人侦察机(见图 1-31),2000 年后推出高空长航时的"BZK-005"型无人机(见图 1-32),逐渐形成了以高空长航时无人机产品为核心的研发体系。

图 1-31　"长虹-1"无人机

图 1-32　"BZK-005"无人机

位于南京的南京航空航天大学(以下简称南航)同样开展了无人机方面的研发工作,不过与西工大、北航不同的是,南航主要开展以无人旋翼机特别是共轴旋翼机为核心的研发,从 20 世纪 70 年代至今先后研发了 M28"海鸥""LE110""翔鸟"等多款无人直升机(见图 1-33~图 1-35)。

图 1-33   M28"海鸥"无人机

图 1-34   "LE110"无人机

图 1-35   "翔鸟"无人机

在 2005 年之前，国内无人机研发格局形成了以西工大 365 所、北航无人机所和南航无人机所三家单位为核心的局面，产品基本上以中小型无人机为主，少量涉足大型无人机。在 2005 年之后，中航工业集团、中国航天科工集团、中国电子科技集团等大型国有企业纷纷开始进军无人机行业，凭借多年在大型航空飞行器、航天飞行器领域积累的技术沉淀，数年之间就推出了诸如彩虹系列（见图 1-36）、翼龙系列（见图 1-37）、翔龙系列（见图 1-38）等一大批高端无人机产品，迅速推广到海外市场，使我国的高端无人机产业进入到世界第一流梯队。

图 1-36   "彩虹-4"无人攻击机

图 1-37   "翼龙"无人攻击机

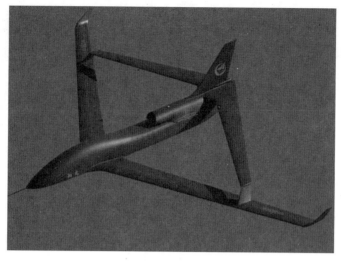

图 1-38　"翔龙"高空长航时无人机

2006 年之前,国内无人机产品都是以军用为主,民用产品极少。但是 2006 年是一个非常关键的分水岭,这一年在深圳,大疆创新科技有限公司成立了。大疆公司成立之初就凭借所掌握的四旋翼自稳控制算法的核心技术,迅速推出了面向航空摄影市场的"精灵"系列、"御"系列、"悟"系列等小型四旋翼无人机(见图 1-39～图 1-41),依靠飞控介入背景下的简单人工操作,专业的云台摄影设备以及高清图传功能,让这种小巧的航拍无人机投放市场之初就大受欢迎,不但畅销国内市场,还远销欧美,彻底激活了民用无人机市场。

图 1-39　大疆"精灵 3"航拍无人机

图 1-40　大疆"御"个人航拍无人机

图1-41 大疆"悟"专业航拍无人机　　　　　图1-42 大疆"MG-1"农业植保无人机

在大疆公司的引领之下,零度、亿航、易瓦特等一大批民用无人机公司纷纷成立,推出了以四旋翼、六旋翼、八旋翼为主的多旋翼系列无人机,不但涉足于民用航拍市场,还创造性地投入到农业植保、地质测绘、安全防护等诸多领域(见图1-42),引领了世界民用无人机的发展浪潮。

从目前趋势来看,在民用无人机研发和应用领域,中国同样处于世界第一流的水准。

所以,站在今天,回顾百年航空发展史,中国只用了一半的时间,就从一个落后的航空国家一跃成为一流航空强国。希望在不远的将来,能够看到读者朋友们操作国产最先进的——不,应该是世界最先进的无人机飞翔在国外的天空中。

# 1.2　无人机系统组成

从第一种无人机诞生至今,各国已经研发出成千上万种无人机,这些无人机外形各式各样,性能方面也表现出差异性。但是,这些无人机仍然具有一种共性的特点:都是属于一种无人驾驶的航空飞行器。任何一种能够离开地面的飞行器,并且在大气层内飞行,不载有驾驶员的,配置有动力装置和飞行控制系统,都可以认为是无人机。

请注意,航空模型和无人机虽然都是不载有驾驶员的飞行器,但是两者之间还是有一个本质的区别的。航空模型尽管配置了动力装置,并且采用无线电遥控操作方式,由地面的人来进行操作,但是没有配置最为关键的飞行控制系统。此外,几乎所有的航模飞行都是进行某一项体育活动,而不具备进行某一个行业应用的功能。因此,从定义的角度来看,航模并不是无人机。

但是,从安全飞行管理的角度来看,无论是航模还是民用无人机,只要升空飞行,都会对有人飞行器构成飞行安全威胁,因此,目前无论是航模还是无人机,都需要遵循基本的航空器运行监管法规。

无人机进行任务飞行,单靠自身是无法完成的,通常情况之下,无人机依赖于一个完整的系统才能够执行预期任务,这就是无人机系统。

无人机系统通常包括无人机机体平台、航电分系统、地面站分系统、任务设备和地面保障设备等。无人机系统组成如图1-43所示。

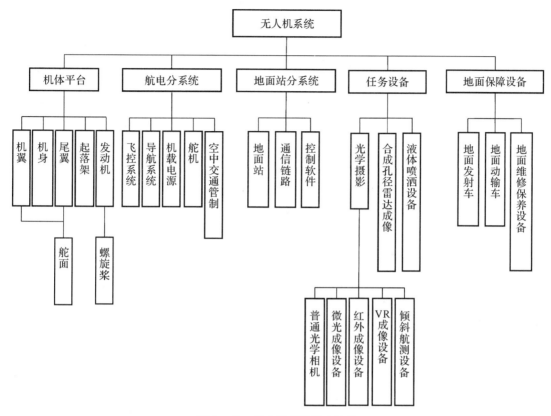

图 1-43　无人机系统组成构架

# 1.3　无人机种类与典型产品

无人机种类繁多,按总体布局来划分,可以分为固定翼无人机、旋翼无人机、无人飞艇、特种无人机(如扑翼机、变模态机、自旋翼机等);按动力类型,又可以分为活塞式动力无人机、喷气式动力无人机、电动无人机、太阳能动力无人机等;按飞行高度和飞行距离又可以划分成高空长航时无人机、中程无人机、近程无人机等。

目前行业公认的无人机划分标准是将无人机依据行业应用类别划分成三大类:消费级无人机、工业级无人机和军用级无人机。

民用无人机通常指的就是消费级无人机和工业级无人机。

1. 消费级无人机

消费级无人机面向个人用户,目前以多旋翼无人机为主,特别是以四旋翼无人机居多,主要用途是个人航空摄影,价格多在一万元人民币以内。

常见的消费级无人机产品有大疆"精灵 4Pro"型航拍无人机、大疆"御"型无人机、大疆"Spark 晓"型无人机和零度"DOBBY"便携型航拍无人机等(见图 1-44～图 1-47)。

图 1-44 大疆"精灵 4Pro"航拍无人机

图 1-45 大疆"御"航拍无人机

图 1-46 大疆"晓"航拍无人机

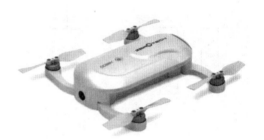

图 1-47 零度"DOBBY"航拍无人机

**2.工业级无人机**

工业级无人机主要是面向各个不同行业用户,目前以农业植保、土地测绘、电力巡线、安全防护、快递物流等领域为主。这种级别的无人机相比于消费级无人机在起飞重量、飞行时间、稳定性等方面均有大幅提高,技术相对而言更为复杂,目前主要以多旋翼无人机、固定翼无人机和混合式无人机三类为主,其中多旋翼无人机以六旋翼、八旋翼居多。其产品价格方面远远高于消费级无人机,根据性能和行业应用有较大差异,一般在 5～500 万元范围之间波动。

常见的工业级无人机产品:

航拍领域:大疆"Inspire 2"型专业级航拍无人机、零度"E-EPIC"电影级航拍无人机(见图 1-48、图 1-49)。

植保领域:大疆"MG-1S"型植保无人机、零度"Z10 守护者"型植保无人机(见图 1-50、图 1-51)。

图 1-48 大疆"Inspire 2"专业级航拍无人机

图 1-49　零度"E-EPIC"电影级航拍无人机

图 1-50　大疆"MG-1S"植保无人机

图 1-51　零度"Z10 守护者"植保无人机

　　测绘领域:大白科技"DB-4"固定翼测绘无人机、纵横科技"CW-30"垂直起降固定翼无人机、零度"雨燕"固定翼测绘无人机(见图 1-52～图 1-54)。

图 1-52　大白科技"DB-4"无人机

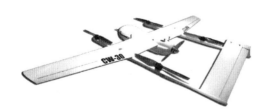

图 1-53　纵横科技"CW-30"无人机

图 1-54　零度"雨燕"无人机

　　安防领域:鹰眼科技"鹰眼 6"警用无人机、科比特科技"猎鹰 P8"警用无人机(见图1-55、图 1-56)。

图 1-55 鹰眼科技"鹰眼 6"无人机　　　　图 1-56 科比特科技"猎鹰 P8"无人机

物流领域:京东物流无人机、顺丰物流无人机(见图 1-57、图 1-58)。

图 1-57 京东物流无人机　　　　　　　　图 1-58 顺丰物流无人机

### 3.军用级无人机

军用级无人机相比于消费级和工业级无人机而言技术含量最高,从研发阶段开始就是依照国家相关军用标准和特殊需求进行专门研发的,除了需要满足用户指定的性能指标外,对于可靠性、稳定性和寿命周期维护成本等诸多方面会有非常苛刻的要求。因此,军用级无人机的研发周期比较长,通常达到数年之久,需要经历试样、初样、定型等三个阶段,样品下线之后需要经历长时间的试飞测试过程,用来检验各个分系统的技术指标性能。军用无人机的采购成本通常情况下要比同量级的民用无人机贵得多。

军用级无人机种类繁多,大体上可以分成小型无人机、通用近程无人机、通用中程无人机、大型无人机四大类。

小型军用无人机:美军"大乌鸦"手抛无人机、"RQ-16A"涵道风扇无人机等(见图 1-59、图 1-60)。

图 1-59 "大乌鸦"无人机　　　　　　　　图 1-60 "RQ-16A"无人机

通用近程无人机："影子-200"无人机、"先锋"无人机等（见图 1-61、图 1-62）。

图 1-61　"影子-200"无人机

图 1-62　"先锋"无人机

通用中程无人机："Hermes-450"无人机、"ASN-209"无人机等（见图 1-63、图 1-64）。

图 1-63　"Hermes-450"无人机

图 1-64　"ASN-209"无人机

大型无人机："苍鹭"无人机、"全球鹰"无人机等（见图 1-65、图 1-66）。

图 1-65　"苍鹭"无人机

图 1-66　"全球鹰"无人机

# 思　考　题

1. 请从用户角度来分析无人机发展技术特点。

2. 请读者自行查阅以色列无人机产品性能，并依据时间轴，绘制该国无人机产品发展轨迹图。

3. 请调查并绘制国内一家民用无人机公司的产品发展轨迹图，简要分析各个型号产品的特点。

# 第2章　无人机机体平台

无人机机体平台是无人机系统中最为重要的组成部分,它承载着实现整个无人机系统任务性能的关键,因此,对于无人机机体平台需要进行比较详细的介绍。

从第1章我们知道无人机源自于有人机,因此,从技术角度来看,无人机的很多方面,特别是无人机机体平台和有人机十分相似,从某种程度上说,无人机的总体布局、机体结构、动力配置、材料等方面都是基于有人机的一种简化和修改。

无人机的正规设计流程通常遵循航空工程设计规范,从概念设计开始,历经初步设计、详细设计、试制,最后定型。概念设计主要是针对预定的性能指标和任务要求,通过仿真计算和评估确定一个或者多个总体技术方案。初步设计阶段就需要针对这些总体技术方案进行初步的详细性能计算和试验,并进行结构初步设计,依据计算结果最终明确一个方案作为后续工作的基准。

所以,任何成功飞向蓝天的无人机产品都是一种综合考虑各个方面的要求,并通过各种学科的计算和试验之后,凝聚着诸多航空工程师心血的最优化结果。

一般而论,无人机机体平台主要由机身、机翼、尾翼、舵面、发动机、螺旋桨、起落架等构成(见图2-1),本书将从这几个方面逐一展开论述,以便读者对无人机机体平台形成全面的认识。

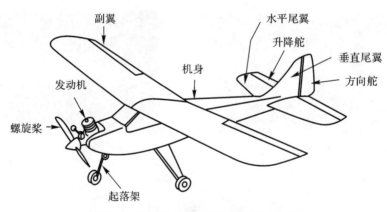

图2-1　无人机机体平台组成部分示意图

## 2.1　机　身　结　构

无人机机身是承载任务设备、燃油/电池、通信装置、起落架等诸多装置,以及连接机翼和尾翼的大型部件。机身的外形必须遵循无人机总体设计方案中确定的曲面外形,内部空间需要进行细致布局,以确保整个机身在满足结构强度和刚度的前提下,尽可能提供更多的有效空间,这样便于后续任务设备的安装以及日后产品的改进改型。

机身结构还需要考虑设备安装和日常维修的要求。尽管无人机没有搭载任何人员,但是同样需要进行设备安装,地勤机务人员需要在起飞前检查机体内部设备、补充燃油、充电等,所以,机身需要在合适的位置开设可以打开的舱盖、舱门。为了确保整体机身强度,在这些舱盖、舱门开口处需要进行加强处理,以防止出现应力集中现象。

此外,有些大型无人机为了降低成本,以及便于制造,对于较长的机身进行了分段设计,那么就需要考虑各断面结合和强度。

总的来说,对于机身,包括后面将要介绍的机翼、尾翼等机体结构,有一个总的原则,那就是尽量避免开口,尤其是在载荷集中区更是如此。

然而,工程实际中却是不断地挑战这个原则,也许这就是理想和现实之间的矛盾在航空工程领域的真实写照吧。

机身机构形式主要以构架式、桁梁式、半硬壳式、硬壳式四种为主,但是目前现代无人机主要以桁梁式、半硬壳式两种为主,构架式和硬壳式已经很少见了,除非在某些特种飞机上使用。

下面对这四种结构形式逐一进行介绍说明。

### 2.1.1　构架式

在早期飞机发展过程中,飞机速度较低,气动力载荷比较小,加上受到当时工艺水平和材料水平的限制,因此,航空工程领域借鉴了桥梁建筑领域中使用的钢结构构架形式(见图2-2),推出了一种简单的机身结构方式——构架式(见图2-3)。

图 2-2　采用钢结构形式的桥梁

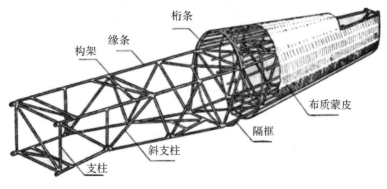

图 2-3　构架式机身结构示意图

在构架式机身中,航空工程师利用四根金属缘条组成了一个四边形基本受力结构,通过一系列的这种四边形结构组成了一种构架型的机身基本框架。框架之间布置一些隔框、桁条形成较为封闭的形式,再用布质蒙皮或者木质蒙皮包裹,这就形成了一个完整的机身。这种框架机身整体受力强度不错,能够承受飞行过程中的气动力载荷和起降过程中的冲击载荷,但是刚度不足,尤其是抗扭特性较差。毕竟建筑领域的桥梁主要承受上下方向的压力作用,而飞机还需要进行盘旋、转向、俯冲等各种机动飞行,抗扭特性不可或缺。

而且,采用这种构架式的机身,机身内部利用空间有限,有效容积率较小,无法提供一个没有障碍物干涉的纯净空间。

最后,这种机身外表会形成较为明显的框架痕迹,机身表面流线型不佳,从而影响到全机的空气动力学特性。

这种形式的机身主要应用于早期(第一次世界大战)的三翼/双翼等低速飞行器(见图2-4),而随着航空工程领域的加工技术、工艺水平和材料的进步,很快就被新的构型代替。

图 2-4 老式三翼机构架式机身结构

### 2.1.2 桁梁式

桁梁式机身最典型的特点就是采用了若干根贯穿前后机身的大梁受力结构和金属蒙皮。在此基础上,结合一些较细的,同样贯穿前后机身的桁条,并结合一些框板和蒙皮形成了一种完整的机身结构(见图2-5)。

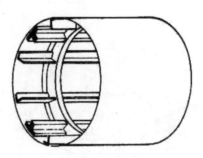

图 2-5 桁梁式机身结构示意图

在这种结构形式中,机身的主要受力和扭矩都是由截面积较大的大梁来承受。框板、蒙皮和桁条构成的封闭结构只是承受其中一小部分弯矩引起的剪切力。正是因为如此,这种结构可以很好地适应机身表面需要设立舱盖,甚至是更大面积的口盖的要求。此外,由于没有构架式结构那种数量繁多的框架缘条,机身表面较为光滑流畅,且内部空间也得到有效释放,加上可以设置若干个框板,从而有效分割机身,形成各种类型机载设备安装舱室,更有利于飞机总体设备布置。

这种梁通常都是金属材料制作而成的,具体而言,钢制是最常见的形式,可见桁梁式结构的强度还是很不错的。所以,这种机身结构布局比较常见于现代飞行器,特别是一些军用飞行器中。

比如新中国建国初期研发的"初教-6"型双座活塞式教练机(见图 2-6),尽管这是一种 20 世纪 60 年代初期设计定型的教练机,性能已经不能和当今的喷气式教练机媲美,但是"初教-6"却是一款至今还在生产的、堪称"传奇"的一代名机。"初教-6"型还是我国第一种畅销美国的飞机,在美国通用航空市场口碑极佳,堪称通航飞机界的"宝马"。

这种飞机的机身就是采用这种桁梁式结构布局(见图 2-7)。

图 2-6　"初教-6"型教练机

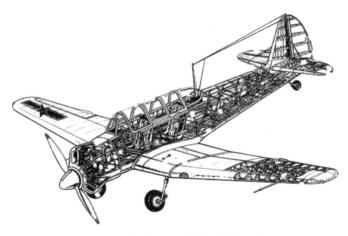

图 2-7　"初教-6"型教练机结构示意图

### 2.1.3　半硬壳式

桁梁式机身结构虽然有诸多优势,但是也蕴藏一个不利的特点,就是结构重量比较高,毕竟设置了较重的金属大梁。因此,这种结构应用于一些不强调经济性的军用飞行器,无伤大雅,但是如果应用于非常重视节油性能的民用飞行器,比如客机,就成为一个硬伤。因此,在桁梁式的基础上演变出了一种优化的机身结构——桁条式(见图2-8)。

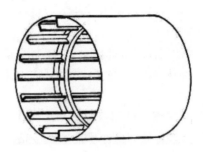

图2-8 桁条式机身结构示意图

桁条式相比于桁梁式结构,取消了原先的梁结构,取而代之的采用了较多的、贯穿前后机身的长桁条,这样一来,结构重量大幅下降,原先由梁结构承受的力和弯矩全部交由众多桁条来分布承担。除此之外,桁条式结构中的金属蒙皮进行了加厚处理,加厚的蒙皮和桁条组成的壁板结构就具有比较好的抗拉、抗压能力。在实际飞行中,机身表面在均匀分布承受的气动力挤压作用下,厚蒙皮反而具有较好的抗变形能力,因此,这种结构形式比较适用于高亚声速的喷气式民航客机。

但是,这种桁条式结构由于承受力均匀,反而对集中力载荷承受能力比较差,机身舱盖、舱门等开口部位应力较为集中,因此,为了避免损坏,桁条式机身一方面应尽量避免大面积的开口,另一方面需要在这些开口部位进行结构加强设计,比如设置加强框等,这样能够保证整体机身的强度和刚度,如图2-9所示。

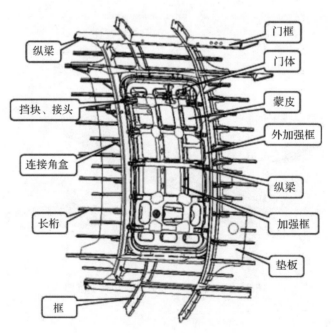

图2-9 客机前服务门结构示意图[6]

正是得益于这种加强结构和加厚蒙皮的特点,桁条式机身结构又被称之为"半硬壳式"机身。在实际工程应用中,民航客机采用这种"半硬壳式"桁条机身比较常见,如常见的波音777-300型远程宽体客机(见图2-10),细长机身就采用桁条式设计,这样有助于降低机身重量,并且更多地释放出有效空间用以提高载客量。

图 2-10　波音 777-300 型客机结构示意图

### 2.1.4　硬壳式

相比于桁梁式和桁条式两种机身结构,还有一种机身采用了更为独特的受力方式,通过完全取消纵向的桁条和桁梁结构,单纯性依靠多个框板和再度加厚的蒙皮,形成完整的机身结构。在这种结构中,机身的纵向和横向应力以及弯矩主要由加厚的蒙皮承受,框板则承受较小的弯矩,以便更好地保证蒙皮气动外形。

这种无桁条桁梁、加厚蒙皮的机身,我们称之为"硬壳式"机身(见图2-11)。

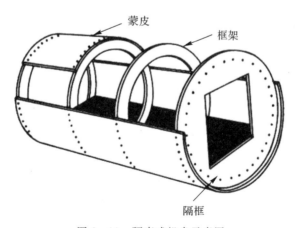

图 2-11　硬壳式机身示意图

硬壳式机身结构没有纵向加强件,因而蒙皮必须加厚到足够强以维持机身的刚性。对于全金属飞行器而言,这种机身最大的缺点就是重量较重,早期一些有人的飞行器采用过,但是如今现代飞行器中已经很少见了。

但是,随着复合材料的大面积使用,特别是碳纤维、玻璃钢、蜂窝夹层等特殊复合材料工艺的普及,在一些轻小型飞机、无人机领域,尤其是固定翼无人机领域,这种硬壳式机身反而应用较为广泛。因为,硬壳式机身最大的优点就是零部件数量比较少,加工工艺简单,耗费工时较短。而且对厚蒙皮的需求正好迎合了碳纤维、玻璃钢这些复合材料非常适合于快速成型加工且利于加工成整张大面积蒙皮的优势。

因此,在具体的无人机研发过程中,应该根据产品的定位、性能、成本等诸多方面综合考虑,选择合适的机身构型。没有什么最先进的机身结构,只有最合适的机身机构。

## 2.2 机　　翼

机翼是绝大多数无人机的核心部件。因为,机翼是飞行器中最为重要的空气动力学部件,飞行所依赖的升力,并不是由我们通常看到的发动机所直接产生的,而是由机翼产生的。

现代飞行器(自重重于空气)飞行机理完全基于空气动力学中的一个关键性方程——伯努利方程:

$$P + \frac{1}{2}\rho v^2 = c \qquad (2-1)$$

式中,$P$ 为"静压",即不受速度干扰的压力,单位为 Pa;$\rho$ 为空气密度,单位为 kg/m$^3$;$v$ 为速度,单位为 m/s;$\frac{1}{2}\rho v^2$ 在空气动力学中称之为"动压",即跟运动速度相关的空气压强;$c$ 为常数,我们称之为"总压",通常也可以用 $P_0$ 表示。根据这一方程,空气气流在亚声速阶段,任何时候的动压和静压之和保持不变。

我们将机翼剖面进行分割处理,当机翼向前进行运动时,根据相对运动原理,可以等价于机翼静止,气流以同样速度向后流经机翼剖面上、下两个表面(见图 2-12)。对上、下表面的气流分别利用伯努利方程,就可以得到两个方程:

$$P_1 + \frac{1}{2}\rho v_1^2 = P_0 \qquad (2-2)$$

$$P_2 + \frac{1}{2}\rho v_2^2 = P_0 \qquad (2-3)$$

式中,$P_1$ 为上表面静压;$v_1$ 为机翼上表面的气流速度;$P_2$ 为下表面静压;$v_2$ 为机翼下表面的气流速度。

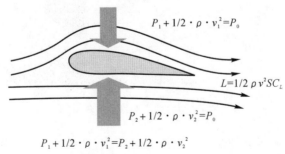

图 2-12　机翼升力产生机理示意图

由于机翼上表面形状比较凸起,对气流起到压缩作用,因此,上表面的气流速度会因为挤压得到加速;相反,机翼下表面外形比较平滑,部分还会有凹陷现象,因此,对气流的压缩作用比较小,甚至还有扩张作用,所以,下表面的气流速度会因为扩张得到减速。对比之下,$v_1 > v_2$,而根据伯努利方程,总压 $P_0$ 在此保持不变,所以,反向推导,就会得到关键的参数变化公式 —— $P_1 < P_2$。

由此,可以发现,只要气流以一定的速度流过机翼,下表面的压强就会高于上表面的压强,那么,这种上下压强差就产生一个向上的作用力,这个作用力在垂直方向上的分量 —— 升力(Lift,符号为 $L$),就这样产生了。更进一步分析,当气流速度继续增大,这个升力也会持续上升,当这个升力超过飞机重力时,飞机就会离开地面。

在空气动力学领域,为了更好地分析飞行器性能,经常使用下式:

$$L = \frac{1}{2}\rho v^2 S C_L \tag{2-4}$$

式中,$S$ 表示机翼面积,单位为 $m^2$;$C_L$ 为升力系数。在机翼外形确定的情况下,升力系数上升,机翼升力必然上升,两者之间是正相关关系。因此,无论是在有人机设计领域,还是在无人机设计领域,寻找并发现高升力机翼都是一项非常重要的工作。

如之前所说,上下表面压力差所产生的合力垂直于机翼弦线向上,而弦线和气流方向仍然存在夹角,这个夹角我们称之为“迎角”,正是迎角的存在,导致合力在水平方向存在一个向后的分量,这个分量我们称之为“升致阻力”,即由升力分量产生的阻力,如图 2-13 所示。此外,由于气流流过机翼表面,空气分子摩擦机翼也会产生阻碍作用力,这一作用力称之为“摩擦阻力”。

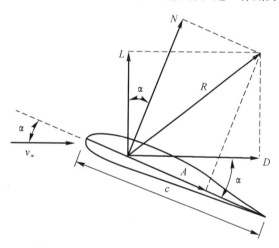

图 2-13　机翼升致阻力产生机理示意图

另外,考虑到机翼的三维效应,当飞机向前飞行时,机翼下表面压力大于上表面,所以,机翼下方气流会在压力的作用下在翼梢附近流向机翼上表面,形成了一种气流涡,如图 2-14 所示。这种涡流动产生的阻力称之为“诱导阻力”。

图 2-14　机翼诱导阻力产生机理示意图

对于机翼而言,升致阻力、摩擦阻力和诱导阻力共同构成了机翼阻力的主要部分,阻力的符号为 $D$,参照升力的常用公式,阻力公式为

$$D = \frac{1}{2}\rho v^2 S C_D \qquad (2-5)$$

式中,$C_D$ 为阻力系数。

任何一种机翼都包括翼型、翼展、安装角、扭转角、翼根弦长、翼梢弦长、后掠角等诸多参数以及关键性舵面(副翼和襟翼),这些参数决定着机翼的气动性能,乃至飞行器的飞行性能,本书将选择其中比较重要的参数进行介绍。

### 2.2.1 翼型基础知识

机翼的翼型就是机翼剖面曲线围成的一个几何形状(见图 2-15)。虽然机翼是飞机升力产生的关键部件,但是,究其本质,机翼的翼型才是当今飞机的升力源泉,也是关系到飞机飞行性能的核心技术。100 多年前,莱特兄弟正是依靠风洞试验方式寻找到当时最先进的翼型,并应用在"飞行者 1 号"动力飞机上,从而取得了历史性的成功。而第二次世界大战中最优秀的战斗机美军 P-51"野马"式战斗机,也是人类活塞式动力最优秀的飞行器之一,其成功很大程度上得益于所采用的优异层流翼型[7]。因此,在任何飞行器研发过程中,所使用的相关翼型及其参数都是关键性机密,绝对不可以外泄。

对于低速(低于声速)飞行器而言,所使用的翼型基本上都是前端比较厚,末端比较尖的形状(见图 2-16)。如果将翼型的最前端和最末端用一条直线相连,这条直线就称之为"弦线",弦线的长度就是翼型

图 2-15 翼型形状示意图

中的参数之一——弦长,通常情况用字母 $c$ 来表示。空气动力学设计计算时单位一般都无量纲,工程应用中通常使用标准长度单位毫米(mm)或者米(m)。翼型最前端的点称之为"前缘点",前缘点附近的翼型弧线可以用一个合适大小的圆来吻合,这个圆的半径称之为"前缘半径"。对于低速飞机,特别是固定翼无人机而言,前缘半径不应该太小,而是需要取到一个合适大小,这会有效地降低阻力,以及避免流动分离。与前缘点相对应的就是"后缘点",理论计算时后缘通常都是交叉成一点,而实际工程上,后缘处不可能加工成一个点,必须保留一个比较小的厚度,所以,后缘点其实都是有厚度的。

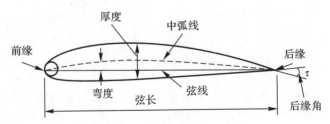

图 2-16 翼型各参数示意图

从前缘点由上至后缘点的翼型部分就是上弧线,相反则为下弧线。上、下弧线对应点之间取中间值,并将这些中间值从头至尾连接成线,这条线就称之为翼型的"中弧线"。中弧线和弦线之间的最大距离就体现出了翼型重要的一个参数——弯度。通常情况下,弯度与翼型的升力系数密切关联,弯度大的翼型升力系数比较高,但是同时也会导致阻力增加,因此,从这一点

可以发现,翼型设计并不是一件简单的事情,相反,翼型设计始终都是一种反复迭代设计的高计算量工作。

同样,上、下弧线的距离差就是翼型的厚度,在所有翼型中,都会存在一点,此处上、下弧线距离差最大,这时这种距离差就称之为"翼型最大厚度",通常不是用绝对距离差来表示,而是使用相对厚度来表示,即

$$相对厚度 = \frac{t_{\max}}{c} \tag{2-6}$$

式中,$t_{\max}$ 为翼型最大厚度;$c$ 为弦长。

相对厚度影响着翼型的阻力,如果相对厚度过大,会导致阻力大幅增加。但是相对厚度不能过小,否则机翼结构设计就会面临较大难度。因此,飞行器设计更多的时候是一种多专业多学科间的团队工作。

翼型表面受到的气流压力作用并不是集中分布的,而是非均匀地分布在翼型上、下表面,有的地方压力较大,有的地方则比较小。图 2-17 所示是利用计算流体力学技术对一个翼型进行的气动仿真计算,下表面为高压区,上表面为低压区,可见翼型周围流场压力分布相当复杂。但是,如果针对翼型表面压力变量进行积分处理,就会发现所有气动力存在一个作用中心点,这个点称之为"翼型气动中心"(见图 2-18),无论升力还是阻力都可以集中到这一点。通常情况下,对于低速翼型,气动中心点位于 1/4 弦长处。翼型上所有气动力围绕此中心点产生的力矩,其计算公式如下:

$$M = \frac{1}{2}\rho v^2 S C_M \tag{2-7}$$

式中,$C_M$ 为力矩系数,力矩让机翼抬头时为正值。

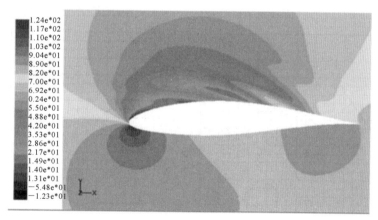

图 2-17　翼型绕流场压力云图

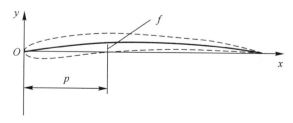

图 2-18　翼型气动中心示意图

确定翼型气动中心对于机翼结构设计非常重要,因为这一点是整个机翼上受力的中心,所以,通常需要在这里设置一条工字形悬臂梁来确保整个机翼的强度和刚度。

翼型的升力和阻力特性基本上是由几何外形来确定的,也就是说,一旦翼型外形确定,那么翼型的空气动力学特性也就确定了。而在航空工程领域翼型的气动特性主要由迎角-升力系数、迎角-阻力系数、迎角-力矩系数和迎角-升阻比四个曲线图来表示(见图 2-19、图 2-20)。

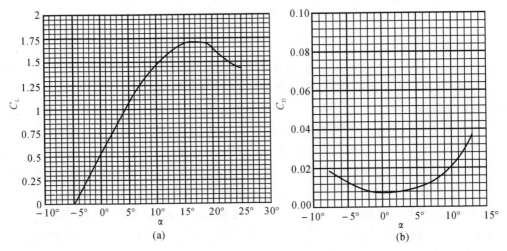

图 2-19 翼型迎角-升力系数、迎角-阻力系数曲线

(a)迎角-升力系数曲线; (b)迎角-阻力系数曲线

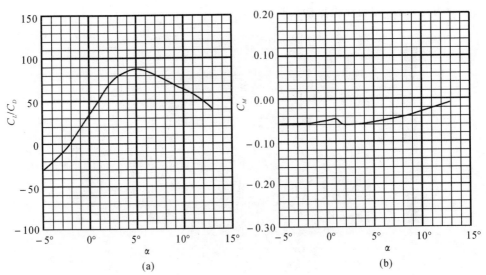

图 2-20 翼型迎角-升阻比、迎角-力矩系数曲线

(a)迎角-升阻比曲线; (b)迎角-力矩系数曲线

从图 2-19(a)中可以发现,存在一个临界值,当迎角大于此临界值时,升力系数出现大幅下降,这就是气动上所说的"失速"现象,对于很多无人机而言,一般情况都要避免出现失速。而在失速迎角以下范围,升力系数和迎角的关系表现得更像是一条直线,这种直线关系可以用解析形式进行表达,从而为飞行控制编程提供了可能。

从图 2-19(b)中可以发现,阻力一般在 0°附近处于最小值,迎角比 0°小或者比 0°大,阻力都会快速增加,因此我们引入了升阻比概念——升力/阻力。在图 2-20(a)中就可以发现,存在一个迎角,使翼型的升阻比达到最大值,这种迎角就是飞机在空中巡航飞行时的最佳迎角,保持这种迎角飞行,飞机的气动效率最高,也最省油。此外,升阻比还影响着飞机的最大飞行高度、飞行速度等很多性能参数,对于任何飞行器而言,获得更高升阻比是永恒的工作追求。

在图 2-20(b)中需要关注一点,就是力矩翻转时对应的迎角和曲线直线段斜率,这对飞行稳定性控制以及尾翼配平非常重要。

从第一架飞机发明至今,欧美各国相关科研机构已经设计出成千上万种翼型。这些翼型根据不同用途可以大致分为低速翼型、超临界翼型、跨声速翼型、超声速翼型和高超声速翼型。对于无人机,特别是民用无人机而言,低速翼型和层流翼型都是常用翼型。

目前很多翼型参数都是公开的,德国、英国、法国、苏联和美国等航空大国根据性能相近程度编制成为一系列的翼型族,供设计者参考使用(见图 2-21)。比较著名的当属美国 NACA(现 NASA,美国国家航空航天局)20 世纪曾经相继研发出一系列层流翼型,从早期的 1 系列,接着推出 2 系列、3 系列、4 系列、5 系列,最后又推出了 6 系列和 7 系列。其中 1 系列翼型前缘半径比较小,后缘角较大,比较适合做螺旋桨翼型。而 2,3,4,5 系列翼型经过详细的风洞试验证实并没有预期那样完美,一旦机翼表面不够光滑或者偏离原先设计点,这些翼型的阻力反而大幅增加。因此,截至目前,6 系列和 7 系列的层流翼型还在一些低速飞行器上使用,其他的都很少见了[8]。

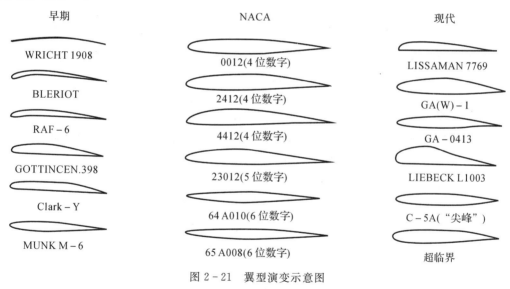

图 2-21　翼型演变示意图

需要特别强调的是,优秀的翼型都是不会轻易公开的,所以,飞机设计中尽管可以从这些公开的翼型库中选择合适的直接采用,但是,如果要获得更好的飞行性能,就需要在翼型方面下很大的功夫,进行多参数的优化设计,否则,很难获得预期的优秀气动性能。

### 2.2.2　机翼几何参数

翼型只是二维空间的曲线,而机翼则是标准的三维空间实体。机翼是由一连串各种预先设计的翼型组成的几何体,与机身相连接,在飞行中承担着为整个飞行器提供足够的升力的任务。

在航空工程领域讨论的机翼参数更多是一种"参考"机翼,参考机翼在机翼、机身连接处会向机身中轴线进行延伸(见图 2-22),而并不是我们所看到的那种外在机翼。机翼翼根处,指的并不是机翼、机身连接处,而是机身中轴线上参考机翼交汇处,这一点对于下面机翼各参数的介绍非常重要。

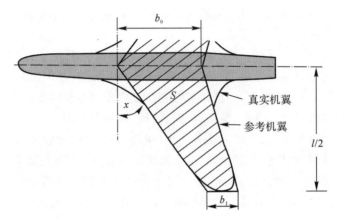

图 2-22　参考机翼各参数示意图

机翼的几何参数主要包括翼展、机翼面积、平均气动弦长、展弦比、尖削比、后掠角、安装角、扭转角、上反角、翼尖形式等,本节将会一一介绍。

### 1. 翼展

机翼两端最外侧之间的直线距离就定义为翼展,符号为 $b$,单位采用国际单位米(m)。大型客机一般翼展超过 50m,而对于普通的民用无人机,特别是固定翼无人机,一般翼展在 5m 以内,其中以 3m 以内最为常见。过大的翼展对机翼的结构设计要求比较高,不容易实现。

### 2. 机翼面积

机翼面积是气动领域经常用来无量纲化一些力学系数的关键量,它不是指机翼表面积,而是整个参考机翼(包括机身内部延伸部分)在垂直方向的投影面积,符号为 $S$,单位为平方米($m^2$)。现代航空设计领域已经普遍使用 CATIA 等三维设计软件,软件中都有自动计算功能。如果手工计算,就要使用几何学上的基本知识进行处理,具体可以参考相关几何知识。

### 3. 平均气动弦长

平均气动弦长是机翼比较重要的参数,它不是简单地等于参考机翼根部翼型的弦长和翼梢翼型弦长的 1/2,而是需要通过专门的方法来进行计算。目前计算的方法有很多种,本节介绍一种最为常见的作图法(见图 2-23)。将翼梢弦长上移到参考机翼翼根处,同样将参考机翼翼根弦长下移到翼梢处,共同形成一个平行四边形。与此同时,将参考机翼翼根翼型的气动中心点和翼梢处翼型气动中心点连接成直线,那么,过这条直线与之前所画的平行四边形对角线交叉点作平行于翼根弦线的直线,该直线在机翼前缘和后缘交叉点连线长度就是该机翼的平均气动弦长,符号为 $\bar{c}$,单位和普通翼型弦长单位一样,用毫米(mm)或者米(m)。

### 4. 展弦比

机翼展长除以机翼平均气动弦长就是展弦比,通常用 $A$ 表示。但是,在工程应用中往往使用更为简单的计算公式来计算展弦比,即

$$A = \frac{b^2}{S} \qquad\qquad (2-8)$$

展弦比是机翼非常关键的参数,最早对此参数进行科学研究的就是莱特兄弟。通过风洞试验可以证明,同样升力下,一个细而长(展弦比比较大)的机翼比一个粗而短的机翼阻力要小得多。所以,大展弦比机翼的气动性能要比小展弦比机翼好很多。其中原因如同之前介绍阻力时所阐述的,大展弦比机翼将能够更好地控制翼梢气流下洗作用,从而有效降低诱导阻力。因此,大展弦比机翼具有非常高的升阻比特性优势。

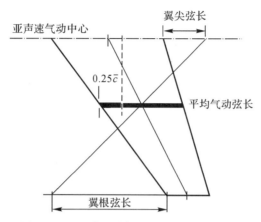

图 2-23　机翼平均气动弦长作图法示意图

但是,大展弦比机翼在结构设计方面比小展弦比机翼要复杂,存在着结构增重的问题。根据航空工程经验表明,低速飞行器中使用大展弦比机翼获得气动优势的代价要比结构增重的代价低,所以,对于固定翼无人机而言尽可能使用大展弦比机翼,这将会给飞行器带来极具竞争力的优势,比如美国长航时无人机"全球鹰"(见图 2-24),其展弦比超过 20。一般民用固定翼无人机的展弦比在 6~8 之间。

图 2-24　"全球鹰"无人机大展弦比机翼示意图

5.尖削比和后掠角

机翼尖削比是翼梢弦长和参考机翼根部翼型弦长的比值,符号为 $\lambda$,其理论取值范围从 0 到 1。当尖削比为 0 时,就是标准的三角翼,但是实际中不可能存在,因此,只能是接近于零;

尖削比为 1 时,就是矩形直机翼,翼梢和翼根一样宽。大多数低速飞行器尖削比在 0.4～0.5 之间,高速飞机一般在 0.2～0.3 之间(见图 2-25)。

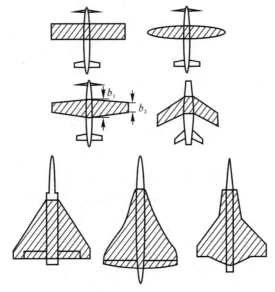

图 2-25　机翼尖削比和后掠角示意图

　　尖削比影响着整个机翼的升力载荷分布和诱导阻力,从结构设计角度来看,尖削比值小一些比较有利于载荷分布(降低翼尖载荷),但是尖削比往往和后掠角配合使用,从而让小尖削比机翼成为一种可行的工程化应用。

　　后掠角定义为机翼前缘和垂直于机翼的平面之间的夹角,符号为 $\Lambda$,单位为度(°)。后掠角主要用途是提高机翼的临界马赫数,让飞行器在进行跨声速飞行时降低激波阻力,这一点超出本书的范围,因为大多数无人机都是亚声速飞行,甚至是超低速飞行,但是为了保证知识结构的完整性,本书略做介绍。

　　后掠角带来的另外一个好处就是具有天然的上反效应,增加飞行器横向稳定性,所以后掠机翼可能不设置上反角。

　　从空气动力学角度,对于低速飞机而言,最完美的尖削比分布机翼是椭圆形机翼。椭圆形机翼拥有完美的升力载荷分布以及最低的诱导阻力,这一点可以在第二次世界大战时期英国著名战斗机"喷火式"上体现(见图 2-26),其在 1936 年试飞时就达到 550km/h 高速,超越了德国 Me-109 战斗机。但是椭圆形机翼带来的最大烦恼就是加工异常复杂,简直可以称之为航空制造领域的"噩梦",加工工时比其他飞机要高很多。

　　6.安装角

　　机翼与机身进行连接安装时,并不是都是水平的,而是往往已经设立了一个很小的偏离角,这就是机翼安装角。这种安装角的作用是让飞机巡航时处于升阻比最佳角度,且不用让机身处于同样的迎角中,这样可以避免机身抬头产生额外的阻力。这一点对于民航机非常重要,因为民航机在空中平飞时机翼需要处于最佳效率中,而此时空乘人员在机舱中来回走动进行服务工作,如果没有机翼安装角存在,那么机身就会有抬头角度,空乘人员就需要推着工作车处于上坡或者下坡中,这是非常不安全的状态。

对于通航飞机和无人机而言,一般安装角在 2°左右,而运输机一般为 1°,军用飞机更小,大约为 0°。如果机翼有扭转,那么安装角需要略低于这些参考值。

总的来说,安装角具体多大需要最终根据气动计算和风洞试验来确定。

图 2-26　英国"喷火式"战斗机

7.扭转角

翼型升力系数和迎角存在一个临界点,当迎角越过此点后,翼型上表面流动出现了分离现象,产生一系列分离涡(见图 2-27),这些分离涡的存在导致机翼压力分布出现巨大变化,致使翼型升力大幅下降,进入失速状态。

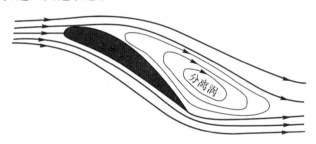

图 2-27　翼型失速机理

对于机翼,同样会存在这样的问题,为了避免出现机翼升力大幅丧失这样的严重问题,机翼、翼梢、翼型的安装角要比机翼(参考机翼)、翼根、翼型安装角低,一般会下降 0°~5°。这样一来,当飞行器爬升飞行时,随着迎角的增加,机翼翼根处首先进入失速,但是翼梢处仍处于有效中,有利于飞行器安全飞行。

初步设计时扭转角可以凭借经验数据预估,但是最终需要通过气动仿真计算来确定。

8.上反角

从机头正前方向机尾看过去,机翼与水平面的夹角就是上反角(见图 2-28)。这种上偏角度在飞行器受到突风扰动时,如果发生滚转现象,上反角的机翼得益于左、右机翼

图 2-28　机翼上反角示意图

升力差,会自动产生一种"自我修复"的纠偏功能,这种功能也被称之为横向稳定性(见图 2-29)。

机翼的后掠角和安装位置对上反角影响比较大。根据经验数据,后掠角 10°可以提供大

致 1°的上反效果。机翼在机身的上部、中部、下部安装上反效果不同,其中上单翼的上反效果最大,下单翼的上反效果最小。因此,采用上单翼安装时,机翼的上反角可以设置得偏小一点。

图 2-29　机翼上反角功能示意图

机翼上反角角度的确定目前主要依赖于设计经验初步确定,并在之后的详细计算和试验中加以修正。对于无后掠机翼,采用下单翼上反角取值 5°~7°,中单翼上反角取值 2°~4°,上单翼上反角取值 0°~2°。目前固定翼无人机大多采用上单翼布局,因此,上反角参考值取 0°~2°即可。

9. 翼尖形式

机翼翼尖的形状主要会影响气流下洗作用而产生的诱导阻力,如果翼尖(从正面看过去)较为光滑圆顺,那么就会非常有利于气流下洗,导致诱导阻力增加,不利于飞行。因此航空工程领域对于翼尖往往采用一些方式阻止气流的下洗作用发生(见图 2-30),最为常见的就是"霍纳式"翼尖(见图 2-31),这是一种简单的尖削式翼尖,能够有效防止下洗作用。

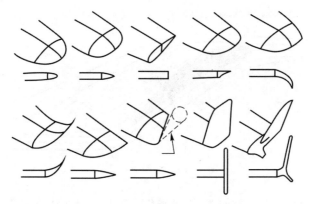

图 2-30　机翼翼尖形式示意图

图 2-31　"霍纳式"机翼翼尖形式示意图

然而过去的 20 年里,翼梢小翼因为在降低机翼阻力方面的高效性成为很多运输类飞行器的首选翼尖处理方式。这些翼梢小翼凭借较大的小翼面积和高度,能够更为有效地阻挡气流由下至上的下洗运动,从而有效地控制了诱导阻力增加。这种翼梢小翼从最初期的简单端板形式,慢慢地演变成今天的融合式翼梢小翼(见图 2-32)。翼梢小翼的参数设计比较复杂,需要依据详细的计算流体力学(CFD)技术的仿真计算来确定,有兴趣的读者可以查阅有关专业资料。

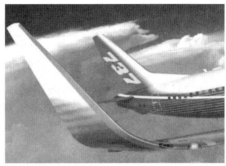

图 2-32　机翼翼梢小翼演变示意图

无人机领域翼尖处理方式,简单的不做任何处理的切尖式、上翘式、翼梢小翼三种最为常见,其他的形式基本上很少见到,而"翼龙"无人机所使用的盒式翼结构,已经超出了翼梢小翼范畴。

### 2.2.3　常见机翼布局

尽管在过去的 100 年间产生了上万种各式飞行器,其机翼外在形式五花八门,但是总的来看,机翼整体布局形式主要有三大类:平直机翼、后掠翼、三角翼(见图 2-33)。除此之外,还有一些特种机翼布局形式,如前掠翼,但是由于只是停留在技术验证阶段,并未投入实际工程应用中,所以本书不做介绍。这三大类布局形式中,平直机翼又包括矩形翼、梯形翼和椭圆机翼三种。平直机翼适用于低速飞行器,后掠翼和三角翼都适用于高速飞行器。

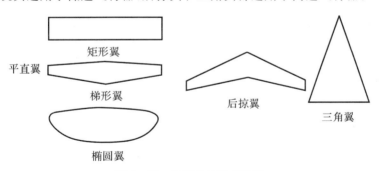

图 2-33　机翼布局形式种类

机翼布局很大程度上由飞行器的飞行性能特性来决定。对于以活塞式发动机为动力形式的低速飞行器,如第一次世界大战、第二次世界大战时期的战斗机、现代的运动型飞行器和大多数固定翼无人机采用平直机翼居多,包括矩形翼和梯形翼,其中梯形翼采用的最多,而性能更优良的椭圆形机翼由于加工难度较大,反而很少见。而对于采用喷气式发动机为动力形式的飞行器,如现代的民航机、战斗机等,以及一些高端的无人战斗机,如美国 X-45 无人舰载战斗机,都是采用后掠机翼。对于那些追求高速飞行能力、甚至高超声速飞行性能的飞行器,无论是有人机还是无人机,都会优先考虑三角翼布局形式。不过,截至目前,采用纯粹三角翼布局形式的无人机还未有公开报道。

### 2.2.4 机翼结构

机翼的内部结构比机身结构更复杂,因为,机翼是整个飞行器升力产生的源泉,其结构必须要承受 1 倍甚至数倍飞行器的重力。通俗地讲,机翼应该是整个飞行器中最结实的部分。机翼总的结构如图 2-34 所示,包括翼梁、翼肋、桁条、蒙皮、接头、墙等重要零部件。现代无人机普遍采用复合材料一体化加工的机翼,结构上并没有如此众多的零部件,但其设计理念是一致的,必须要承受各种力和力矩,所以,有必要对这些经典结构形式简单介绍。

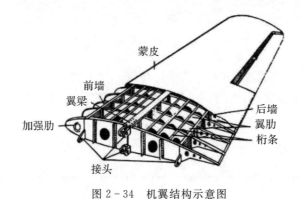

图 2-34  机翼结构示意图

翼梁,由橡条和腹板等构成,承担机翼弯矩和剪切力。

纵墙(又称为腹板),相当于简化的翼梁,用来承受剪切力,以及和蒙皮组成封闭盒段承受扭矩。

接头,连接机身和机翼,分为固接和铰接两种:固接是固定接头,不可移动也不可转动,所以可以传递剪切力和弯矩;铰接尽管也是固定的,但是可以绕轴旋转,所以不能传递弯矩,而只能传递剪切力。

蒙皮,主要用来承受气动力并保持机翼外形,如果蒙皮足够厚,如同"硬壳式"机身那样,则可以承受部分弯矩。

桁条,和蒙皮关系密切,一方面保持蒙皮形状,另一方面将蒙皮所承受的气动力和弯矩传递给翼肋。

翼肋,翼肋主要有两种:普通肋和加强肋。普通翼肋主要承受蒙皮所传递而来的气动力,并支撑桁条;加强翼肋在普通翼肋的基础上还可以承受机翼局部的集中载荷,如翼下挂载等。

目前常见的机翼构造形式有梁式机翼、单块式机翼和多墙式机翼。

梁式机翼(见图 2-35)具有强梁、少桁条、薄蒙皮的特点,结构形式简单,方便蒙皮上开口,但是蒙皮不能承受弯矩。

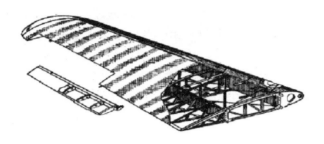

图 2-35　梁式机翼示意图

　　单块式机翼(见图 2-36)具有弱梁、多桁条、厚蒙皮的特点,蒙皮可以承受弯矩和气动力载荷。这种结构刚度和强度比较好,但是结构显得较为复杂,接头较多,如果蒙皮开口,则需要在开口处进行结构加强设计。

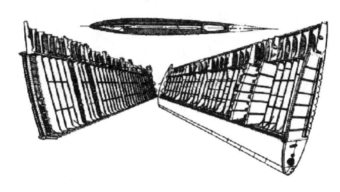

图 2-36　单块式机翼示意图

　　多墙式机翼(见图 2-37)具有弱梁、多纵墙、厚蒙皮的特点,整体上具有比较高的应力承受水平和结构效率,总体刚度较大,且结构受力较为分散,因此,抗破损的安全特性比较优秀,但是和单块式机翼一样连接复杂,不易进行开口设计。

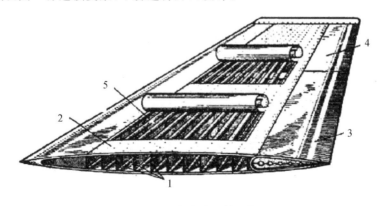

图 2-37　多墙式机翼示意图

1—纵墙;　2—蒙皮;　3—襟翼;　4—副翼;　5—纵墙的细缘条

梁式机翼在实际中一般左、右两翼单独加工,之后通过接头单独与机身相连接;单块式和多墙式通常可以将左、右翼做成整体与机身相连接,其中单块式机翼还可以对机翼进行模块式加工,然后组装。

在普遍应用复合材料的无人机机翼加工领域,由于大多数无人机飞行时飞行载荷并不像有人机那样高,因此,无人机机体结构所需要承受的强度和刚度要求较低,所以,在机翼结构设计中诸如桁条、墙等都进行了省略处理,只是保留了翼梁、翼肋,而采用了厚蒙皮的结构形式。这样处理有利于使用碳纤维、玻璃钢和蜂窝夹层等轻量化复合材料分别加工这些机翼结构,并利用特定型号的环氧树脂胶接方式组成机翼整体结构(见图 2 - 38)。采用这种方式加工的无人机机翼,结构重量相比于传统的全金属机翼会有大幅下降,但仍能够保持足够的刚度和强度要求。

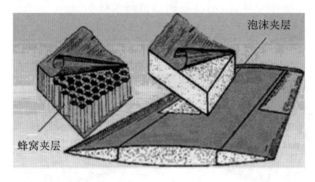

图 2 - 38   复合材料机翼结构示意图

机翼和机身的连接方式主要有四种:盒式贯穿、环形框架、抗弯梁、外撑杆(见图 2 - 39)。翼盒式对于固定翼无人机来说,通常使用上单翼的设计方式,因此,外撑杆式翼身连接是最为常见的方式,这种方式的结构实现较为简单(很多固定翼无人机甚至连外撑杆都省略掉),且对机身的结构干扰比较小。当然,并不是说其他三种连接方式不适合无人机使用,其实每种方式各有千秋,实际应用中需要根据实际情况来确定最佳方式。

图 2 - 39   机翼机身典型连接方式示意图

### 2.2.5　副翼

所有固定翼飞行器的飞行操作,都是通过相关舵面来实现的,舵面主要包括副翼、襟翼、升降舵、方向舵四种。其中,副翼就是机翼上最常见的活动部件,无论是军用飞行器、民用飞行器,还是固定翼无人机,副翼是不可或缺的关键部件(见图 2-40)。

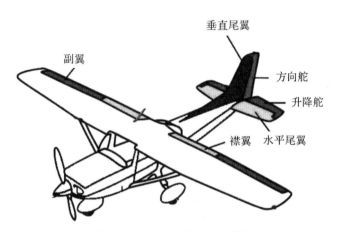

图 2-40　飞行器各舵面示意图

副翼在机翼上的位置并不是固定的,各种飞行器可能会有差异,但是依据大多数飞行器的设计经验来看,通常位置位于机翼 50%～90%翼展之间,有少数飞行器的副翼还会继续延伸到翼尖处。这是因为尽管剩余的 10%翼展由于翼尖涡流影响只能提供极小的操纵效率,却可以提供副翼质量平衡配重的位置。这种质量平衡对于防止副翼舵面"颤振"比较重要。当副翼偏转时,空气气流进入到一个非定常气流复杂扰动状态,作用在副翼表面的气动力是一个随着时间高速变化的量,这种作用效果传递到副翼舵面的转动轴(铰链)上会引起结构快速振动,如果情况严重,会撕裂副翼甚至是整个机翼。而如果加大了副翼舵面的重量,则有利于降低振动幅度,避免进一步扩大损伤。

副翼宽度约为机翼弦长的 15%～25%,具体的面积大小需要非常细致的计算来确定,如有对此感兴趣的读者,可以查阅航空专业设计手册。

副翼和机翼一样在机身两侧成对出现,实际使用时左、右副翼以差动形式偏转工作方式居多。在有人机上副翼操作由飞行操作杆左右压杆来完成;在一些军用无人机中,同样如此,只不过换成了地面站的飞行操作杆;对于一些使用遥控器来操作的无人机而言,则是采用操作摇杆左右拉动来实现(见图 2-41)。

(1)当飞行操作杆居中不动时,左右副翼不动保持水平,飞行器处于平飞状态。

(2)当飞行操作杆向左偏杆时,左副翼向上偏转,右副翼向下偏转,左右机翼产生绕机身轴线向左的力矩,飞行器向左滚转。

(3)当飞行操作杆向右偏杆时,左副翼向下偏转,右副翼向上偏转,左右机翼产生绕机身轴线向右的力矩,飞行器向右滚转。

(4)当飞行器进入高速飞行时,副翼所产生的滚转力矩和气动弹性变形产生的力矩互相抵消,导致副翼偏转失效,称之为"副翼反效"。不过,这种情况目前对于绝大多数低速的固定翼无人机而言是不可能出现的。

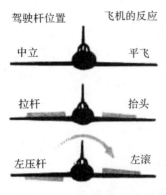

图 2-41　副翼操作示意图　　　　　　图 2-42　副翼铰接结构示意图

副翼偏转运动是依靠铰链形式来实现的,有人机的副翼操作机构比较复杂,为了尽可能降低飞行阻力,操作机构尽量设计在机翼内部,而无法隐藏的外露部分都设计有整流包皮包裹。对于无人机而言,副翼运动机构较为简单,通常采用如图 2-42 所示的简单模式,作动机构(舵机)安置在机翼内部,副翼和舵机之间用外露的杆件相连。一般情况下,外露部件不会设置整流包皮进行减阻处理。

### 2.2.6　襟翼

襟翼是机翼上常见的另一种舵面形式,但是与副翼不同,襟翼并不是用来控制飞机的运动方式,而是通过改变机翼翼型的弯度、机翼面积、流动状况来提供额外的飞行升力,从而在飞机的起飞、降落阶段有效减少滑跑距离(见图 2-43)。对于常见的固定翼无人机而言,采用襟翼的情况非常少见,但是,随着无人机应用的发展,这种气动部件将会逐步应用到无人机领域,因此,有必要对该部件进行介绍。

图 2-43　襟翼示意图(飞机降落时放下襟翼)

襟翼根据所处机翼位置分为两大类:后缘襟翼和前缘襟翼。

后缘襟翼最为常见,通常设置在机翼翼根部后缘处,襟翼舵面面积比副翼要大一些,偏转角度通常也比较高,处于 40°~60°之间。根据后缘襟翼的安装方式和偏转方式可以分为简单襟翼、开裂式襟翼、开缝式襟翼(单缝/双缝)、后退式襟翼、吹气式襟翼等(见图 2 - 44)。

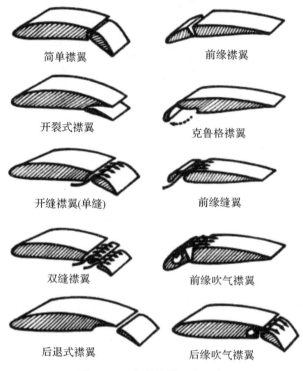

图 2 - 44　各种襟翼工作示意图

简单襟翼和开裂式襟翼都是单一性地增加了机翼弯度,从而提升升力系数的;开缝式襟翼则与之不同,不但增加了机翼弯度,而且通过从下表面引入高压气流吹入上表面,这样能够有效降低气流分离现象,相比于简单襟翼更能够有效地增加机翼升力;吹气式襟翼的工作原理和开缝式襟翼类似,但是也有区别,区别之处在于吹气式襟翼并不是使用机翼下表面外部气流,而是从内部,比如机身携带的高压气瓶或者发动机排气等方式,这样所引入的气流压强更大,对于降低气流分离现象更有效;后推式襟翼采取了另一种增加升力的思路,即在增加机翼翼型弯度的同时,还通过后退延展有效地增加了机翼面积,根据之前章节介绍的升力公式,面积和弯度的增加,对于增强升力是非常有利的。实际应用中,后推式襟翼在民航机上应用得比较广泛,而且还进一步采用了多缝后推式襟翼,增升效果更为理想(见图 2 - 45)。

前缘襟翼位于机翼前缘,与后缘襟翼不同的是,前缘襟翼通常会从根部前缘延伸至翼梢前缘,长度较长,但是弦长比较小,呈现出一种细长条的状态。前缘襟翼的偏转角度会比后缘襟翼略小,最大偏转角度在 30°～50°之间。根据前缘襟翼的结构特点和偏转方式可以分为前缘襟翼、克鲁格襟翼、前缘缝翼、前缘吹气式襟翼等(见图 2 - 44)。

第一种前缘襟翼采用最为简单的方式,前缘分割翼型形成前缘襟翼,其向下偏转之后,如同后缘缝翼一样增加了整个翼型的弯度,从而提升升力。

克鲁格襟翼则从结构上进一步改良了第一种前缘襟翼,不再是简单的分割翼型,而是从翼型前缘中间水平线附近内嵌式分割,形成新的前缘襟翼,这样,当这种襟翼向下偏转,增加翼型弯度的同时,整个前缘仍能够保持比较光滑的流线外形,不至于破坏流场,从而提高了增加升力的效率。

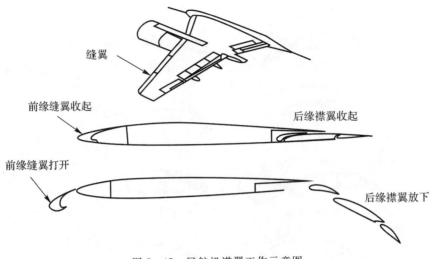

图 2-45　民航机襟翼工作示意图

前缘缝翼工作机理类似后缘开缝式襟翼,其工作状态并不是向其他前缘襟翼那样偏转来增加翼型弯度,而是脱离机翼前缘,从而形成一条缝隙,通过这条缝隙来引导气流由此流向机翼上表面(见图 2-46)。这样,有利于阻止或者延缓上表面气流分离现象,从而实现增加机翼升力。

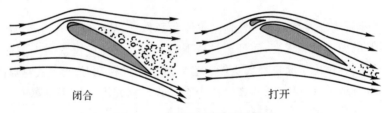

图 2-46　前缘缝翼工作示意图

前缘吹气式襟翼工作原理和后缘吹气式襟翼相近,都是采用内部气源作为工作气源,凭借更高的气压喷射到机翼上表面,从而遏制了气流分离现象的发生,确保有效增加升力。

## 2.3　尾　　翼

尾翼的种类和形式比较多,但依据最传统的形式来看,主要包括垂尾和平尾两大部分,其中垂尾又由固定的垂直安定面和可以活动的方向舵组成,平尾由固定的水平安定面和可以活动的升降舵组成(见图 2-47)。安定面主要是用来提供稳定性的,而方向舵和升降舵则提供操作性。某些飞行器(特别是大型军用飞行器或者民航机)为了更细节性地调整飞机姿态,往往会在升降舵和方向舵上划分出更小的补翼,但是这种情况在无人机领域往往极为少见。

本节主要从尾翼的作用、形式、参数确定以及升降舵和方向舵等 5 个方面逐一介绍。

### 2.3.1　尾翼作用

飞机的尾翼从气动原理和结构设计方面来看,其实如同一个缩小版本的机翼,因此,上一节关于机翼的相关知识几乎都可以使用在尾翼上。而尾翼与机翼之间最大的不同点就在于,尾翼所产生的气动力并不是主要用来克服飞机的重力,而是用来平衡机体的力矩(见图 2 - 48)。飞行器的重心一般在机翼的气动中心前方,围绕着重心,机翼升力始终都会产生一个逆时针方向的力矩,不断

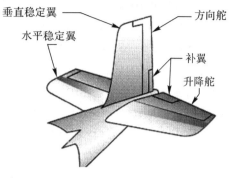

图 2 - 47　尾翼组成部分示意图

地作用于机体。这时,如果没有额外力矩加以阻挠,飞机就会低头向下飞行,这是非常危险的事情。因此,尾翼(主要是水平安定面)会偏转成一个低于 0°的迎角,从而产生垂直向下的升力,这个升力围绕重心就会产生一个顺时针方向的力矩,只要调整好尾翼的面积和相对于机翼的位置,就能够让这两个力矩相等,从而实现对整个飞行器纵向力矩的平衡。这就是所谓的"配平"。

其中,重心和机翼焦点之间的距离在飞行稳定性中是一个非常关键的参数,这一个数值如果大于零,则说明飞机处于"静稳定"状态;如果数值等于零,则处于"中立稳定"状态;如果数值小于零,则处于"静不稳定"状态。对于绝大多数飞行器而言都需要追求进入到"静稳定"状态,因此,这一个参数又被称之为"静稳定裕度"。静稳定裕度需要维持在一个恰当值:过小,则飞行稳定性差;过大,则飞行稳定性太强,飞行员的操作性反而下降。

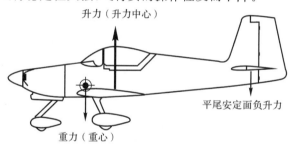

图 2 - 48　尾翼配平示意图

对于低速飞机(包括无人机)而言,水平尾翼的安装角度一般为负值,在 -2°～3°之间,具体角度数值需要经过详细的计算和试验来确定。

水平尾翼除了提供静稳定性能之外,还为飞行器提供了另一种关键的稳定性能——纵向稳定性(见图 2 - 49)。

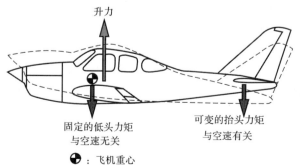

图 2 - 49　平尾提供纵向稳定性示意图

当飞行器正常飞行中突然受到垂直方向的小扰动,导致机头向上进入到爬升状态,此时,由于平尾相对气流的有效迎角持续减小,导致水平尾翼产生了比平衡状态更大的、向下的力,这个力围绕重心提供了一个促使机头向下的恢复力矩。反之亦然。因此,如果平尾相关参数设计得当,飞机受到垂直方向的小扰动时,无须飞行员或者操作人员干预,飞机自身会自我恢复到扰动发生前的平飞状态,这种恢复能力就称之为"纵向稳定性"。如果恢复耗时越短,则说明纵向稳定性越好,反之则越差。还有一种极端现象,就是一旦飞机受到垂直扰动,就再也恢复不到原先状态,则说明这种飞行器完全没有稳定性,是一种非常难以操作的飞行器。

垂尾同样也提供了一种类似的飞行稳定性,这就是航向稳定性(见图2-50)。当飞机平飞时突然受到侧向扰动,导致航向发生偏转,偏离了原先的飞行方向,此时,由于垂直尾翼相对于气流的迎角突然增加(原先是0°),从而产生了较大的气动力,这一气动力的方向恰好就是侧向扰动的方向。那么,相对于重心,垂直尾翼就产生了一个相反方向的恢复力矩,使得飞机机头反向运动,恢复到原来的航向上。这种恢复能力就称之为"航向稳定性",与纵向稳定性一样,恢复的时间越短,航向稳定性则越好,反之则越差。

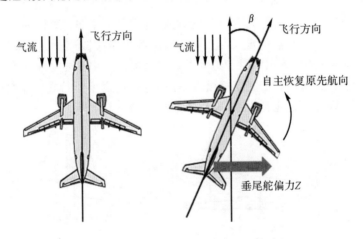

图2-50　垂尾提供航向稳定性示意图

纵向稳定性和航向稳定性是垂尾最为基本的功能,尾翼上面的方向舵和升降舵还可以为飞行员或者操作人员提供进一步主动控制飞机姿态的能力。通常所看到的大多数固定翼无人机尾翼基本都提供这两个方面的作用。

除此之外,尾翼其实还可以进一步提供在特殊条件下对飞机的控制力,比如"尾旋"、发动机失效等等,这些功能在无人机领域很难看到,有兴趣的读者可以查阅相关资料。

总的来说,随着现代飞行主动控制技术的进步,特别是全电传操作系统的使用,彻底取消尾翼也被证明是可行的,而且垂尾在雷达隐身领域是一个严重的信号反射源,拿掉垂尾之后,飞机的雷达信号反射面积会大幅下降,变得难以探测。但是这种飞行器实现起来技术难度非常高,根据公开报道,目前只有美国B-2飞翼式隐身轰炸机和RQ-170隐身无人侦察机研发成功并投入实战中(见图2-51)。

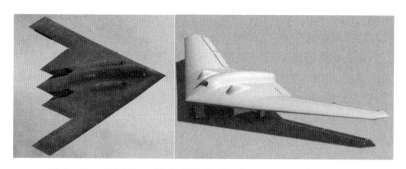

图 2 - 51　美国 B - 2 隐身轰炸机(左)和 RQ - 170 无人机(右)

### 2.3.2　常见尾翼形式

尾翼的种类相比于机翼要多一些,基本上有 12 种比较常见的形式,具体如图 2 - 52 所示。

对于有人的航空飞行器来说,第一种形式由于能够在重量最轻的前提下提供足够的稳定性和操作性,因此,至少有 70% 的飞行器使用这种形式的尾翼,所以,这种尾翼又称之为"常规型"。但是,在固定翼无人机领域,这种布局反而应用得不是很多。

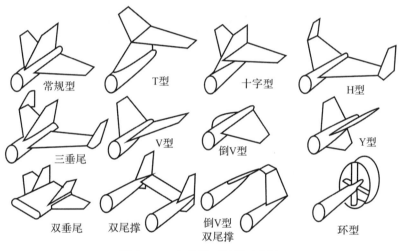

图 2 - 52　各种类型尾翼示意图

T 型尾翼也比较常见,相比于常规型尾翼而言结构重量会增加不少,但是由于平尾高置,可以有效避开螺旋桨滑流或者发动机喷流,舵面效率反而表现得更好一些。

十字型尾翼正好介于常规型和 T 型尾翼之间,是一种改良设计,吸收了两者的优点。

H 型尾翼/三垂尾尾翼主要应用于多发飞行器上,或者一些大型飞机,不但可以保持大迎角下的舵效,还可以有效地降低垂直尾翼的高度。

V 型尾翼/倒 V 型尾翼属于一种混合型尾翼,将传统上的两个平尾和一个垂尾简化成了两个倾斜的尾翼,这样有效降低了浸湿面积,减少了阻力和结构重量。这种布局在无人机领域使用得较多。

Y 型尾翼和 V 型尾翼类似,只是多了一个垂直尾翼,在无人机领域应用得相当广泛,比如典型的美国的 MQ - 9C"死神"攻击无人机。

双垂尾尾翼基本上都是广泛应用于双发战斗机上,比如美国的 F-15,F-18,俄罗斯的 Su-27 等,在无人机领域非常少见。

双尾撑/倒 V 型双尾撑尾翼有效地缩短了机身长度,降低了结构重量,而且双垂尾设计模式同样降低了垂尾高度,因此,这种尾翼方式在无人机领域特别是中小型无人机中非常普遍,几乎成为一种"经典"模式。

环型尾翼主要利用圆环翼剖面提供尾翼的作用,但是这种方式的效率并不高,仅停留在技术验证阶段,并没有见到工程应用有效案例。

### 2.3.3 尾翼参数

尾翼参数包括尾翼的安装位置、翼展、使用的翼型、弦长、舵面参数等,涉及的专业知识比较多,本书仅从平尾和垂尾的翼展、位置、面积等角度进行介绍,方向舵和升降舵舵面的参数确定较为复杂,对此感兴趣的读者可查阅相关资料。

在确定平尾和垂尾参数的过程中,有两个非常重要的计算公式,即

$$S_{VT} = C_{VT} b_w S_w / L_{VT} \tag{2-9}$$
$$S_{HT} = C_{HT} b_w S_w / L_{HT} \tag{2-10}$$

式中,$S_{VT}$ 和 $S_{HT}$ 分别为垂尾面积和平尾面积;$C_{VT}$ 和 $C_{HT}$ 分别为垂尾尾容量系数和平尾尾容量系数。对于不同类型的飞行器,尾容量系数可以查阅相关手册。表 2-1 给出了几种简单类型的尾容量系数。

表 2-1 尾翼尾容量系数

| 尾容量系数 飞行器 | 典型值 | |
|---|---|---|
| | 平尾 $C_{HT}$ | 垂尾 $C_{VT}$ |
| 喷气教练机 | 0.70 | 0.06 |
| 喷气战斗机 | 0.40 | 0.07 |
| 军用运输机/轰炸机 | 1.00 | 0.08 |
| 喷气运输机 | 1.00 | 0.09 |

对于 T 型尾翼,由于端板效应的存在,尾翼的垂尾和平尾尾容量系数可能要再减少 5%;对于 H 型尾翼同样存在这样的情况,平尾尾容量系数也要减少 5%。

$b_w$ 和 $S_w$ 分别指的是机翼的翼展和面积,而 $L_{VT}$ 则是尾翼力臂,一般采用所占机身长度的百分比来表示,这种参数初步确定依赖于已有工程经验的估算。发动机前置时,尾翼力臂约为机身总长度的 60%;发动机安装在机翼上,尾翼力臂约为机身总长度的 50%~55%;发动机后置时,尾翼力臂约为机身总长度的 45%~50%。

通过以上工程估算方法就可以大致确定尾翼的面积,在此基础上,根据表 2-2,选择合适的展弦比 A 和尖削比 λ 就可以初步确定尾翼中的平尾和垂尾几何形状。

垂尾所使用的翼型和机翼是不同的,这一点需要特别注意。因为垂尾的作用不是产生升力克服重力,而是提供航向稳定性和纵向稳定性,因此,尾翼的翼型往往采用简单的对称翼型,比如美国的 NACA0008,NACA0010,NACA0012(见图 2-53),NACA0014 等翼型。固定翼无人机进行尾翼设计时可以参照这一标准进行选择。另外,进行尾翼设计时需要考虑的一个现实问题就是,必须考虑到尾翼水平安定面和垂直安定面的最大厚度,尽量能够将舵机安装在

安定面之内,否则外露过大,会影响飞行稳定性。

表 2-2　尾翼展弦比和尖削比参数

| 参数<br>飞行器 | 平尾 | | 垂尾 | |
|---|---|---|---|---|
| | $A$ | $\lambda$ | $A$ | $\lambda$ |
| 战斗机 | 3~4 | 0.2~0.4 | 0.6~1.4 | 0.2~0.4 |
| 滑翔机 | 6~10 | 0.3~0.5 | 1.5~2.0 | 0.4~0.6 |
| 其他 | 3~5 | 0.3~0.6 | 1.3~2.0 | 0.3~0.6 |
| T 型尾翼 | — | — | 0.7~1.2 | 0.6~1.0 |

图 2-53　NACA0012 对称翼型示意图

### 2.3.4　升降舵

升降舵是设置在水平尾翼上的操作舵面,一般左右对称单独设置,但也有左右贯穿设计成一体的(见图 2-54)。因为,升降舵的运动都是联动机制,即左右舵面都是同时向上或者向下偏转运动。升降舵的控制由飞行操作杆前后拉杆完成,当操作杆向前推杆时,升降舵向下偏转,产生向上的气动力作用于重心,形成低头力矩,飞机机头向下运动;反之,操作杆向后拉杆操作,升降舵向上偏转,产生抬头力矩。

图 2-54　升降舵实物图

升降舵面的外形比较简单,没有像襟翼那样多种形式,一般采用类似简单襟翼那样的方式对水平尾翼进行分割即可,并设置简单的操作铰链。

升降舵面长度一般由翼根处延伸至平尾翼展的 90%处,在无人机领域也有采用贯通式设计的,即升降舵面长度和水平尾翼翼展一样长。

升降舵面的宽度一般为水平尾翼弦长的 25%~50%。

### 2.3.5　方向舵

升降舵是设置在垂直尾翼上的操作舵面(见图 2-55),通过左右偏转来控制飞行器航向。与升降舵和副翼不同,方向舵的控制不是由飞行操作杆来控制的,而是由脚蹬来控制的(见图

2-56)。当用力踩下右脚蹬时,方向舵向右偏转,产生向左的气动力作用于重心,形成向右的偏航力矩,飞机机头向右运动;反之,用力踩下左脚蹬时,方向舵向左偏转,形成向左的偏航力矩,飞机机头向左运动。

方向舵面的外形简单,对水平尾翼进行分割即可,并设置简单的操作铰链。

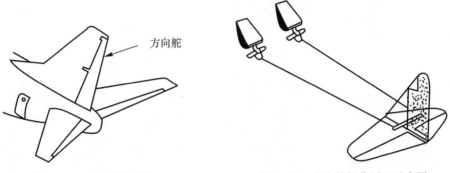

图 2-55　方向舵示意图　　　　图 2-56　方向舵操作原理示意图

方向舵面长度一般由翼根处延伸至垂尾翼展的 90% 处,方向舵面的宽度一般为垂直尾翼弦长的 25%～50%。

对于单发螺旋桨飞机,特别是采用活塞式动力或者电动机动力的固定翼无人机,方向舵必须要设定一个固定偏角,对螺旋桨转动惯量进行配平,这一点至关重要。而这一偏角的具体角度值一般在 0°～2° 之间,需要根据螺旋桨转速和桨径等情况进行具体计算来确定。以发动机前置的飞机为例,从机尾向机头看去,如果螺旋桨顺时针转动,方向舵必须向左偏转小角度以配平。反之,则向右偏转小角度以配平。

对于采用双发螺旋桨动力的飞机(发动机分别安装在左右机翼上)、采用双桨并列式动力布局的飞机以及采用前后双发布局的飞机(发动机分别安装在机头和机尾),由于两个螺旋桨的旋转力矩可以自我平衡,因此,此时的方向舵不需要进行配平处理。

## 2.4　发动机与螺旋桨

目前,有人飞行器采用的发动机有活塞式、喷气式两大类,活塞式动力采用驱动螺旋桨来推进飞行器前进,喷气式动力则是直接驱动飞行器前飞。对于无人机而言,采用活塞式发动机比较多,另外,对于小型无人机,特别是对于民用无人机来说,由于活塞式发动机维护性和使用性相对于电动机而言更为复杂,因此,采用电动机作为动力方式居多。本节为了让读者对此建立起全面而又有针对性的认识,以介绍活塞式发动机和电动机为主,辅以讲解电池和螺旋桨方面知识,最后附带介绍一下喷气式发动机。

### 2.4.1　活塞式发动机

活塞式发动机是最早成功应用于航空飞行器的动力装置。在活塞式发动机出现之前,人类还曾经尝试过用蒸汽机来驱动飞行器,但是蒸汽机又重又大,根本不可能使飞机起飞。内燃机的发明,让航空界看到了飞行的希望。1903 年莱特兄弟成功将一台汽车用的四缸水冷式直列汽油发动机(这台发动机重达 81kg,功率却只有不到 9kW)改装到"飞行者 1 号"上并获得成功,开创了动力飞行新时代。不过,请记住一点,活塞式发动机只是为飞机输出了一个可以旋转工作的轴功率,在此基础上必须结合螺旋桨,通过螺旋桨的高速旋转产生气动拉力,从而推进飞机向前运动,这样才构成了一套完整的动力系统。如果没有螺旋桨,活塞式发动机是无法推进飞机前进的。

早期的航空活塞式发动机源自汽车工业领域的汽油发动机,因此,在工作原理、结构构造、零部件设置方面航空活塞式发动机和汽车汽油发动机两者表现出非常相似的一面。但是在第一次世界大战、第二次世界大战的推动下,航空活塞式发动机迅速脱离汽车发动机的技术限制而高速发展,从4缸扩大至28缸,从第一台区区9kW的功率提升至2 500kW,能够让活塞式飞机以近800km/h的极限速度飞行。20世纪50年代称得上是活塞式发动机的巅峰。之后航空发动机领域迅速转向了喷气式时代,活塞式发动机进入到萧条期。在21世纪让活塞式发动机重新繁荣起来的正是无人机,活塞式发动机这种结构简单、可靠、成本低廉、油耗小、易于维护的特点非常适合于无人机领域。因此,在过去的20年里,很多发动机公司推出了一系列非常经典的活塞式发动机,比如莱康明、3M、Rotex等。在活塞式发动机领域,习惯上用马力(Hp)为单位来表示功率大小,而不是物理学上常用的瓦特(W)单位,两者之间的具体换算关系如下:

$$1Hp=735W \tag{2-11}$$

航空活塞式发动机大致上包含燃油系统、点火系统、润滑系统、冷却系统和启动系统五个功能部分。

燃油系统主要功能是存储燃油,并且在发动机工作时向燃烧室提供燃油和空气的混合气体。航空活塞发动机有的使用轻质燃油(如汽油),有的使用重油(如煤油等),在第一次世界大战、第二次世界大战期间以航空煤油这种重油燃料为主,因为重油燃点比较高,不容易引爆。而目前在无人机领域,通常以汽油为主,往往使用最高标号的民用汽油,比如95♯汽油,因为这种油料比较容易获取。但是,如果是在船舶上使用,则必须使用重油,这样避免出现燃爆事故。

燃油系统包括油箱、供油管路、燃油过滤器、燃油泵、化油器和喷油嘴等部件。油箱主要有两种类别:第一种是密封增压硬质油箱,油箱外壳采用金属材料,能够在内压条件下保持现状,内壳则使用抗腐蚀抗氧化的橡胶贴附在外壳内壁。这种油箱完全封闭,不与外界大气相连,甚至还填充惰性气体,因此具有极佳的防爆性能,当发动机工作时通过额外加压让燃油通过供油管路流向燃烧室。第二种就是开放式油箱,油箱与外界大气通过一个管口相通,当发动机工作的时候燃油依靠自身重力或者燃油泵的吸力流向燃烧室。这种油箱通常采用塑料或者橡胶材料加工,满油时油箱饱满,无油时则塌扁,因此又称为"软油箱"。第一种油箱在战斗机、民航机上使用得比较多,而在无人机领域,这种软油箱使用得最为广泛。

燃油泵用来负责从油箱吸油注入燃烧室,过滤器负责对进入燃烧室的燃油进行过滤,防止杂质进入,这些部件和汽车部件是一样的。

化油器是燃油系统中重要的一个环节,负责将汽油汽化并和空气按一定比例进行混合形成混合燃油气体输入到燃烧室,因此化油器的性能关系到整个发动机动力输出。化油器按工作原理分成两种:汽化器式(见图2-57)和直喷式(见图2-58)。

汽化器式化油器的工作原理基础就是本章第一节介绍的伯努利方程,在化油器中央设置了一个压缩喉道结构,发动机启动时空气被持续吸入管道,当通过喉道时由于截面积突然缩小,根据伯努利方程,此时气流将被加速从而形成高速气流,依靠气流的逆压吸附作用,油管中的燃油被快速吸入,并且和高速空气流雾化,形成分布均匀的混合气体。根据化学反应方程式,汽油和空气的理想混合比例为 1∶14.7,即 1kg 汽油需要 14.7kg 的空气才可以得到充分燃烧。在汽化器这种化油方式中,只需要通过对空气吸入通道截面积进行控制就可以简单有效地控制燃油和空气混合比例,空气流量大,则燃油吸入得也多,反之则少,从而控制整台发动机的功率输出,这种功能就是依靠"节流阀"来实现的。所以,采用汽化器这种形式的活塞式发动机油门控制功能实际上只是对空气流量进行的控制,这一点和目前大部分汽车发动机的操作方式是一样的,汽车驾驶员右脚所踩的油门杆,其实是发动机的空气进入流量控制器。

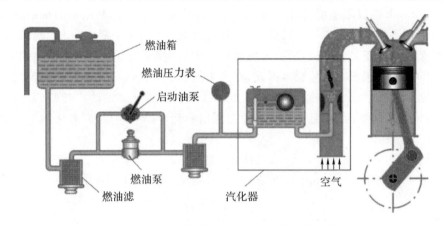

图 2-57　汽化器式化油器工作原理示意图

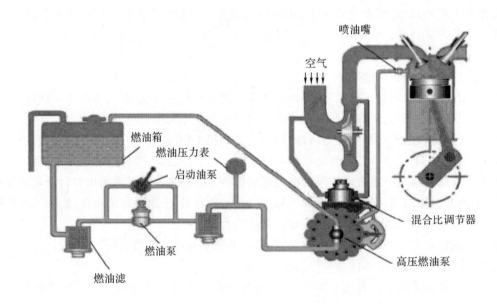

图 2-58　直喷式化油器工作原理示意图

　　相比于汽化器这种简单的燃油混合方式,直喷式化油器就显得更加精密和高效。直喷式化油器并不是依赖高速气流的自动吸附功能,而是引入了高压燃油泵和混合调节器,高压燃油泵负责对燃油进行加压汽化,混合调节器则分别接入经过汽化的燃油和空气,这样在其内部可以充分混合并精确控制燃油和空气之间的混合比例,之后再经过喷油嘴输送到燃烧室。

为了更有效地提高燃烧效率,采用直喷式化油器的活塞式发动机往往额外配置了一个涡轮增压器,专门用来给吸入的空气进行加压处理,这样就可以通过控制涡轮转速的方式来精确控制空气气压,从而更细致地调节发动机节油效率。而这种增压涡轮的工作方法一般有两种,一种是仅仅对吸入的空气进行增压,可以称之为机械涡轮增压;另一种则另外引入发动机燃烧不充分的废气,通过对废气和空气混合气体进行涡轮增压处理,然后再输入到燃烧室,这样有利于充分利用燃油,这种方法称为废气涡轮增压。活塞式发动机有一个典型缺点,那就是对外界大气环境比较敏感,一旦海拔过高,大气压力和密度迅速变小,输出功率就会快速下降,海拔7 000m处的输出功率只有海平面功率的1/5。而采用涡轮增压装置之后,就可以有效改善这种现象。因此,这种发动机又称为涡轮增压发动机。

在无人机领域,小功率的汽油活塞式发动机一般都以自然吸气式为主,如 3M 系列;只有在大功率专用的航空活塞式发动机上才会配置增压装置,如奥地利 Rotex914 发动机。

点火系统是整个活塞式发动机工作的核心,在这里,燃油和空气将发生一系列化学反应,释放出宝贵的能量,通过驱动活塞进行往复式运动来驱动转轴进行高速旋转,从而实现将化学能向机械能的转化。点火系统主要包含火花塞、机匣、气门、活塞、曲轴、连杆等部件(见图 2-59)。

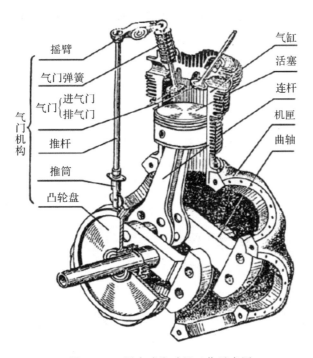

图 2-59　活塞式发动机工作示意图

燃油和空气被吸入到气缸内后,活塞会对其进一步压缩并触发点火装置启动,点燃燃油和空气,经过一系列化学反应之后,燃气膨胀,在压力作用下推动活塞向下运动,从而通过连杆带动转轴旋转工作,再由旋转轴带动螺旋桨旋转(见图 2-60),如此周而复始,实现化学能向机械能的转变。

在一些中小功率的活塞式发动机中,转轴直接驱动螺旋桨旋转工作,即转轴转速和螺旋桨转速一致,这种方式称之为"直驱式"。与之相比,在一些大功率发动机上为了更有效地发挥螺旋桨的效率,往往在发动机转轴和螺旋桨之间引入了一个减速齿轮箱,将发动机转轴的转速按一定比例进行减速,再驱动螺旋桨转动,这种方式称之为"带减速器式"。

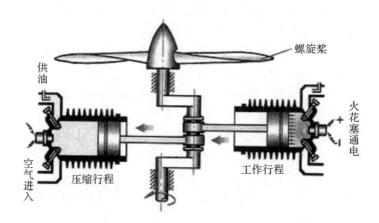

图 2-60　活塞式发动机驱动螺旋桨原理示意图

根据做功原理的不同,活塞式发动机一般分为两种类型:二冲程和四冲程。

二冲程做功方式比较简单,活塞从最低位置(即所谓的下止点)向最高位置(即所谓的上止点)运动过程称之为行程,在这个行程中,雾化的汽油和空气被持续压缩,当接近极限时,火花塞会释放电火花引燃汽油,化学能得以快速释放。在这种能量的作用下,气体膨胀推动活塞开始从上止点向下止点运动,这是第二个行程,这时活塞通过连杆带动曲轴转动,完成有效做功,与此同时进行排气工作,将燃烧废气排出气缸。之后依靠凸轮的惯性重新进入到压缩行程中,如此周而复始,进行持续性功率输出。正是因为活塞往复运动各一次,所以称之为二冲程发动机(见图 2-61)。

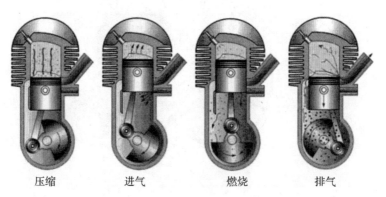

图 2-61　二冲程发动机工作原理示意图

二冲程发动机结构简单紧凑,工艺实现比较容易,同等功率条件下体积比较小,且往复一次完成做功,因而同等转速下二冲程发动机爆发力比较大、做功较多,但是由于对燃油控制力较差,油耗比较高,活塞壁面摩擦严重,所以,二冲程发动机可靠性较差,安全寿命较短。因此,在有人机应用的早期二冲程发动机曾经使用广泛,不过很快就被更优秀的四冲程发动机取代。但是,在无人机领域,特别是中小型无人机领域,二冲程发动机由于重量轻、体积小、成本低的优势而被广泛使用(见图 2 - 62)。

图 2 - 62　二冲程发动机示意图

　　四冲程发动机在二冲程发动机的基础上进行了大幅改良,将一周期内活塞往复运动一次改进成为两次,并将吸气、压缩、做功、排气四个过程分别单独放到活塞运动一个冲程中(见图 2 - 63)。

吸气冲程:活塞落下,将空气和汽油吸入气缸

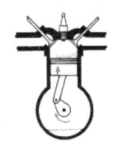

压缩冲程:活塞升起,将汽油和空气的混合物压缩

做功冲程:火花点燃汽油和空气,将活塞推下

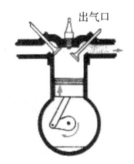

排气冲程:活塞升起,将废气排出

图 2 - 63　四冲程发动机工作原理示意图

　　在此四个冲程运动过程中,只有做功冲程才是有效过程。因此,相比于二冲程发动机,四冲程发动机工作状态更为平稳,燃油效率高,工作时震动较小,发动机整体寿命较长,更适合做大马力发动机。因此,四冲程发动机很快就成为航空活塞式发动机的主流形式。但是截至目前,在无人机应用领域,考虑到成本和性能之间的平衡,只有在一些中大型无人机中才会使用这种大功率四冲程发动机。

　　活塞式发动机除了二冲程、四冲程之外,还有一种非常特殊的类型——转子发动机。这种发动机最大的特点在于气缸中的活塞已经完全被转子轮取代,并且一个周期内只需三个冲程(见图 2 - 64)。因此,这种发动机结构紧凑、体积小、功率密度高、节油效果优秀,但是加工工艺和材料要求极高,否则极易磨损,影响寿命。目前在无人机领域只有少数型号产品使用,应用范围并不广泛。

图 2-64　转子发动机工作原理示意图

　　发动机气缸数量和功率息息相关,增加缸体数量可以有效地提高功率。对于数量较多的气缸,需要进行合理的设置以便缩小体积并有效发挥功率。依据缸体数量和排列方式,航空活塞式发动机一般可以划分为直列式、V 型、星型(见图 2-65)。对于中小型无人机而言,由于对功率需求不是很高,基本在 100Hp 以下,所以使用活塞式发动机的缸体数量比较少,以单缸、双缸和四缸为主,布置形式以直列式中的 H 型(见图 2-66)最为常见,V 型则比较少见。而对于一些大功率(500Hp 以上)的航空活塞式发动机,需要布置很多气缸,因此以星型为主。目前需要使用大功率发动机的无人机(如全球鹰、MQ-9C 等)一般已经放弃使用活塞式发动机了,而是使用涡桨发动机或者直接使用涡扇式发动机,这一点将在后面关于喷气式发动机的小节中进行介绍。

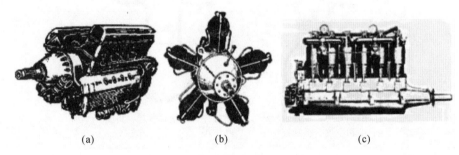

(a)　　　　　　　　　(b)　　　　　　　　　(c)

图 2-65　气缸排列形式示意图
(a)V 型;　(b)星型;　(c)直列式

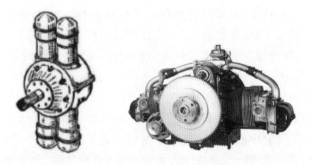

图 2-66　H 型气缸排列示意图

　　润滑系统是活塞式发动机中主要的辅助系统,其主要功能是给所有活动部件提供润滑油料,以减轻各个金属部件之间的摩擦。对于二冲程发动机而言,一般为了尽量简化系统,降低系统重量,通常直接使用燃油系统的管网,直接将燃油和润滑油按标号规定的比例混合,装入油箱。当发动机工作之后,润滑油会跟随燃油进入气缸,润滑活塞。对于大功率的四冲程发动机,为了更好地润滑机械部件,通常使用专门的润滑油箱、管网和控制电路(如同当今汽车发动机润滑油路)。目前无人机领域活塞式发动机由于直接使用民用汽油,所以使用的润滑油料一般也是直接选用汽车领域高端的润滑油料,如埃克森美孚一号等。

　　冷却系统是活塞式发动机工作时为了降低缸体温度而专门设置的辅助系统,不过目前活塞式发动机主要只有两种冷却方式:一种是风冷式,一种是水冷式。对于风冷式而言,主要是在缸体外部设置了很多如同暖气片一样的散热片(见图 2-67),在飞行器机体结构设计中会在发动机整流罩合适位置设置风道进口,引入冷却气流流进这些散热片表面(散热片布置方向要顺气流设置),从而实现冷却缸体的作用。

图 2-67 　风冷式冷却示意图

　　风冷式冷却比较简单,但是冷却效果有限,对于小功率发动机而言还可以接受,但是对于大功率发动机,冷却能力就显得力不从心。因此,才会有水冷式的出现。水冷式冷却系统在发动机气缸周围设置专门的冷却管网,依靠水或者其他冷却液循环工作,完成对缸体的降温。这种冷却方式冷却效果比较好,可以适用于大功率或者高温工作环境,但是需要额外增加发动机重量。

　　总的来说,目前在无人机动力系统中,除了采用喷气式发动机之外,基本上都是以风冷式冷却为主,水冷式不常见。

　　最后介绍一下活塞式发动机的启动系统。在前文介绍化油器的工作原理时就能发现,无论是汽化器式还是直喷式,燃油都不能自发进入气缸,必须得到外力作用辅助。同样,在气缸的工作原理中,要想活塞正常往复运动就必须额外提供驱动力让活塞由静止开始转入正常工作。因此,启动系统是活塞式发动机必不可少的一部分。启动辅助系统一般选用电动机方式,通过皮带连接发动机转轴,从而实现对活塞发动机的启动工作。但是,由于启动电机一般只是在启动时使用一次,飞行中无须再次使用,而启动电机重量一般比较高,所以,为了降低发动机重量,在中小型无人机领域一般都将启动系统从活塞式发动机系统中剥离出去,并入地面辅助车辆体系中(见图 2-68 机身尾部)。而对于一些大型无人机而言,为了飞行安全性,往往需要具备空中停车再启动的功能,因此,必须携带启动电机。对于一些民用领域使用的油动固定翼无人机而言,大多是依靠地面操作人员人工使用启动电机发动无人机发动机,因此,需要特别注意操作规范,防止事故发生。

图 2-68　启动系统示意图

### 2.4.2　电动机

电动机其实是一些小型、微型无人机最为常用的动力装置,特别是一些旋翼无人机更是如此。与活塞式发动机相比,同等功率输出条件下电动机的体积和重量都比活塞式发动机要小很多;电动机的机构构造比较简单,附件较少,维修保养方面比活塞式发动机都要简单很多;电动机配置的电池供电方式也比活塞式发动机添加燃油、润滑油的方法简单得多。正是因为这些优异的特性,电动机逐渐在小微型无人机领域得到普及。

但是,优点和缺点都是共同存在的,电动机也是如此。目前电动机的缺点很大程度上来自于电池。受到目前电池储能技术的制约,尽管电动无人机都普遍采用能量密度最高的聚合物锂电池作为能量源,但是与汽油、煤油等石化燃料相比,其能量密度还是偏低,因此,电动无人机的续航时间这个关键性指标相比于油动活塞式飞机而言是非常差的。同样起飞重量情况下,固定翼电动无人机航时一般在 1～2h 左右,固定翼油动无人机则能达到 4h 以上,甚至更长;多旋翼电动无人机通常在 20min 左右,极限可以做到 1h,多旋翼油动无人机航时超过 2h 都是很轻松的。除此之外,如果采用燃油动力,油箱里的燃油一直在消耗,无人机重量会慢慢减小,这将有利于飞行;而电池却恰恰相反,从起飞到降落,电池的重量都是一样的,不会发生任何变化,这对于飞行并不是一件好事。

电动机按电流类型分成直流电动机和交流电动机。

直流电动机以直流电为电源,工作原理比较简单,通过电刷和换向器把电流引入转子电枢中,从而使转子在定子磁场中受力而产生旋转(见图 2-69)。

交流电动机以交流电为电源,工作原理较为复杂,通过定子绕组,在定转子间隙产生旋转磁场,旋转磁场在转子绕组中产生感应电流,进而使转子在定子磁场中受力产生旋转(见图 2-70)。

相比较而言,直流电动机的结构较为复杂,保养不利,在高速旋转下容易产生异味、火花等现象,而交流电动机结构简单,成本较低,易于保养,寿命长,噪声小。

交流电动机根据转子旋转方向和磁场方向的关系分成异步电机和同步电机两种,相同方向则为同步,反之为异步。同步电机由于具有更好的电压适应能力,适合工作在电压不稳定、工作环境较差的领域,比如矿山、建筑等,而异步电机工作稳定性好,成本较低,且可靠性较高,因此,在无人机领域异步电动机最为常见。

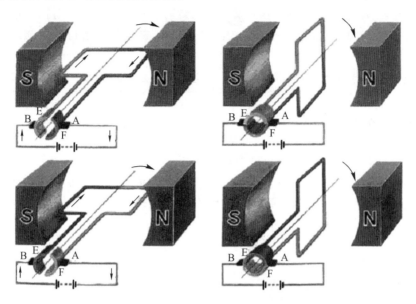

图 2-69　直流电动机工作原理示意图

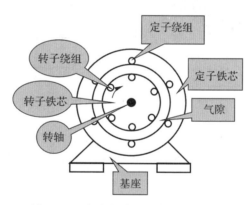

图 2-70　交流电动机工作原理示意图

　　无论是直流还是交流电动机,早期型号上均设置有电刷,这是用来连接转子线路、切换电流方向的环形金属环,由于电动机工作时转子需要时刻接触电刷,导致反复摩擦,产生电火花,因此,有刷电动机在电刷部件上功率损耗较多,产生额外热能,使用寿命较短,尤其不利于高速运转。因此,后续推出了改进型的无刷电动机,将电刷彻底去掉,取而代之的就是一种控制电流方向变换的部件——电子调速器(简称"电调")。电子调速器可以由芯片控制,可以根据不同转速精确控制电流的切换方向(见图 2-71)。

图 2-71　电子调速器示意图

电子调速器一端输出三路交流电给电动机(见图2-71右侧三根黑线),另一端连接锂电池的正负极(图2-71左侧一根红线接正极,一根黑线接负极),此外,还有两个细线连接控制器(图2-71左侧细线构成的小接头)。这样,就可以完成从直流电到交流电的转换和控制过程。

电子调速器除了连接电池、转换电流和控制电流方向之外,还有一个非常重要的功能——控制电动机的转速。

简单而论,电动机输入功率越大,则转速越高。而电动机功率由电压和电流控制,即

$$P = U \times I \tag{2-12}$$

式中,$P$ 为功率,单位 W;$U$ 为电压,单位 V;$I$ 为电流,单位 A。

对于聚合物锂电池而言,输出的工作电压一般为固定值,因此,电子调速器通过改变电流大小,就可以控制电机输入功率,进而控制转速,从而控制螺旋桨上的拉力大小(见图2-72)。

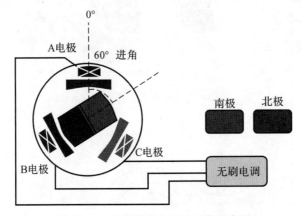

图 2-72 交流无刷电动机工作示意图

因此,采用电调的无刷电动机在效率、寿命、高速性能等方面都比有刷电动机要高。

图 2-73 所示是目前比较常见的一种电调产品——"好盈乐天"-40Apro 版,其性能参数见图 2-74。

**好盈乐天超级版 XRotor-40A-Pro**

**■产品规格:**

持续电流:40A
瞬时电流(10S):60A
BEC输出:无
输入电压:3-6S
参数选项:DEO(开/关)
重量:
50g (A款/长线版)
45g (B款/短线版)
尺寸:
66x21.8x11mm(A款/长线版)
73.5x21.8x11mm(B款/短线版)

图 2-73 "好盈乐天"-40Apro 电子调速器    图 2-74 "好盈乐天"-40Apro 电子调速器性能参数

电子调速器主要参数包括持续电流、瞬时电流、BEC 能力、输入电压等。

持续电流是电子调速器正常工作时的最大电流,一般要比电动机额定工作电流大 50%～100%,以确保整个供电系统的安全性。

瞬时电流是电子调速器的极限工作时最大电流,通常持续时间控制在 10s 之内,其电流大小要比电动机最大工作电流值高 100% 以上,以确保整个供电系统的安全性。

BEC 能力指的是电调和遥控器之间的控制能力,通常在电动无人机地面测试阶段需要使用这一功能,以便在没有飞控的条件下能够对动力系统进行测试。

输入电压指的是该电调能够匹配的电池电压情况。

引入电子调速器之后,无刷电动机相比于有刷电动机表现出诸多优势,因此,目前无人机上采用的电动机主要以这种交流无刷(异步)电动机为主。

下面以郎宇电机公司生产的 V3508 型无刷电动机(见图 2-75)为例,详细介绍电动机的主要参数。一个完整的电动机通常包括电机、电机安装座、螺旋桨紧固件及相关紧固件和连接电线。不同的电动机,外形尺寸和安装尺寸都有所不同,需要根据厂商的具体图纸来确定(见图 2-76)。

电动机规格型号通常用四个数字来表示,如“3508”“2212”“4008”“2216”等。这些数字与电动机的外形尺寸无关,而是电动机内部定子的参数,其中前两个数字表示电动机定子外径,单位是 mm;后两个数字表示定子厚度,单位也是 mm。如果这四个数字比较大,则表示定子尺寸比较大,能够设置更多的线圈、铁芯和槽数,所以,一般功率也会提高,但是整体重量也会上升。在其他参数相同的前提下,“4008”电机功率会比“2212”电动机要高。

电动机的规格参数主要包括 KV 值、最大连续工作功率、匹配电池、最大连续电流和重量等,见表 2-3。

图 2-75　郎宇 V3508 交流无刷电动机

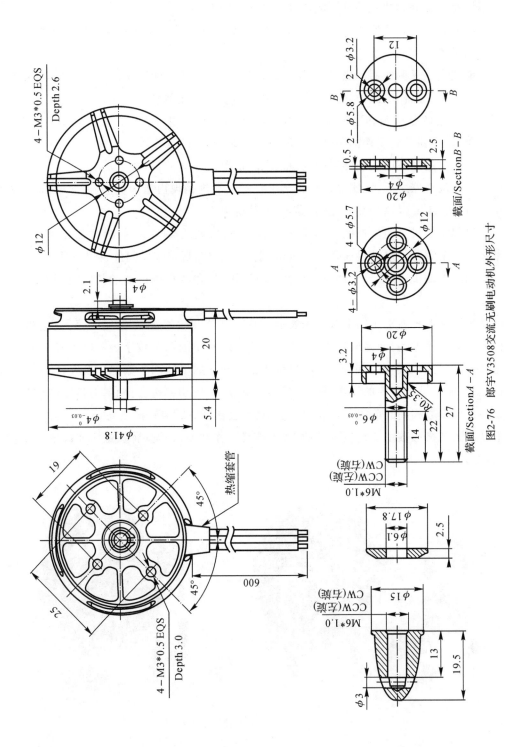

图2-76 郎宇V3508交流无刷电动机外形尺寸

## 表 2 - 3　郎宇 V3508 交流无刷电动机规格参数

| 型　号 | V3508 KV380(推荐单轴起飞重量≤800g) | |
|---|---|---|
| 定子外径(Stator Diameter) | 35mm | |
| 定子厚度(Stator Thickness) | 8mm | |
| 定子槽数(No. of Stator Arms) | 12 | |
| 转子极数(No. of Rotor Poles) | 14 | |
| 电机 KV 值(Motor Kv) | 380r/(min · V) | |
| 空载电流(No-Load Current(A/10V)) | 0.3A | |
| 电机电阻(Motor Resistance) | 257mΩ | |
| 最大连续电流(Max Continuous Current) | 16A/30s | |
| 最大连续功率(Max Continuous Power) | 400W | |
| 重量(含长线)(Weight) | 97g | |
| 转子直径(Rotor Diameter) | 41.8mm | |
| 电机长度(Body Lenght) | 20mm | |
| 支持锂电池(Max Lipo Cell) | 4～6S | |
| 建议使用电调(ESC) | 30A | |
| 推荐螺旋桨规格(Recommended Prop) | 12in×3.8in | 12in×4.7in |
| | 15in×5.5in | 14in×4.7in |

\*：1in=2.54cm。

　　KV 值是无刷电动机最为重要的指标,指的是电动机空载时转速和电压之间的关系。转速单位通常使用 r/min,即每分钟多少转,因此,KV 值单位为 r/(min · V)。如此例中 V3508 电动机 KV 值为 380r/(min · V),当输入电压为 10V 时,电动机空转转速就为 3 800r/min;当输入电压增加为 20V 时,电动机空转转速就为 7 600r/min。而功率等价于扭矩和转速的乘积,因此,在同一电压输入条件下,KV 值低的电动机输出扭矩比 KV 值高的电动机输出扭矩要高。所以,对于大载荷飞行器,优先选择低 KV 值电动机驱动大直径螺旋桨;反之,对于低载荷飞行器,选择高 KV 值电动机驱动小直径螺旋桨。

　　最大连续工作功率指的是电动机正常工作下最大的输出功率:对于固定翼无人机而言,往往指的是巡航飞行状态的功率需求;对于垂直起降的旋翼机,通常指的是额定载荷下前飞状态的功率需求。如表 2 - 3 中显示的 V3508 电动机最大连续工作功率为 400W。在实际电动机应用中,往往可以短暂地超越这一值,发挥更高的输出功率,但是不宜过久,否则会损伤电动机。

　　匹配电池指的是电动机所能够匹配的电池电压范围。由于使用的电池为聚合物锂电池,其单节电芯电压为 3.7V,因此,采用串联方式可以演化出 7.4V,11.1V,14.8V,18.5V,22.2V,44.4V 等常见供电电压,这就是所谓的 2S,3S,4S,5S,6S,12S 电池。如表 2 - 3 所示,郎宇 V3508 电动机匹配的电池为 4～6S,那么 4S,5S,6S 锂电池都是可以的,而不能使用 4S 以下或 6S 以上的电池,过低的电压无法发挥电动机性能,过高的电压则容易损坏电动机。

　　最大连续电流指的是电动机所能承受的极限电流值。在这种极限电流的输入下,电动机可以输出一个较高的极限功率,但是这种工作状态只能持续很短的时间,一般 30s 左右,否则就会导致电动机严重损坏。如表 2 - 3 中显示的 V3508 电动机最大连续电流为 16A,最大持续时间为 30s。

　　重量指的是整个电动机及相关附件所有的重量,一般以 g 为单位,对于 1 000W 以下的电动机,其重量通常在300g以下。如果用功率除以重量就会得到一个有用的指标——功重比,即单位重量下输出的功率大小。功重比较高,有利于发挥飞行器的飞行性能。

除了电动机的规格参数,电动机还会配置一个性能参数表(见表2-4)。通过地面实际测试,当该型号电动机匹配固定尺寸的螺旋桨之后,在固定输入电压情况下,通过调节输入电流大小(一般为最大电流的10%~100%),显示出整个动力系统的实时推力(单位为g)、功率(单位为W)、效率以及发动机外壳温度(单位为℃)。这一系列参数有利于设计人员选用较为合适的电动机产品或匹配尺寸更为合适的螺旋桨。

**表2-4 郎宇V3508交流无刷电动机性能参数**

| 螺旋桨尺寸 | 电压/V | $\dfrac{转速}{r \cdot min^{-1}}$ | 电流/A | 推力/g | 功率/W | $\dfrac{效率}{g \cdot W^{-1}}$ |
|---|---|---|---|---|---|---|
| 12in×3.8in | 22.2 | 1 990 | 0.2 | 100 | 4 | 22.52 |
| | | 2 740 | 0.5 | 200 | 11 | 18.02 |
| | | 3 310 | 1 | 300 | 22 | 13.51 |
| | | 3 750 | 1.5 | 400 | 33 | 12.01 |
| | | 4 110 | 2.1 | 500 | 47 | 10.73 |
| | | 4 480 | 2.8 | 600 | 62 | 9.65 |
| | | 4 760 | 3.4 | 700 | 75 | 9.27 |
| | | 5 030 | 4.2 | 800 | 93 | 8.58 |
| | | 5 340 | 5.2 | 900 | 115 | 7.80 |
| | | 5 530 | 5.9 | 1 000 | 131 | 7.63 |
| | | 5 959 | 7.8 | 1 200 | 173 | 6.93 |
| | | 6 350 | 9.8 | 1 400 | 218 | 6.44 |
| | 25 | 1 980 | 0.2 | 100 | 5 | 20.00 |
| | | 2 730 | 0.5 | 200 | 13 | 16.00 |
| | | 3 220 | 0.9 | 300 | 23 | 13.33 |
| | | 3 740 | 1.4 | 400 | 35 | 11.43 |
| | | 4 120 | 1.9 | 500 | 48 | 10.53 |
| | | 4 490 | 2.5 | 600 | 63 | 9.60 |
| | | 4 750 | 3.1 | 00 | 78 | 9.03 |
| | | 5 020 | 3.8 | 800 | 95 | 8.42 |
| | | 5 330 | 4.6 | 900 | 115 | 7.83 |
| | | 5 520 | 5.4 | 1 000 | 135 | 7.41 |
| | | 5 970 | 7.2 | 1 200 | 180 | 6.67 |
| | | 6 345 | 9.3 | 1 400 | 233 | 6.02 |
| | | 6 720 | 10.9 | 1 600 | 273 | 5.87 |

需要注意的一点,对于多旋翼无人机,一般以 50%～60% 最大电流时对应着多旋翼起飞状态,而最大电流时对应着多旋翼前飞最大速度状态。

而温度值也需要关注,这种温度都是指的地面状态测试数据,并不是在飞行时情况。由于电动机通常采用自然的风冷降温,没有像活塞式发动机那样设置专门的散热系统,因此,根据电动机的特性,超过 60℃ 损伤会持续扩大,会大幅降低动力系统的可靠性,在工程应用中需要尽可能地避免。

总的来说,需要根据无人机的飞行性能、重量特性、任务要求等方面综合考虑,选择合适的电动机,以及与之匹配的电子调速器、电池、螺旋桨等,否则,会影响到无人机整体动力系统性能的发挥。

### 2.4.3　电池

电池是电动机的储能部件,相当于活塞式发动机的油箱。电池的种类很多,有碱性电池、锌锰电池、铅酸电池、镍镉电池、镍氢电池、锂电池、聚合物锂电池等,其中碱性电池和锌锰电池都属于一次性使用电池,铅酸电池、镍镉电池、镍氢电池和锂电池可以反复多次使用,因此,在工业上应用比较广发。表 2-5 中列举了这些可以重复使用的电池的技术特性。

**表 2-5　常见充电电池参数比较**

| 参　　数 | 镍镉电池 | 镍氢电池 | 铅酸电池 | 锂离子电池 | 聚合物锂离子电池 |
|---|---|---|---|---|---|
| 能量密度 | 45～80 | 60～120 | 30～50 | 110～160 | ＞160 |
| 循环次数 | 1 00 | 300～500 | 200～300 | 500 | 500 |
| 耐过充能力 | 中 | 低 | 高 | 低 | 低 |
| 月自放电 | 20% | 30% | 5% | 10% | 10% |
| 单体电压/V | 1.25 | 1.25 | 2 | 3.6 | 3.5～3.7 |
| 记忆效应 | 有 | 轻微 | 无 | 无 | 无 |
| 环保特性 | 污染 | 轻微 | 污染 | 绿色 | 绿色 |
| 维护要求 | 30～60 天 | 60～90 天 | 3～6 个月 | 无 | 无 |

对于电池而言,能量密度是一个非常关键性的指标,这个参数值比较高,则有利于延长电动车辆、无人机的航时和航程特性;反之,如果参数值较低,则无法为载体提供充沛的电能。循环次数指的是电池第一次使用至寿命结束过程中,电池充电和放电最大允许次数。锂电池的能量密度等参数综合优势比较明显,而在此基础上,将锂电池中正负极之间的电解质用固态/胶态材料代替原先液态电解质,就得到了一种能量密度更高(一般比普通锂电池高 20% 以上)的电池——聚合物锂电池。

通过各参数的横向比较可以发现,聚合物锂电池在很多领域都表现出优异特性。因此,无人机所使用的主要是这种高能量密度、可充放电重复使用的聚合物锂电池。

常见的聚合物锂电池主要有简单包装形式的(见图 2-77)和带智能电池管理功能的(见图 2-78)两大类。主要品牌有"格式"电池、"老虎"电池等。

图 2-77　简单外壳的聚合物锂电池　　　图 2-78　带智能电池管理功能的聚合物锂电池

以常见的简单包装形式聚合物锂电池为例,通常包括电池本体和接头两部分。

聚合物锂电池主要指标包括容量、电压、放电倍率、充电倍率、放电保护电压、持续电流、瞬时电流、放电温度、能量密度、尺寸、重量等。

容量是指电池内部储存的电能,一般以 mAh 为单位。常见规格有 1 000mAh,1 800mAh,2 000mAh,3 300mAh,4 000mAh,5 000mAh,7 000mAh,10 000mAh,12 000mAh,16 000mAh,22 000mAh 等。其中遥控器常用 2 000mAh 规格电池,长航时无人机或大载重的植保无人机常用 12 000mAh 以上大容量电池,航拍无人机多使用 4 000~10 000mAh容量电池。电池价格和容量密切相关,简单形式的 12 000mAh 及以上的容量电池基本上价格在 1 000元人民币以上,10 000mAh 以下的一般低于 800 元。相比之下,同样容量、带有智能管理功能的电池价格通常要贵 50% 左右。

电压是指电池的额定输出工作电压,通常由电池电芯组合方式来确定。聚合物锂电池单个电芯额定电压为 3.7V,目前常见的组合方式主要有单 S,2S,3S,4S,6S,12S 等,均以串联方式连接,分别对应电压为 3.7V,7.4V,11.1V,14.8V,18.5V 和 22.2V。航拍无人机常用 3S、4S 电池,植保、测绘等领域常用 6S 和 12S 电池。当电池工作时,一般以恒定电压方式进行放电,期间由电子调速器控制放电的电流。随着持续电流的释放,电压会缓慢下降,当电池电压下降到一个临界值时,电池为了保护自身就会停止放电,这个临界值就称为“放电保护电压”。单节电芯的放电保护电压在 2.5~2.75V 之间。如果此时强行放电,形成“过放电”问题,那么电池内部化学反应加剧,慢慢地释放气体,会导致产生“胀肚”现象(见图 2-79),最终彻底损坏电池。

在聚合物锂电池的使用过程中,每一次结束使用后,必须对电池电压进行测量,并详细记录,以便于对所使用的电池进行全程跟踪管理。测量电池电压可以使用万用表,但常用一种小型的电压报警蜂鸣器(见图 2-80)。这种装置使用时直接插入电池端口,其液晶显示器就会逐个显示电池所有电芯的电压,如果低于 2.75V 蜂鸣器就会发出“BB”响声。

图 2-79　锂电池“胀肚”现象　　　　图 2-80　电压报警蜂鸣器

　　为了进一步提高电池的放电能力,目前各大电池供应商在原有聚合物锂电池的基础上推出了一种高压锂电池,即单个电芯电池电压要提高 0.1V。在相同时间内,高压锂电池释放的电能比普通锂电池要多 10%～15%(见图 2-81)。

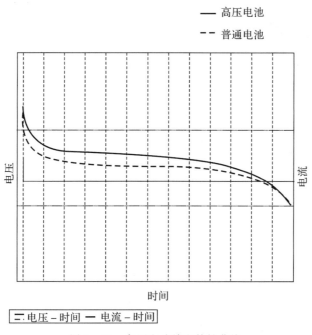

图 2-81　高压电池放电特性曲线

　　电池在稳定放电过程中的电流大小称之为"持续电流"(见表 2-6),以 6S 电池为例,持续电流一般在 150～400A 之间。需要注意的是,这种持续电流并不是直接输入到电动机上,因为对于很多多轴旋翼机而言,通常会有四台、六台、八台甚至更多的电动机,因此这个持续电流需要平均分割。如果是一台八轴飞行器,对于 150A 的持续电流,分配到单台电动机上不过18.75A。

**表 2-6　某品牌 6S 电池参数**

| 型　号 | 容量 mAh | 额定电压/V | 放电倍率/C | 持续电流/A | 瞬间电流/A | 外形尺寸 | | | 重量/g (±15g) |
| --- | --- | --- | --- | --- | --- | --- | --- | --- | --- |
| | | | | | | 厚/mm (±1mm) | 宽/mm (±1mm) | 长/mm (±5mm) | |
| 6S 15C 10 000mAh | 10 000 | 22.2 | 15 | 150 | 300 | 52 | 78 | 175 | 1 320 |
| 6S 15C 10 000mAh | 10 000 | 22.2 | 15 | 150 | 300 | 51 | 70 | 180 | 1 320 |
| 6S 25C 10 000mAh | 10 000 | 22.2 | 25 | 250 | 500 | 65 | 59 | 175 | 1 365 |
| 6S 25C 10 000mAh | 10 000 | 22.2 | 25 | 250 | 500 | 55 | 78 | 175 | 1 365 |
| 6S 25C 10 000mAh | 10 000 | 22.2 | 25 | 250 | 500 | 55 | 70 | 180 | 1 365 |
| 6S 30C 10 000mAh | 10 000 | 22.2 | 30 | 300 | 600 | 59 | 70 | 189 | 1 390 |
| 6S 30C 10 000mAh | 10 000 | 22.2 | 30 | 300 | 600 | 72 | 59 | 175 | 1 390 |

续 表

| 型 号 | 容量 mAh | 额定 电压/V | 放电 倍率/C | 持续 电流/A | 瞬间 电流/A | 外形尺寸 | | | 重量/g (±15g) |
|---|---|---|---|---|---|---|---|---|---|
| | | | | | | 厚/mm (±1mm) | 宽/mm (±1mm) | 长/mm (±5mm) | |
| 6S 25C 12 000mAh | 12 000 | 22.2 | 25 | 250 | 500 | 59 | 78 | 175 | 1 545 |
| 6S 30C 12 000mAh | 12 000 | 22.2 | 30 | 360 | 720 | 50 | 75 | 191 | 1 565 |
| 6S 30C 12 500mAh | 12 500 | 22.2 | 30 | 375 | 750 | 55 | 75 | 191 | 1 600 |
| 6S 25C 14 000mAh | 14 000 | 22.2 | 25 | 350 | 700 | 63 | 75 | 191 | 1 840 |
| 6S 25C 16 000mAh | 16 000 | 22.2 | 25 | 400 | 800 | 80 | 78 | 175 | 2 000 |
| 6S 25C 10 000mAh | 16 000 | 22.2 | 25 | 400 | 800 | 80 | 78 | 175 | 2 000 |

而持续电流(单位 A)和电池电量(单位 Ah)的比值称为"放电倍率",单位为 C,这是衡量放电速度快慢的参数。通常放电倍率有 15C,25C,30C,40C,45C 等。放电倍率越大,则放电速度越快;反之越慢。以 6S 15C 10 000mAh 电池(持续电流 150A)为例,如果以持续电流 150A 放电,那么整个电池电量将在 1/15h(即 4min)内全部释放完毕。在大部分无人机应用领域以 15C,25C 居多,而在航模运动领域经常使用高放电倍率(如 40C,45C)的电池。

瞬时电流是电池在放电过程中的最大峰值,一般时间持续很短,这个参数对于选择合适的电子调速器、插头、电线等这些电子元器件非常重要,所有和此电池相连接的元器件都要具备承受瞬时电流的能力。不过,和持续电流一样,需要根据电动机数量对此数值进行平均化处理。

聚合物锂电池的放电能力还受到环境温度的影响。对于大多数锂电池来说,最适宜的工作温度为 0~40℃,低于此温度范围,随着温度的进一步下降,电池的放电能力会急剧下降,甚至完全停止放电;而当温度高于 40℃时,放电能力并不下降,还会有所上升,但是电池散热问题严重,会引发非常危险的安全问题(见图 2-82)。

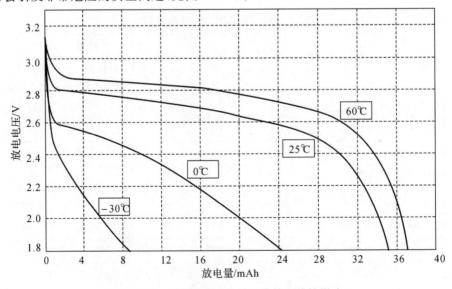

图 2-82  不同环境温度对电池放电特性影响

此外,电池的储存温度对电池的电量也会产生影响,根据研究数据表明(见图 2-83),存储温度在 40～60℃时,随着存放时间的延长,电池电量下降速度快速增加。40℃下存储 12 周时间,电量已经只有原先的 80%。

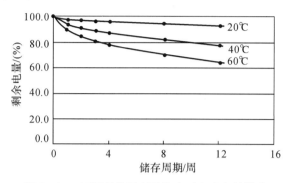

图 2-83　不同环境温度下储存对电池电量影响

根据目前的应用经验来看,通常最合适的电池使用温度范围在 10～40℃之间,如果在高原、冬季、严寒条件下使用,需要采用电池加热措施,以防止出现放电停止问题。

聚合物锂电池和其他锂电池一样都没有记忆效应,况且出厂前就已经"激活"处理,因此充电过程相对其他种类电池较为简单。在充电时通常采用"限压限流法"(见图 2-84),即充电开始阶段,使用一个较小的恒定电流和缓慢上升的电压进行"预充";之后采用一个较高的恒定电流配合快速增加的电压进行"快充",快充结束时会把电池电量充到标定额的 80% 左右;之后,转入到涓涓细流的"慢充"阶段,电压恒定不变,而充电电流则缓慢下降,直至电池电量达到 100%。慢充阶段的充电电流一般是 0.1～0.2C;快充阶段的充电电流一般是 1～2C。这里的数值就是"充电倍率",和之前介绍的放电倍率一样,1C 指的是电流大小等于电池容量。以 6S 10 000mAh 为例,充电电流 0.1C 就是以 1A 电流充电,2C 则是以 20A 电流快充。充电倍率越大,充电电流越高,反之则小。

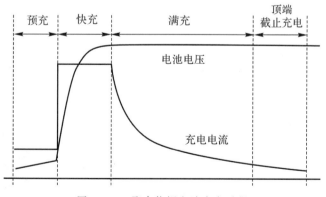

图 2-84　聚合物锂电池充电过程

聚合物电池充满后应该及时停止充电,如果仍然持续充电,则会激发电池和充电器自身的"过电保护"功能,整个电池自动进入到充电—放电—充电这样的一个反复过程,这种过程将消耗电池宝贵的循环次数,减少电池寿命。根据相关研究测试数据,500 次循环充电之后,电池额定容量就会下降至原先的 80%(见图 2-85)。

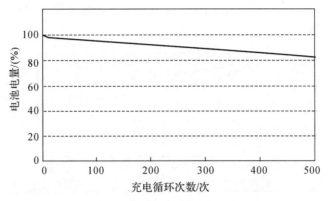

图 2-85　聚合物锂电池充电循环次数和电量关系

电池的能量密度指的是电量和重量的比值。目前国内大容量聚合物锂电池的重量普遍都比较重,12 000mAh 容量电池重量基本上在 1.3~1.5kg,如果用 mAh/g 为单位来计算,那么根据目前聚合物锂电池产品的公开数据来看,通常这一参数值在 6~8.5 之间,超过 9 的比较少见。但是根据中国科学院"长续航动力锂电池"研究组的最新研究成果[10],所研发的一种锂硫电池的能量密度已经突破 500Wh/kg,达到 566Wh/kg(见表 2-7),相当于 222mAh/g,如果这种新型电池能够应用于无人机上,将会大幅提升其飞行性能。

表 2-7　中科院"长续航动力锂电池"研究组的最新研究成果

| 检测项目 | 首次效率(%) | 放电中点电压 V | 放电容量 Ah | 质量 g | 能量 Wh | 质量能量密度 Wh·kg$^{-1}$ | 体能能量密度 Wh·L$^{-1}$ |
|---|---|---|---|---|---|---|---|
| 24Ah 第三代锂离子电池 | 79 | 3.17 | 24.55 | 207.6 | 77.8 | 374 | 577 |
| 8Ah 聚合物固态电池 | 95 | 3.65 | 8.5 | 121.0 | 31.0 | 240 | 360 |
| 8Ah 无机固态电池 | 97 | 3.83 | 8.02 | 128.0 | 30.7 | 240 | 436 |
| 30Ah 锂硫电池 | 95 | 2.05 | 37 | 135.0 | 75.9 | 566 | 416 |
| 5Ah 锂空电池 | 74 | 2.70 | 5.25 | 27.0 | 14.2 | 526 | 390 |

电池的另外一个部件就是插头,由于无人机所使用的锂电池电流比较高,因此,需要选择性能比较好的插头,否则容易出现电火花、烧蚀等问题。根据承受电流能力,目前民用无人机领域所使用的插头主要分为三大类:

第一类,T 插头(见图 2-86),持续承受电流 30A,极限承受电流 45A。

第二类,XT60 和 XT90 插头(见图 2-87 和图 2-88),这是比较常见的插头,通常分为一公一母两种匹配插头,故而俗称"公母头"。XT60 持续承受电流 45A,极限承受电流 100A;XT90 持续承受电流 60A,极限承受

图 2-86　T 插头

电流 100A。

第三类，XT150 和 AS150 插头(见图 2-89 和图 2-90)，这是用来承受大电流的连接插头，通常配合硅胶线使用，由于外形类似香蕉，故而又俗称为"香蕉头"。XT150 持续承受电流 90A，极限承受电流 120A；AS150 持续承受电流 100A，极限承受电流 150A。

图 2-87　XT60 插头

图 2-88　XT90 插头

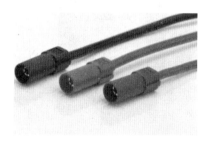

图 2-89　XT150 插头

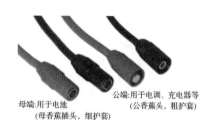

母端:用于电池
(母香蕉插头，细护套)

公端:用于电调、充电器等
(公香蕉头，粗护套)

图 2-90　AS150 插头

聚合物锂电池存储环境一般要求防潮、防湿、防水以及防爆，并且环境温度要控制在 0～40℃之间，一般情况下干燥室内无阳光直射环境就符合。但是对于数量较多的电池存放和携带，就需要使用专门的电池储存箱(见图 2-91)。这种储存箱通常使用碳素钢材质加工而成，质地坚固，便于携带和运输，并且能够有效地防止电池胀气、爆浆等事故。

需要强调一点，尽管民用无人机通常采用这种绿色环保的聚合物锂电池，但是，无论是在城市内作业，还是在郊区作业，请尽量将废旧电池及时回收处理，以免污染环境。

图 2-91　专用电池储存箱

### 2.4.4　充电器

无人机使用的聚合物锂电池其存储的都是直流电，而交流电才是最常用的电网供电形式，因此，电池必须配合使用充电器。在电动无人机的使用过程中，从动力来源的本质上讲就是不断进行"充电—放电—充电"过程。

依据电池电芯组合方式、电池容量和任务使用三个方面要求,当前常用的充电器主要分成3种类别。

(1)B3 和 B6 型简易充电器。

这是一种面向单块电池进行充电作业的充电器,其中,B3 充电器一般适用于 2S,3S 锂电池,额定工作功率一般为 20W,输入电压为交流 110～240V,最大充电电流为 2.55A,若按 2C 的充电倍率计算,B3 充电器可以为 5100mAh 及其以下容量的锂电池充电(见图 2 - 92)。

图 2 - 92　B3 型简易式充电器

将电池和充电器连接之后进入到充电状态,B3 充电器上会有 3 个 LED 指示灯,分别对应着相应的电池电芯状态,充电为红色,充满为绿色。当所有电芯的指示灯为绿色时,即可断开连接,以免过充电(见图 2 - 93)。

B3 充电器一般价格在 50 元以内,通常在航模、消费级无人机领域使用较多。

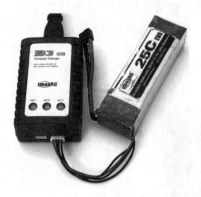

图 2 - 93　B3 型充电器工作示意图　　　　图 2 - 94　B6 型简易式充电器

B6 充电器适用范围比 B3 稍大,可以适用于 6S 及以下所有组合的聚合物锂电池(见图 2 - 94)。B6 充电器的额定功率一般在 80W 左右,最大充电电流为 6A,按充电倍率 2C 计算,这种充电器适用于 12 000mAh 及其以下容量的锂电池。

B6 充电器比 B3 稍贵一点,一般价格在 150～200 元之间,主要在个人消费级无人机以及部分工业级无人机领域使用。

由于 B3,B6 充电器都是只能为单块电池进行充电，并不适合商业、工业应用中对电池的需求，因此，一些厂商提供一种配套的并行充电板（以下简称并充板）。如图 2-95 所示为深圳大疆公司为其"精灵"系列航拍无人机电池研发的并行充电板，共提供三个电池充电卡槽，可以为三块电池同时充电，从而提高户外使用充电效率。

图 2-95　并行充电板

使用这种并充板，需要特别注意一点，充电器的最大充电电流需要进行平均分割，并依据最大充电倍率转换成允许的最大充电电量，这一数值就是每个充电板卡槽所能允许的最大充电电量。

（2）PL6/8 型平衡充电器。

PL6/8 充电器是一种较大功率的平衡式充电器，适用于 6S 及其以下所有组合形式的锂电池。它配置智能电池管理芯片，对所有连接的电池电芯进行实时电压、电流、电量单独精确管理，有效防止出现单个电芯过放电或过充电现象。在其管理模式中，预设置了多达 76 种充放电工作模式，使用前需要根据厂家说明书选择合适的工作模式。

这种充电器的最大充电电流为 40A，如果配合并充板使用，可以同时为 6 块电池充电。根据 2C 充电倍率的换算，PL6/8 充电器可以同时为 6 块 12 000mAh 的聚合物锂电池充电（见图 2-96）。

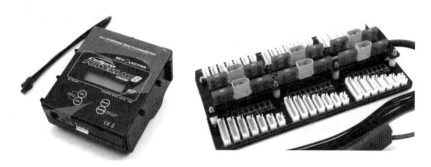

图 2-96　PL8 型平衡充电器及并充板

相比于 B3/B6 简易充电器，部分 PL6/8 充电器还可以使用车载蓄电池作为输入电源，为锂电池充电，非常适合户外条件下使用。

PL6 充电器一般市场价格在 1 000 元左右，PL8 充电器一般市场价格在 1 500~2 000 元之间，并充板价格在 120~150 元。需要注意的是，并充板会有各种 T 插头、XT 插头等各种规格，需要选择与电池相匹配的型号，否则就需要额外使用插头转换线。

目前 PL6/8 充电器主要应用于航拍、测绘、安防等领域。

（3）PC1080 大功率充电器。

与前两种充电器不同，PC1080 充电器属于民用无人机领域的大功率充电器，目前主要为植保、物流等大载重无人机的动力电池进行充电。

PC1080 充电器的额定功率为 2 160W，提供两个 XT90 插头接口，每个接口最大充电电流 20A，专门用于 6S,12S 及以上组合锂电池充电，可以同时为 2 块 16 000mAh,22 000mAh,

32 000mAh等大容量电池充电(见图2-97)。一般价格在1 500元左右。

图2-97　PC1080充电器

除此之外,还有一种四通道的大功率充电器(见图2-98),这是一种PC1080充电器的扩展板,在原有功能的基础上,同时提供4个接口,各个接口通道最大充电电流20A,2 000W额定功率,可以同时为4块16 000mAh,22 000mAh及以上容量的锂电池充电。成本价格在3 500～4 000元之间。

以PC1080为代表的大功率充电器主要使用在无人机植保领域。

总的来说,对于任何型号的电池,在充电器使用过程中,需要注意以下几点。

(1)连接时正负极一定要正确,否则会引发短路。

(2)连接接头规格需要匹配正确。

(3)充电模式需要设置正确。

(4)充电完成之后,及时断开连接,不要进入过充电状态。

(5)充电环境需要注意通风、干燥,防止过热等故障。

(6)发现异常时,及时断电。

图2-98　四通道大功率充电器

尽管XT60和XT90接头公母头都有防错设计,一般不会出现乱插现象,但是考虑到很多无人机(特别是多旋翼无人机)在调试阶段电源线和接头都是由调试人员自行焊接,因此,仍然存在误操作风险;而对于XT150,AS150等这些"香蕉头",由于彼此直接可以互相插入连接,更容易发生误连接事故。所以,对于这一点需要特别强调,防止出现不应该出现的错误。

对于这种插头导致的空难,笔者必须向所有读者灌输一种苛刻的航空安全理念——细节决定安全,每一个细节起飞前都要检查三遍,并且要由不同的人互相检查,留下文字性检查结果存档,彼此之间严禁代签字。

为了建立这种意识,就必须谈及1994年震惊全国的西安空难。1994年6月6日,西安直飞广州的WH2303次航班图-154客机在起飞后10min发生空中解体,飞机坠毁在西安咸阳机场东南方向49km处西安市长安区境内,机组成员14名和146名乘客全部遇难。经过分析,图-154客机属于20世纪60年代苏联设计定型,但WH2303次航班的这架图-154客机却是1986年出厂的,日历寿命15年,且刚刚返厂进行过大修保养,机上各种电器设备插头也是设计成不同颜色,连接时需要进行颜色匹配,尽管如此,起飞前机场三名地勤人员(其中一名是具备 10 年以上工作经验的老机务)仍然错误地将副翼和方向舵的控制插头插反,导致飞行自动驾驶仪无法正常工作,在爬升阶段飞行员需要操作方向舵调整方向,结果实际上却是不断地偏转副翼,飞机不断地倾斜,导致飞机向战斗机那样大角度向地面俯冲,超出了图-154 客机机体结构承受极限,最后飞机发生空中解体的重大事故。

事故调查结果公布之后,国内民航系统全面停止使用苏联客机,全部改用美国客机和欧洲空中客车公司飞机,因为他们的飞机接头不但是颜色有区别,而且接头形状也是进行了分类设计,只有颜色和连接方式同时正确才可以插入,否则使用再大的人力都无法插入。这就是利用技术手段来防范人为过失。

此外,最为重要的一点,加强了操作规范细则严格管理模式,每一个细节都制定了严格的操作规范流程,不能随意简化或越过任何一个流程环节,必须逐个作业,双岗同时作业,所有环节操作流程检查、复查、核查都无误,才可以放行。

笔者在 2008 年第一次进入无人机领域时就亲身经历过这种过程,作为总设计师的助手,对无人机的整个装配过程都进行逐个检查,详细到每一个螺丝钉的紧固情况,并详细记录每架无人机的生产编号、零部件编号、检查结果等。所有结果经过总设计师复核之后,当天必须导入数据库中存档。正是依靠这种烦琐、让人感到"无聊"的细节化工作,保证了这一批次出厂的无人机产品没有任何质量瑕疵。

此刻回想起当时的经历,颇有沧桑感,如果不是自己的师傅,即当时总设计师的固执和极端严谨的工作作风,我可能也不会有此经历并快速养成质量控制的理念。10 年之后,造化弄人,没想到师傅竟然因公殉职。这些航空界的前辈所表现出的奉献精神真是让我等后辈感慨良多。

所以,以个人的工作经验出发,再次希望读者朋友们在日后进入到无人机领域时,能时刻保持一种"谨慎、敬畏"的心态看待所有工作流程,无论是有人机还是无人机,毕竟是上天飞行的产品,一旦出现问题,后果都会很严重。

请允许我再次重复一下:细节决定安全。

### 2.4.5　螺旋桨

螺旋桨是一种将发动机所发出的轴功率转换成有效拉力的关键性气动部件,所有无人机的成套图纸中,螺旋桨设计图纸是需要特意印上"关键件"这样的标识符号的。对于绝大多数的无人机而言,无论是固定翼还是旋翼,无论是油动还是电动,都需要使用螺旋桨。

螺旋桨按组成方式可以分为桨叶、桨毂、变距机构和整流罩四个部分(见图 2-99)。

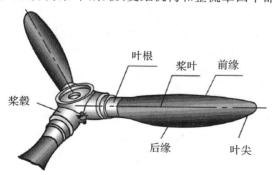

图 2-99　螺旋桨桨叶和桨毂示意图

　　桨叶是螺旋桨的关键部分,其作用本质上和飞机的机翼较为类似,桨叶各个截面的形状就是之前讲述的不同形状的翼型。螺旋桨拉力产生原理都是依靠高速气流流经桨叶上下表面,通过伯努利方程原则,在上下表面产生了压力差,从而在垂直于桨叶方向产生了气动力,而这个气动力在垂直于旋转平面方向的分量就是拉力,在沿着旋转平面方向的分量就是螺旋桨的阻力。

　　桨叶参数有桨径、半径、相对半径、桨叶数、桨叶宽度、桨距角等(见图 2-100)。桨叶底部靠近旋转轴一侧,称为"桨根";反之,称为"桨尖"。桨径和半径分别指的是螺旋桨旋转平面的直径和半径,单位以 mm 居多,相对半径指的是沿半径方向某一剖面距离旋转中心的长度与螺旋桨半径的比值,单位为百分比(%),取值范围在 0~100% 之间,俗称"站位"。桨叶宽度指的是任一剖面翼型弦长长度,通常用符号 $b$ 表示,单位为 mm。桨距角是桨叶上最为重要的参数,关系到螺旋桨的性能,它指的是桨叶剖面翼型与旋转平面的夹角,单位是度(°)。目前工程上有使用 50%,70%,75% 三种站位的夹角作为桨距角的,但是以 75% 站位最为常见,因此,本书采用 75% 站位剖面夹角作为螺旋桨桨距角的定义。

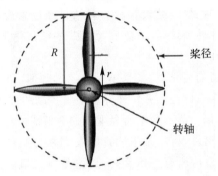

图 2-100　螺旋桨桨叶几何参数示意图

　　螺旋桨产生的拉力主要由 50%~100% 站位,特别是 75%~100% 站位区域的桨叶所产生,而 30%~50% 站位区域桨叶产生的拉力较小,30% 站位以下区域桨叶基本上不产生有效作用,仅仅属于桨叶与桨毂之间的结构连接区域。

　　螺旋桨各个站位的旋转速度是一样的,但是由于相对半径不同,因而各个站位的旋转线速度是不一样的。中小型固定翼无人机螺旋桨由于桨径较大,转速一般在 4 000~6 000r/min 之间,小型、微型无人机(包括多旋翼)螺旋桨由于桨径比较小,转速范围在 8 000~12 000r/min 之间。总体而言,螺旋桨桨尖速度不能过高,否则会引起激波颤振等不利情况出现,所以,通常情况下螺旋桨桨尖线速度所对应的马赫数最好控制在 0.75 以内,桨尖马赫数最高,桨根马赫数最低。由于工况不同,不同站位的翼型选择是不同的(见图 2-101)。一般情况下,桨毂到 30% 站位的都是属于桨叶至桨毂的结构过渡形状,其剖面很多时候已经不是空气动力学意义上的翼型,只是一个较厚、较圆的封闭曲线;30%~50% 站位内选择低速翼型;50%~100% 选择相对厚度较低的高亚声速翼型(注意,不是对称翼型)。

　　桨叶形状根据飞行器的性能,通常分成普通柳叶形、矩形、马刀形三大类(见图 2-102)。前两种在低速飞行器上较为常见,而后一种主要用于转速较高、发动机马力较大的情况。在目前中小型无人机领域,矩形螺旋桨的总体性能表现更为优异[11]。

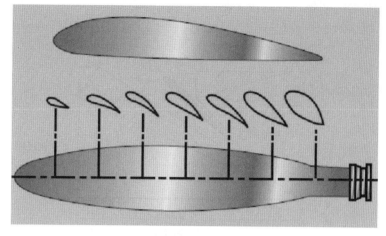

图 2-101　螺旋桨桨叶几何参数示意图

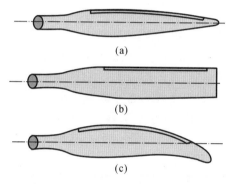

图 2-102　螺旋桨桨叶类型示意图

(a)柳叶形桨叶;　(b)矩形桨叶;　(c)马刀形桨叶

　　由于气流的作用,桨距角其实并不是螺旋桨桨叶各剖面翼型的实际攻角,这一点非常重要,一般实际攻角要比桨距角小一些,来流速度越高,减小的幅度越大。

　　对于固定翼无人机,前飞状态下(见图 2-103),螺旋桨任一剖面实际攻角的计算公式如下:

$$\alpha = \theta + \beta - 90° \tag{2-13}$$

式中,$\alpha$ 为各剖面翼型的实际攻角;$\theta$ 为各剖面翼型的桨距角;$\beta$ 为旋转角速度和气流速度二者合成速度的向量角,又称"下洗角",具体计算方法如下:

$$\beta = \arctan\left(\frac{\omega r}{v}\right) \tag{2-14}$$

式中,$\omega$ 为当前剖面处的角速度,单位为 rad/s;$r$ 为此剖面的半径,单位为 m;$v$ 为来流速度,即无人机此时的前飞速度,单位为 m/s。

　　当获得实际攻角之后,根据此剖面翼型的气动特性($C_L$-$\alpha$ 曲线、$C_D$-$\alpha$ 曲线)就可以得到此时该剖面翼型的升力和阻力,根据图 2-103 的角度关系换算到垂直于旋转剖面上,就可以得到该翼型所产生的拉力和阻力,并对旋转中心计算力矩,就可以得到该翼型所产生的扭矩大小。如果对于桨叶多个剖面进行如此处理,并进行积分计算,就可以得到螺旋桨在特定飞行速度、特定转速下的拉力、扭矩,以及功率、效率。

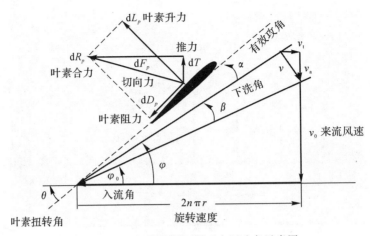

图 2-103　螺旋桨剖面翼型实际攻角示意图

对于多旋翼这种垂直起降无人机而言,由于最大垂直上升速度通常只有 5m/s 左右,非常小,对于实际攻角的影响比较小,因此,这种状态下实际攻角非常接近桨距角。这种情况属于多旋翼的特例。

以上计算螺旋桨性能参数的方法就称之为螺旋桨叶素理论[12],由于这种计算方法简单、快速、高效,如果利用计算机编程语言(航空工程气动领域常用 Fortran 语言)实现上述过程,计算螺旋桨一个工况的性能不过 1h 就可以了,因此,这种方式也是最为常用的工程估算方法,广泛应用于无人机螺旋桨设计工作中。

除此之外,风洞试验方法(见图 2-104)和 CFD 计算方法(见图 2-105)也是常用螺旋桨性能设计方法。但是风洞试验成本比较高,因此往往作为最后的产品定型方法。CFD 计算方法非常耗时,计算螺旋桨一个工况按目前最优秀单台计算机的性能可能耗时 1 周以上。

图 2-104　螺旋桨风洞试验示意图

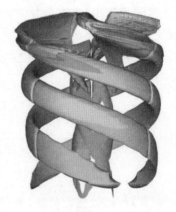

图 2-105　螺旋桨 CFD 模拟示意图

因此,在无人机螺旋桨实际设计工作中,往往采用一种更有效的复合工作模式,前期工程估算设计出少数几种方案,经过 CFD 计算验证性能之后,选择最优的一到两种方案,进行试制加工,最后通过风洞试验采集最完整的性能数据。对于有经验的航空气动工程师,可能初步设计的结果与风洞试验结果吻合度非常好。

螺旋桨的性能主要由 $C_T, C_P, \eta, \lambda$ 四个参数体现。

具体而言, $C_T$ 为拉力系数, 无量纲量, 而螺旋桨拉力计算公式如下:

$$T = C_T \rho N^2 D^4 \tag{2-15}$$

$C_P$ 为功率系数, 无量纲量, 螺旋桨吸收功率计算公式如下:

$$P = C_P \rho N^3 D^5 \tag{2-16}$$

式中, $\rho$ 为当地空气密度, 单位为 $\mathrm{kg/m^3}$; $N$ 为每秒螺旋桨转数, 单位为 $\mathrm{r/(60min)}$; $D$ 为螺旋桨桨径, 单位为 m。所计算得到的 $T$ 为螺旋桨拉力, 单位为 N; $P$ 为螺旋桨吸收功率, 单位为 W, 等价于发动机输出功率。

$\lambda$ 是前进比, 这是无人机前飞速度和桨尖线速度之间的比值, 是一个无量纲参数, 主要用来确定 $C_T, C_P, \eta$ 的变化趋势, 具体计算公式如下:

$$\lambda = \frac{V/3.6}{N \times D/60} \tag{2-17}$$

式中, $V$ 为飞行速度, 即无人机此时前飞速度, 单位为 $\mathrm{km/h}$; $N$ 为螺旋桨转速, 单位为 $\mathrm{r/min}$; $D$ 为螺旋桨桨径, 单位为 m。

$\eta$ 是螺旋桨效率, 表示吸收发动机功率转化成拉力做功的效率大小, 计算公式如下:

$$\eta = \frac{C_T}{C_P} \lambda \tag{2-18}$$

螺旋桨的性能通常使用 $C_T\text{-}\lambda$, $C_P\text{-}\lambda$, $\eta\text{-}\lambda$ 三个曲线图来表示, 如图 2-106 ～ 图 2-108 所示。$C_T\text{-}\lambda$, $C_P\text{-}\lambda$ 曲线变化趋势一致, 在螺旋桨有效工作阶段基本上呈现线性变化趋势, 这将有利于飞行自动控制对其进行编程控制。$\eta\text{-}\lambda$ 曲线则完全不同, 呈现出一种峰值现象, 当前进比高于一定值之后, 效率就会迅速下降, 这主要是因为随着螺旋桨转速的增加, 到一定值时, 桨尖表面气流出现了分离现象, 气动力迅速下降所导致的。根据螺旋桨理论计算, 螺旋桨的效率一般在 0.6 ～ 0.7 之间居多, 如果能达到 0.80 ～ 0.85 之间就已经很不错了, 达到 0.85 以上就相当有难度。在实际工程中, 对单一螺旋桨而言效率理论设计值可以达到 0.80 以上, 但是在装机之后, 受到机身、机翼、发动机整流罩、发动机进排气等部件的干扰, 实际效率要远低于设计值, 通常在 0.65 ～ 0.70 之间就已经算是比较好的水平。

由于效率最高值对应一个临界的前进比, 当前进比高于此值之后, 效率会急速下降, 因此, 实际操作螺旋桨无人机时, 需要控制转速和飞行速度, 让螺旋桨前进比始终保持在临界前进比之前的一段范围之内, 以确保尽可能地按较高效率飞行。

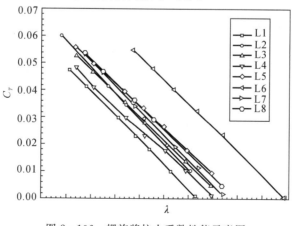

图 2-106　螺旋桨拉力系数性能示意图

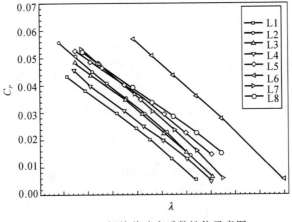

图 2-107　螺旋桨功率系数性能示意图

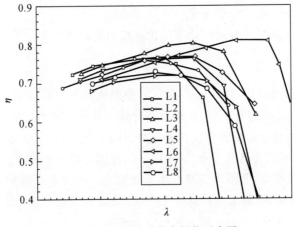

图 2-108　螺旋桨效率性能示意图

由于绝大多数无人机螺旋桨都是固定桨距的,因此,在无人机螺旋桨的性能设计中一般是以无人机飞行包线(横坐标为飞行速度,纵坐标为飞行高度)的右上角点(见图 2-109)作为设计点进行设计工作的。这个点主要是受到无人机空气动力学特性制约的,因此,这个高度速度点称之为"速压限制点"。

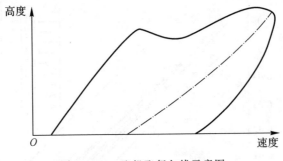

图 2-109　飞机飞行包线示意图

　　活塞式发动机的最大输出功率受飞行高度影响非常大,对于自然吸气发动机而言,一般随着高度增加而下降;对于具有涡轮增压装置的发动机,在涡轮增压器工作高度以下可以保持恒定功率输出,而当大于此高度值时,功率迅速下降。对于电动机,则基本不受高度变化影响,忽略温度的影响时,电动机功率一般都是保持一个恒定值,所以,相比于活塞式发动机,同样螺旋桨和同样起飞重量下,电动机的额定功率可以比活塞式发动机小一些,也能满足需求。但是螺旋桨提供无人机前飞最小拉力时,需要对应一个最小的吸收功率,这个吸收功率随着高度增加而下降(主要是因为空气密度随着高度增加而下降),但是吸收功率的下降幅度要比发动机(电动机或者活塞发动机)功率的下降幅度小,因此,随着高度的持续增加,螺旋桨吸收功率曲线就一定会和发动机功率曲线相交。这个交汇点就是非常重要的临界点。超过这个临界点,受到发动机功率输出限制,螺旋桨无法提供可以支撑无人机向前飞行的最小推力。这个点称之为"功率限制点"(见图 2 - 110)。

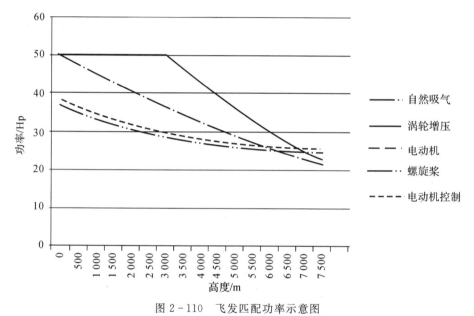

图 2 - 110　飞发匹配功率示意图

　　功率限制点和速压限制点都对应一个升限高度,这两个高度中的最小值,就是该无人机实际的最大飞行高度。如果功率限制点对应的高度较小,那么就说明该无人机的速压方面仍然有潜力没有被挖掘;相反,如果速压限制点对应的高度较小,则说明无人机的发动机功率潜力没有完全释放。只有当两个限制点对应的高度一致,才表示发动机和飞行器空气动力学两方面的潜力刚好全部发挥出来,达到最佳状态。这样的工作就称之为"飞发匹配",即所谓的飞机和发动机两者之间匹配到最佳状态。

　　为了达到这样的目标状态,需要在螺旋桨翼型选择与气动计算、桨叶几何尺寸、桨叶数量、桨距角、桨尖形式等等方面进行反复迭代计算,以便能够寻找到一个方案接近理论上的最佳值,这样的工作往往需要花费几个月的时间。但是,日后的试飞将会证明这几个月计算工作的价值。

　　不过,需要明白一点,以上的迭代计算只是在这一个设计点状态时,整个无人机的发动机和螺旋桨正好处于最佳效率的工作状态。那么,在其他的飞行高度,也存在一个最佳效率点,这些点连起来就是图 2 - 109 中的点画线。除此之外,飞行包线中其他点都不是最佳效率点。

对此问题进行最有效改善的方式就是设置变距机构,在飞行过程中,实时地根据飞行速度和发动机功率调整合适的桨距,从而实现能够同时针对不同设计点进行最优化设计的效果。变距机构一般有机械式、液压式和电动等三种,但是,桨距调节机构相当复杂,截至目前,无论是固定翼还是多旋翼,安装变距机构的无人机都比较少见。

总的来说,每一种型号规格的螺旋桨其实本质上只适用于指定飞行器、指定发动机,如果换成其他飞行器或者发动机,也许可以正常飞行,但是不一定能很好地发挥整体最佳性能。作为一个负责的航空工程师,应该秉持一种飞行器一种螺旋桨这样的设计理念。

在目前公开销售的民用无人机螺旋桨货架产品中,通常习惯使用四位数字来进行编码,如"1845",前两位数字表示桨径,单位为 in;后两位数字表示桨距,单位同样是 in,这种桨距表示的含义是螺旋桨转一圈时,轴向前进的距离。这种编码表示的多为地面试验测量方法得到的数据,但是螺旋桨毕竟是在空中飞行使用,而空中状态和地面完全不一样(前进比差距比较大)。因此对于这种参数方式选桨需要谨慎对待。请读者朋友注意,螺旋桨所有的性能参数都是和前进比挂钩的,所以,工程应用中提到相关性能参数时,一定要附加一个前进比的条件,否则,对不同螺旋桨单纯比较一个性能参数值大小来判断其优劣将有失偏颇。

目前,螺旋桨加工材料主要有塑料、木材、碳纤维、金属四种。但是在无人机领域,主要以前三种居多,金属材料螺旋桨还未发现有使用的。塑料主要应用于起飞重量比较小的微小型飞行器中,采用模具注塑成型工艺加工,简单,易于大批量生产,成本也很低,但是塑料硬度和刚度都较差,极易变形,因此,在消费级无人机中使用较多。

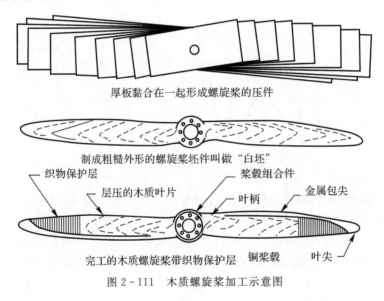

图 2-111 木质螺旋桨加工示意图

木材是比较常用的螺旋桨材料,以质地坚硬的桦木、榉木居多,而且,为了保持内部应力分布均衡,通常使用俗称"德尔塔木"的层压板来进行切削加工(见图 2-111)。选择没有结疤、疤痕、裂痕等问题的榉木板,进行干燥处理之后叠放成一定厚度的层压板,板与板之间用黏合剂黏接,室温固化之后,中间打定位孔,然后依据设计图纸和表面工艺卡板切削一面桨叶。完成之后,需要静置一周,以便于内部应力完全释放,然后再切削另一面桨叶。之后,打磨桨叶,打磨过程中需要利用卡板严格修正桨叶形状,确保和图纸一致。规整之后,表面涂胶,贴附玻璃纤维或者碳纤维布,封闭整个木质桨叶表面,确保防水。最后根据发动机的规格,在桨毂上钻合适大小的安装孔,并在桨叶尖部喷涂醒目漆或者产品标识。如果是三叶螺旋桨或者多叶螺旋桨,通常是单独加工单个桨叶,然后组装成整体。

目前人工切削螺旋桨叶已经比较少见了,主要是掌握这种工艺的技师越来越少。取而代之的普遍采用数控机床切削,这样对桨叶形状控制得比较好。

加工完成的螺旋桨需要经过静平衡测试,即在螺旋桨锥孔中心装一根轴,把轴的两端放在水平位置,分别测量左、右两侧桨叶各检测点的水平高度;之后旋转半周,再次测量。如果一致则说明左右几何对称,静平衡测试符合要求。

静平衡测试之后还要进行动平衡测试,通常需要专门的动平衡测试台。在动平衡测试台上主要测量旋转过程中桨叶扭矩误差是否符合设计值。

两种平衡测试符合要求,木质螺旋桨则和干燥剂一起放置于包装箱内待启用(见图2-112)。

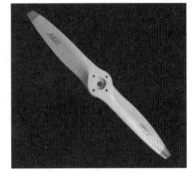

碳纤维这种复合材料也是近几年才开始应用到无人机螺旋桨制造领域。和木质材料不同,碳纤维布需要使用环氧树脂胶进行彼此之间的胶黏,充分黏合之后,进行固化成型。因此,碳纤维需要专门的金属模具来帮助碳纤维固化成型,以确保外表面成型质量。碳纤维成型方式有高温固化和常温固化两种,高温固化需要热压罐这样的专用设备,成本比较高,但是固化品质较高。但目前无人机碳纤维螺旋桨多以常温固化为主,即在正常室温下即可进行固化成型,成本较低,工艺简单。无论是高温固化还是常温固化,根据成型特性,通常需要数控加工一套上下表面

图 2-112　木质螺旋桨产品示意图

的成型金属模具,模具和碳纤维接触内侧使用时需要涂抹一层蜡,以便于成型的脱模。除此之外,还要切削加工一个内芯,用来填充桨叶内部空间,这个内芯材质通常使用硬质泡沫材料,如聚氨酯材料。

当桨叶固化成型之后,脱开模具,就会得到完整的碳纤维螺旋桨(见图2-113)。如果是多叶螺旋桨,如同木质螺旋桨一样,采取单独加工桨叶,然后组装的方式进行,碳纤维多叶螺旋桨往往和金属桨毂配合使用居多。

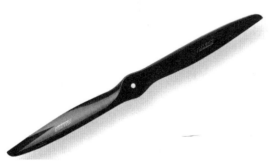

图 2-113　碳纤维螺旋桨产品示意图

碳纤维螺旋桨成品同样要进行静平衡、动平衡试验,方可装配到飞行器上使用。

无论是何种材质的螺旋桨,需要强调一点,必须确保表面光滑无瑕疵、无毛刺、无凸起、无

气泡,整体无裂痕、无裂缝,一旦发现问题,立即停止使用,更换新的螺旋桨。

桨毂主要指桨叶和发动机转轴之间的固定连接部件,对于双叶螺旋桨通常只是简单的螺栓和固定片形式(见图2-114);对于多叶螺旋桨,通常是一个上下开合的整体金属部件,用于紧固所有桨叶。对于普通的消费级多旋翼无人机(以双叶桨居多),很多螺旋桨为了简化和便于加工,通常将桨叶和桨毂设计成一体化的,采用螺纹旋钮方式与电动机紧固。

图2-114 螺旋桨桨毂示意图

变距机构是用来在飞行过程中调节桨叶桨距的动作机构(见图2-115),根据动作方式可以分为电动、液压、油气混动三种。这种变距机构较为复杂,还需要与飞行器航电控制系统连接以便于在飞行过程中实时操纵,在第二次世界大战时期的螺旋桨飞行器中使用较为广泛。在无人机领域,目前以定距桨最为普遍,特别是民用无人机产品,使用变距桨的产品案例极其少见。

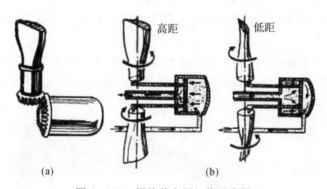

图2-115 螺旋桨变距机构示意图

螺旋桨整流罩是桨毂处的外壳,目的是为了和机身融合成一体,保持流线外形(见图2-116)。与桨毂普遍使用金属材料不同,整流罩一般受力情况比较小,为了减轻重量,普遍使用玻璃钢或者碳纤维进行加工。此外,为了便于警示,桨毂的表面颜色通常刻意和机体不一样,以防止地面机务工作时失误。

目前国内具备高品质的螺旋桨生产能力的厂商并不多,主要有保定的中航工业550厂、郑州劲旋风公司(目前已经搬迁至安徽芜湖)。其中,550厂具备生产军用有人固定翼飞机的螺旋桨、直升机旋翼、风力发电机叶片等产品的能力;劲旋风公司主要生产航模螺旋桨,现在能够生产中小型无人机螺旋桨(木质/碳纤维)、航模螺旋桨、动力伞等体育项目螺旋桨。其他一些小供应商主要生产一些全塑料螺旋桨和部分碳纤维螺旋桨,工艺水平和550厂、劲旋风公司有较大差异。

图 2-116　螺旋桨整流罩示意图

### 2.4.6　喷气式发动机

喷气式发动机从20世纪40年代末期投入实际应用,截至目前已经发展出涡喷、涡扇、涡桨、涡轴等常见类别,并大量应用在各种载人飞行器中。在无人机领域少数一些高端军用无人机同样使用,而喷气式发动机的工作原理和活塞式发动机、电动机完全不同,因此,本书对此领域做简单介绍。

涡喷发动机是最为基本的喷气式发动机(见图2-117),空气由进口吸入、尾口排出,由前至后,主要包括压气机、燃烧室、涡轮、排气口等部分。

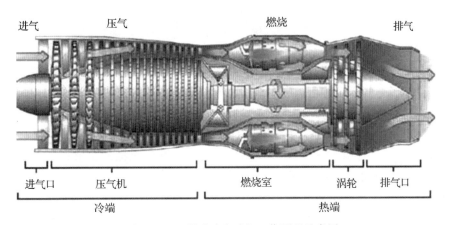

图 2-117　涡喷式发动机工作原理示意图

压气机通常由一系列叶片组成的叶轮组成,当受到发动机驱动力的作用时,这些叶轮会高速旋转,吸入大量的空气,同时对这些空气进行加压。通常加压幅度高达20倍,加压的幅度越高越有利于后面的燃烧。

燃烧室是涡喷式发动机的核心区域,压气机送来的高压气体在这里和燃油(主要是航空煤油)混合,并进行快速燃烧,进一步释放出混合着空气的高压气体,并通过一个压缩-扩张喉道二次加速向后喷射。在燃烧室后方设置一组耐高温、耐高压的叶片,当从燃烧室出来的高速气流流进时,就会推动这些叶片高速旋转,从而带动整个发动机传动轴的转动,让前方的压气机持续性地旋转工作吸入空气,保证发动机正常工作。这一组叶片称之为"涡轮"。

通过涡轮之后的高速气流就通过一个收缩的喷管向外界大气排出,产生反作用力,这就是喷气式发动机常说的推力。最大推力和整个发动机的重量比称为"推重比",这是非常关键的性能指标之一,涡喷式发动机推重比一般在 8 以下。

为了进一步提升涡喷式发动机的推力,通常在涡轮和排气口之间额外增加了一个燃油喷口,进行二次燃烧,这就是所谓的"加力燃烧室"。在加力燃烧室作用下,涡喷发动机往往能够推进飞行器进行超声速飞行。不过,这个阶段由于燃油消耗非常高,所以通常不能持续时间过长。

涡扇发动机是在涡喷发动机的基础上改良出的一种高推力低油耗的喷气式发动机(见图 2-118)。相比于涡喷式发动机,涡扇式发动机在前段的压气机和涡轮两处进行了原理性的改造。

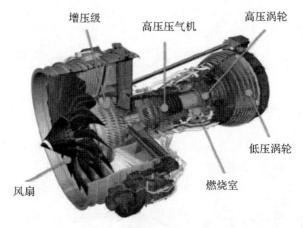

图 2-118　涡扇式发动机示意图

压气机通过内、外两个涵道将进气流分割成两部分,以外涵道的气流为整个涡扇式发动机的主要工作气流,通过一系列超大直径叶轮对此气流进行持续加压加速。前后空气压强比称为"总压比",涡扇发动机的总压比一般在 20～35 之间。内涵道气流则如同涡喷式发动机一样由一系列小直径叶轮进行加压,引入燃烧室。外涵道和内涵道直径的比值就是涡扇发动机的一个关键性参数——涵道比,这个值越高越有利于推力的增加。

涡轮的叶片相比于涡喷发动机也进行了改良,涡轮数量增加,涡轮直径加大。当燃烧室喷射出的高温高压高速气流流进涡轮时,外涵道的常温气流第二次与之混合,这时不但有效降低了气流温度,并且两股气流在涡轮作用下再次得到增压。增压之后的内外涵道混合气流经过尾喷口排出,形成推力(见图 2-119)。截至目前,先进型号的军用涡扇发动机如美军 F22 战斗机所使用的 F119 型涡扇发动机推重比已经超过 10,能够推动飞行器做超声速巡航飞行;民用涡扇发动机推重比一般在 5～6 之间,主要是为了强调燃油经济性能。

正是由于涡扇式发动机内外两种气流的分割,特别是在涡轮阶段,有效降低了原来涡喷式发动机的工作环境严酷程度,因此,涡扇发动机的寿命普遍比涡喷发动机要长得多。军用涡扇发动机总寿命(含保养维修)能够达到 3 000～4 000h,甚至更长,军用涡喷发动机总寿命一般在 1 000h 以下。

图 2-119　涡扇式发动机剖视图

无论是涡喷还是涡扇发动机,都是应用于常规固定翼动力的飞行器领域,但是在一些低速飞行器和旋翼机中由于螺旋桨的存在,并不能直接引入喷气式发动机,因此,在涡喷式发动机的基础上进行了改进,发展出了涡桨式发动机和涡轴式发动机。

涡桨式发动机其本质还是一台涡喷式发动机(见图 2-120),只不过并不是以产生反作用的气流推力为工作目的,相反,其主要目的是如同活塞式发动机那样输出一个高的轴功率,在匹配的减速齿轮作用下,驱动螺旋桨旋转,从而产生推力。因此,从原理角度上讲,涡桨式发动机可以更形象地理解成喷气式活塞发动机。

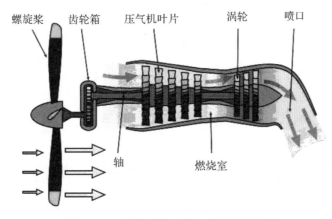

图 2-120　涡桨式发动机工作原理示意图

由于涡桨式发动机输出的轴功率比活塞式发动机要高,且螺旋桨驱动方式的燃油效率比较高,因此,涡桨式发动机主要应用于低速运输机领域(见图 2-121),以及一些大型无人机,如美国的 MQ-9C 攻击型无人机。

涡轴式发动机工作原理和涡桨式非常相似,其核心机仍然是一台涡喷式发动机,工作时输出轴功率。只是由于所驱动的螺旋桨旋转方向和发动机安置方向通常有近 90°的角度差,因此,不但设置有减速齿轮,还要设置转向齿轮,将水平方向的轴功率转换成垂直方向的轴功率输出(见图 2-122)。

除此之外,由于直升机通常配置有尾桨,而尾桨动力一般也是由主桨发动机驱动,因此,和普通发动机前置后驱的卡车类似,还需要从涡轴发动机引出一个传动轴和相对应的转向齿轮箱和变速箱,从而实现对尾桨的驱动和调速(见图2-123)。因此,从动力系统角度来看,直升机比固定翼飞机更为复杂。

图 2-121　MA-60 涡桨动力支线客机

图 2-122　涡轴发动机工作原理示意图

图 2-123　涡轴发动机传动分配示意图

涡轴发动机主要应用于直升机领域(见图2-124),截至目前的公开报道,美国的 RQ-8"火力侦察兵"无人直升机使用的就是涡轴发动机(见图2-125)。而其他大多数轻小重量的无人直升机或者是航模级直升机使用电动机和一些小型油动活塞式发动机,从可靠性和功率密度角度来看,都远不如涡轴发动机。

图 2-124　"米-6"重型直升机涡轴发动机图

如果说航空工业是工业界的皇冠,那么航空发动机就是这顶皇冠上的宝石。喷气式发动机很多部件都要在高温高压下进行高速旋转工作,因此,对于设计水平、工艺水平和材料水平等诸多领域都有着极端苛刻的要求。截至目前,全世界范围内能够独立自主地研发各类航空喷气式发动机的国家只有美国、俄罗斯、英国、中国、法国、加拿大、乌克兰等少数国家。

图 2 - 125　RQ - 8"火力侦察兵"无人直升机

其中就发动机产业规模和影响力而论,目前已经形成了 5 家具有世界影响力的著名航空发动机制造商(见图 2 - 126):美国的 GE、法国的斯奈克玛 snecma、CFM(GE 和斯奈克玛的合资公司)、英国罗尔斯·罗伊斯和加拿大普惠公司。这五家发动机公司的产品占据了全球军用航空发动机市场和民用发动机市场近九成的份额。

图 2 - 126　全球著名航空发动机制造商

我国航空发动机事业起步于 20 世纪 50 年代,从早期的仿制开始,主要师承苏联发动机,技术、工艺较为落后,80 年代开始,陆续接触西方欧美先进的发动机设计理念,开始厚积薄发,学贯东西,自成一家,进入到 21 世纪已经陆续推出"昆仑"先进中等推力涡喷发动机、"太行"大推力涡扇发动机,其性能和数字化先进水平已经逼近欧美最新水平。可以相信,国产航空发动机大放异彩的时代即将到来。

# 2.5 起 落 架

起落架是飞机起飞和降落的关键部件,但也是对于航空工程师而言最为尴尬的部件,因为在整个飞机飞行过程中,起落架完全是一种负担,只是在跑道上起飞滑跑、降落滑跑和停放时才起到支撑、减震的作用。此外,对于配置有起落架的飞行器而言,一旦出现降落过程中起落架无法顺利放下,或者起飞离地之后起落架无法顺利收起的异常情况,都是一件非常令人头疼的事情。为了提高起落架的可靠性和强度,通常情况下起落架的重量占到整个飞行器结构重量的 $10\%\sim15\%$。

起落架一般由支架、机轮、减震器、刹车装置、液压系统、收放机构等部件构成(见图 2-127)。

图 2-127　起落架机构示意图

支架是整个起落架系统的受力装置,有人机上面基本上采用钢制结构,对于一些无人机而言,特别是轻小型无人机,采用碳纤维杆的情况居多。

机轮和汽车轮胎类似,以空心充气胎居多,当然,一些特殊需求情况下也可以使用实心胎。

减震器主要用来吸收降落时的冲击载荷,通常有人机上面使用液压形式减震器为主,而在无人机,特别是民用无人机领域,由于冲击载荷不是很高,有时候采用弹簧来代替液压系统,还有直接取消减震器,而是依靠碳纤维杆/板自身的弹性变形来起到减震的作用。

刹车装置主要是在降落过程中当飞机已经着陆且飞行速度下降到一定值之后,控制机轮轮毂转速,以便缩短飞机滑跑距离。目前刹车装置以盘式刹车(见图 2-128)最为常见,这一点和汽车轮胎刹车较为类似。在无人机领域,特别是固定翼无人机,一般为了简化不设置刹车装置。

收放机构是整个起落架的活动机构,也是起落架结构中显得最复杂的机构,需要根据起落架的布置位置、收放空间、收放活动路线等进行设计,此外还要额外对舱门进行附带的机构控制,以确保起落架收放到位时,能及时地开启/关闭舱门。收放机构的可靠性关系到整个飞行器的起降安全性,因此,起落架收放机构通常都是采用冗余度备份设计思路,即正常情况下使用自动模式进行控制操作,而紧急情况下,允许机组人员使用人工方式通过液压系统直接操作。有人机上普遍设置了收放机构,以便飞行时及时收起起落架从而保持良好的流线外形。但是在无人机领域,除了极少数大型无人机(如全球鹰)之外,大多数无人机的起落架都是采用固定式的,地面状态是什么样,空中还是什么样,没有收放机构。这种外置起落架会导致无人机整体飞行阻力增加1/3,为了降低这种气动阻力,通常给予机轮一个外包的整流罩,或者给予支架一个近似翼型一样的扁圆整流罩。但是,仅仅是改善,不能彻底解决这一问题。

图 2 - 128　起落架刹车盘

　　起落架的布局形式主要由飞行器的重量、起飞方式等性能参数决定,种类相当多,主要有后三点式、前三点式、自行车式、多支点式等。

　　后三点式(见图 2 - 129)在第一次世界大战和第二次世界大战中最为常见,主要应用于活塞式动力飞行器上,前置两个主起落架靠近重心,承担绝大部分载荷;尾部设置一个小巧的后起落架(带转向)。前后一高一低,让机头得以高高抬起,一方面防止螺旋桨触地,另一方面可以让机翼保持一个较高的升力迎角,有利于缩短飞距离。这种起落架航向稳定性比较差,地面滑跑时容易偏航,降落前必须提前对准跑道中轴线,此外,降落过程中,一旦猛然刹车,容易形成"倒插"现象(即机头着地,机尾抬起)。因此,随着喷气式发动机的应用,这种布局形式逐渐被淘汰。

图 2 - 129　后三点式起落架示意图

前三点式(见图2-130)是最为常见的起落架布局形式,广泛应用于各类飞行器中。通常主起落架在后,固定式,前起落架可以自由转向。这种布局方式有效地避免了后三点式的不足,具有良好的航向稳定性,降落时不用严格对准跑道中轴线。此外还能够给予飞行员开阔的视界,有效避免急刹车出现的"倒插"问题。但是除了后置主起落架结构加强之外,前起落架也需要进行结构强化处理,因此,前三点式起落架的结构要比后三点式重。

图2-130 前三点式起落架示意图

自行车式(见图2-131)是一种比较少见的特殊起落架布局形式。和前三点式不同的是,自行车式的主起落架只有一只,并且和前起落架一样设置在机身中轴线,形成了"自行车"一样的风格。为了防止机体倾斜,一般在机翼两侧还额外设置了一对辅助起落架。辅助起落架并不承受主要载荷,只是起到防止倾斜作用。机体的全部载荷由主起落架和前起落架承担,因此,前后两个起落架都要进行结构加强处理,并且,在降落的同时,要确保前后两个起落架同时着陆,否则容易引发因为载荷过大,导致起落架损坏的现象。这种布局在无人机领域极其少见。

图2-131 自行车式起落架示意图

多支点式(见图2-132)主要应用于重型、大型飞行器,如中大型运输机、大型民航机、轰炸机。由于载体的重量较高,通常在150~200t以上,原先的前三点式起落架已经无法承受如此载重,因此,在主起落架处往往增加了一系列单独的起落架以分担载荷,甚至对于前起落架也有额外增加(见图2-133)。在无人机领域,截至目前已公开的型号产品,尚无任何一款无人机采用这种起落架布局。

图 2-132　多支点式起落架示意图

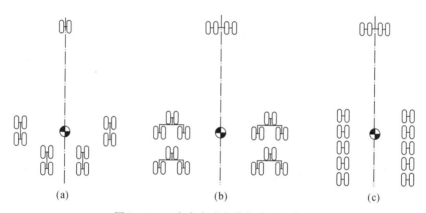

图 2-133　多支点式起落架布局示意图

(a)波音-747-200 起落架布置；　(b)C5A 银河起落架布置；　(c)安-124 起落架布置

在无人机领域（包括固定翼、旋翼），就机轮形式来划分，主要应用了轮式起落架、滑橇式起落架、浮筒式起落架和简易支架式起落架四种。

### 2.5.1　轮式起落架

轮式起落架对于常规滑跑起降的无人机而言是最为常见的起落架形式。按布置方式分为前三点式和后三点式起落架两种。

尽管固定翼无人机采用活塞式发动机＋螺旋桨的动力方式居多，但是目前工程实际中以前三点式起落架为主流（见图 2-134）。这是因为目前固定翼无人机的起飞重量相比于有人机而言较小，且起飞、滑跑的距离一般在 300m 以内，所有铺设跑道的机场基本上都可满足需求，因此，固定翼无人机对于起降距离没有严格要求，所以，前三点式起落架采用得更多一些。

中小型无人机主起落架往往采用整体弓形结构，即两个主起落架通过一根弓形板与机身连接，这样有利于降落时形成缓冲。而前起落架往往也是弧形支架设计，也有在支架上加装弹簧或者减震器的。

图 2-134　采用前三点式起落架布局无人机

　　通常中小型固定翼无人机的起落架都是固定式,无论是主起落架还是前起落架都是外置固定,不会收放入机体内部。但是对于一些大型无人机,比如美军 MQ-9C"死神"、RQ-4"全球鹰",其前三点式起落架起飞后都是收纳入机身,其中 MQ-9C 不设置专门的舱门,只是在机身处留有收纳槽(见图 2-135、图 2-136),而 RQ-4 则配置了专门的收纳槽和舱门,起落架收起之后,舱门关闭,外表非常光滑(见图 2-137)。

图 2-135　MQ-9C无人机起落架收起(注意:都是向后)

图 2-136　起落架机体收纳槽

图 2 - 137　RQ - 4 无人机起落架

而对于一些需要在公路、草地等简易地区进行起降作业的固定翼无人机,往往仍然采用后三点式起落架布局(见图 2 - 138)。其技术原理上面已经做了介绍,这里不再阐述。采用这种方式的无人机,其起落架都是外置固定的,起飞后不收回。由于外在阻力增加,因此这种无人机的最大飞行速度和最大飞行高度都会受限。

图 2 - 138　采用后三点式起落架布局无人机

### 2.5.2　浮筒式起落架

浮筒式起落架主要应用于水上起降飞行器,通常上半部分设计成流线型以降低风阻,而下半部分则采用船舶设计技术,设计成船型,以降低水的波阻。水面起降与陆地起降不同,由于水的密度较地面混凝土小,因此冲击载荷比陆地飞机小得多,所以,浮筒式起落架通常的结构强度要求可以适当降低,在实际工程应用中通常采用最为简单的支架式支撑结构(见图 2 - 139)。

图 2 - 139　浮筒式起落架

由于水上飞机在水面降落之后,有的还需要上岸进行保养,因此,浮筒往往仍然设计带有小的滑轮,以便于陆地上滑行。

对于水上飞机而言,浮筒式起落架不仅仅是一个起降支撑装置,而且是一个重要的浮力产生来源,因此,为了确保能够提供足够的浮力,浮筒的体积往往要根据起飞重量大小来确定。更进一步而言,为了提高生存力,浮筒中间空心部分往往利用低密度固体材料(如泡沫)进行填充,这样,即使浮筒漏水,也仍然能够提供浮力。

浮筒式起落架在无人机领域应用得较少,目前根据公开报道,仅有 U650 型水上无人机(见图 2-140)的资料。这款水上无人机机身底部设计成水密船型,提供主要浮力,而机翼两端翼下的浮筒提供次要浮力,以便控制机身水平姿态。

图 2-140 U650 水上无人机

### 2.5.3 滑橇式起落架

滑橇式起落架主要应用于伞降回收的无人机领域。采用降落伞方式进行降落(见图 2-141)不依赖地面支持,不需要跑道,绝大部分场地都可以降落,具有较高的适应能力。但是受降落伞面积和机体重量的制约,当无人机触地的瞬间,起落架需要承受数倍于机体重量的冲击载荷,因此,滑橇式起落架往往采用最为坚固的钢制材料进行加工,并且在垂直方向配置了液压减震器,以进一步吸收冲击载荷(见图 2-142)。

图 2-141 伞降回收无人机

图 2-142 滑橇式起落架

因此,滑橇式起落架结构重量较重,小微型无人机往往无法使用,一般应用于 100~500kg 的无人机。

### 2.5.4　简易支架式起落架

简易支架式起落架是目前民用无人机,特别是单旋翼、多旋翼无人机领域应用得最为普遍的起落架方式,通常以杆的方式构成,不含机轮。

这种起落架常使用直线形式的支架,根据支架数量有双杆支撑(见图 2-143)或者单杆支撑(见图 2-144),通常以不同直径的碳纤维杆或者硬质塑料加工而成。由于多旋翼无人机任务设备通常挂载在机体中央底部,正好处于支架中间位置,起落架往往会对任务设备产生不利的干扰,因此,一些无人机产品进行了改良设计,为这种支架提供了可收放装置,当无人机起飞后,起落架向外侧抬起,处于多旋翼的下方,为任务设备提供了一个开阔无干扰的视角(见图 2-145);当降落时,起落架再放下,从而保证正常起降。

图 2-143　无人直升机起落架

图 2-144　单杆支撑支架

图 2-145　单杆支架收起

在支架收放方式方面,大疆无人机还提供了一种截然不同的收放方式(见图 2-146),简易式支架并不运动,而是通过机身与两侧旋翼之间设置了额外的伸缩连杆,当起飞时连杆张开,机身反而吊在旋翼下方,从而让起落架相对上升;反之,降落时连杆收缩,机身抬起,起落架反而相对落下,安全降落。

相对于这种直线支撑杆,还有一种弧线设计的支撑杆起落架(见图 2-147),一般都是采用双弧线支撑杆方式,且都是固定的,无法收放。这种方式相比于直杆更有利于吸收降落触地时的冲击载荷能量,不过实际中更多的时候还是从工业美学设计方面进行考虑。

图 2-146　大疆无人机支架收起示意图　　　　图 2-147　弧形支撑杆

由于多旋翼无人机起飞重量相对较小,因此,这种简易式支架本身不安装减震装置。

# 思　考　题

1. 简述无人机机体的结构类型及其特点,并以现今市面上一种产品为例进行详细解释说明。

2. 阐述空气动力学基本方程,并解释现代飞行器的飞行原理,重点解释随着温度、气压、高度的变化,飞行器的飞行性能会产生什么变化。

3. 理解固定翼飞行器的各种舵面工作原理,并尝试思考一旦某一个舵面发生故障,如何利用其他舵面进行紧急应对。

4. 调查并收集市面上一款活塞式发动机和一款电动机产品性能参数(最大功率相同或者近似),并利用 Excel 列表进行横向比较,由此解释两者之间的性能差异。

5. 调查并比较不同桨径、不同桨距情况下螺旋桨匹配发动机之后的静拉力情况,并阐述为什么空中状态时的螺旋桨拉力要比地面静拉力小很多。

# 第3章 无人机航电分系统

无人机航电分系统是无人机系统中重要的组成部分,承担着无人机飞行控制、导航、数据通信管理、执行相关任务等工作。究其专业来看,涵盖了自动化、通信工程、导航、软件工程、电子信息、计算机、控制工程等诸多专业,是一个多学科高端技术领域。按成本比率来看,通常情况下无人机航电分系统的成本价格占比接近50%(机体平台占比约30%),以长期趋势来看还有进一步增加的可能。

航电分系统一般包括飞行控制系统、导航系统、空中交通管制系统等,对于目前绝大多数工业级、消费级无人机产品来说,空中交通管制系统通常不安装。

本章将逐一介绍航电分系统各个组成部分的功能、原理、性能参数等。

## 3.1 飞行控制系统

飞行控制系统(简称飞控系统)是无人机航电系统的核心部分,主要作用是实现对无人机飞行的实时自动控制。要实现这一系统功能,首先就要能够实时地采集无人机飞行数据,如速度向量、方向、角速度、加速度、高度、经纬度等,为此,飞控系统提供了诸如陀螺仪、加速度计、磁航向仪、气压传感器、声波传感器、光流传感器等测量仪器。正是在这些传感器的共同作用下,无人机的实时数据才能够有效采集并提供给飞控计算机,由飞控计算机按照预先设计的控制算法进行高速运算,得出控制结果数据指令,这些数据指令将会通过机体内部数据总线下达给发动机、各舵面舵机、任务设备等,从而实现自动控制。此外,飞控计算机也会通过数据链将飞行数据分发给地面控制站,供地面操作人员分析;同时,飞控计算机也能通过数据链接收地面操作人员发出的操作指令,并将这些指令分解计算成具体控制数据指令下达给相关设备。

因此,根据工作流程,飞控系统主要包括数据采集、数据处理、执行机构三部分。数据采集部分主要是由陀螺仪、加速度计、磁航向仪、气压传感器、声波传感器、光流传感器等组成;数据处理部分主要指的是飞控计算机,以及飞控计算机预先拷入的该型号无人机飞控控制算法软件;执行机构主要指的是遍布无人机各个活动部件的舵机(电子式为主)。这些部分安装时遍布无人机机体各处,都是通过数据总线与飞控计算机连接,形成一个闭合的完整控制回路。

截至目前,国内消费级、工业级和军用级三大无人机领域已经形成较为完善的飞控产品类别,达到了货架供应性质,因此在各级别无人机设计、使用过程中,选型相当方便。

本节将从概述性角度出发,对无人机飞控系统三大部分进行逐一介绍,以便读者朋友们能够对无人机飞控系统建立起全面的认识。

### 3.1.1 核心算法和飞控计算机

无人机飞控系统的关键硬件就是飞控计算机,它具体负责以下三方面的工作(见图3-1)。

(1)接收各类传感器采集的有关飞行数据,如速度、航向、角速度、加速度、GPS信号以及

地面站发出的指令等;

(2)负责对这些数据进行快速解算,得到此时此刻无人机空中姿态参数;

(3)依据设定的任务或者地面站指令,在当前空中姿态参数的基础上,针对舵机、发动机、任务设备等解算出变化量,并形成操作指令通过数据总线下达给相应设备。

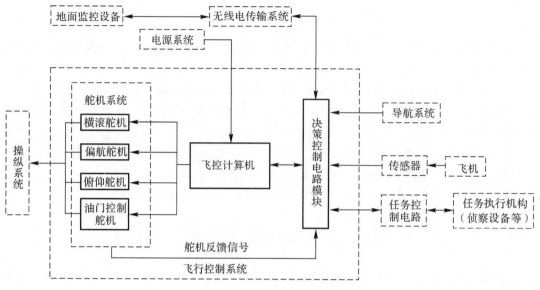

图 3-1　飞控计算机工作原理图

根据工作内容,飞控计算机硬件组成包括电源模块、主控模块、姿态传感器模块、遥控接收模块、操作控制模块等。

电源模块主要负责从无人机电源系统接入输入电流,并根据不同部件的工作电压要求进行单独供电,不仅要保证电压符合要求,还要保证输出的电压稳定,这对于微电子芯片至关重要。通常以 3.3~4.5V 输出电压为主。

主控模块是飞控计算机的中央处理器,类似于计算机的 CPU,将对采集的数据进行实时计算处理。尽管目前台式计算机 CPU 已经达到 64 位,计算能力已经达到四核/八核 3.2GHz 的高水平,然而在航空领域,特别是在无人机领域,目前计算水平还停留在 32 位,以图 3-2 所示 ST 公司的 STM32 系列主流计算芯片为例,其主频只有 72MHz,Flash RAM 为 256~512KB,RAM 只有 64KB。

不过要考虑到飞控计算芯片只是用来处理一系列的数据运算而已,并不会像普通台式计算机那样,经常进行复杂的多媒体运算操作,因此,这些计算能力足以满足当前各种飞行控制要求。

图 3-2　ST 公司 STM32 系列芯片

姿态传感器模块属于无人机飞行姿态采集模块,主要包括微电子工艺加工而成的陀螺仪、加速度计等,在目前消费级无人机领域和部分工业级领域比较常见,而在大部分工业级及以上领域,飞控计算机中这一块部件基本上都是单列出去,作为一套专门的测量设备存在的。

遥控接收模块负责接收地面遥控器/地面站发出的操作指令,并对其进行解码处理,输入主控模块进行运算。

　　操作控制模块属于控制命令下达机构,需要将飞控计算机解算出的指令根据不同设备分配下达,实现对舵面和动力系统的操作。

　　飞控计算机硬件方面,正是因为有人和无人的区别,无人机和有人机表现出比较大的差异性。在有人驾驶的航空器上,飞控计算机不仅体积较大,而且也较重,通常都是全金属外壳,能够对外部电磁信号有效屏蔽,此外,还设置有专门的显示系统和按键输入系统,以便在飞行全过程中能够进行有效的人机交互操作(见图 3 - 3)。因此,无论是性能还是可靠性方面,有人机的飞控产品都是比较好的。

图 3 - 3　有人机领域飞控计算机

　　在无人机方面,少数专业飞控研发公司能够以航空工程标准开发高端飞控产品,如成都纵横公司推出的 AP - 300 型专业级飞控计算机(见图 3 - 4),其吸收有人机设计诸多理念和航空标准规范,采取了冗余度设计,从而有效地提高了可靠性。这款飞控产品主要应用于高端的工业级固定翼无人机产品以及更高级的特殊用途无人机产品中。大多数无人机飞控产品主要面向多旋翼消费级和工业级产品,且多以开源式飞控计算机为主,目前市场上常见的多是 APM 系列(见图 3 - 5)。这是一种高度集成化设计的飞控产品,打开外壳,内部只有一块主板,只需外接数传、图传、GPS 和电源,插线连接电调、任务设备、遥控接收器等,再经过简单地面调试即可进行飞行。价格方面通常在 500 元以内,因此,广泛应用在各种消费级和工业级无人机产品中。

图 3 - 4　成都纵横公司 AP - 300 型专业级飞控计算机

图 3-5　APM 飞控计算机主板

总的来说,硬件不是飞控计算机的核心,以成本而论,在民用无人机领域 5 万元左右的飞控产品,其硬件成本可能只有 5 000 元左右,甚至更低。真正体现飞控计算机核心价值的是飞行控制算法。

遗憾的是,无人机飞控算法是飞控产品的核心技术,大多数飞控公司都不会公开其算法具体代码,唯一公开的就是 APM 之类的开源代码。

其实,在民用无人机应用过程中,经常会有人提出这样的疑问:"同样使用 APM 飞控,为什么有的无人机飞行控制不稳?"为了回答这样的疑问,本节将从第一步构建无人机气动数据库开始,介绍构建飞行力学仿真模型、控制律等内容,以及航空工程领域中飞控专业方向的工作流程和分工,为读者朋友们完整构建一个飞控算法如何产生的工程过程。等介绍完,相信读者朋友们对之前的疑问就会有明确的答案了。

先以固定翼无人机为例,假设一架固定翼无人机在海拔 3 000m 高度飞行,飞行方向是正北方向,此时突然之间受到一阵突风扰动,航向发生偏离。之前第 2 章介绍垂尾的时候,我们知道航向发生偏离的时候,尾翼和方向舵天然地具有恢复原有航向的能力,这种能力对于航向偏离角度比较小的时候作用比较明显,但是,如果突风比较厉害,使得航向偏离角比较大,比如 15°以上,那么单纯地依靠垂尾的航向稳定性自我恢复就不可能了,这时就需要飞控系统介入,及时地调整方向舵偏转方向和角度,加速无人机的航向恢复。

飞控计算机向方向舵的舵机下达偏舵命令,这一命令需要包含偏转方向和角度。飞控算法为了能计算出正确的角度和方向,就必须事先知道方向舵舵偏角度和偏航力矩之间的关系,即在任一个舵偏角度下,偏航力矩系数的数值具体多少必须知道。

航空工程上为了得到这种角度和力及力矩的关系,往往依赖于总体气动设计部门的工作。在任何一种型号无人机的初步设计阶段,也就是确定气动外形、总体参数等的设计第一阶段,总体气动部门通常使用 CFD 方法已经建立起了一个初步的气动数据库,这里面包含了该型无人机的各种气动力系数以及部分舵偏角度和力矩系数变化关系,这些数据一般都是以图表的形式存在。当然,这种初步的气动数据库并不能全部反映这种型号无人机的性能,因此,在无人机设计的第二阶段——详细设计阶段,需要进一步完善气动数据库,一般使用两种方式。第一种使用风洞试验方法,这种方法需要加工一系列风洞模型(各种偏转角的舵面、附加物、机体等),成本极其高昂,而且也很耗时。通常一个标准风洞试验过程可能前后要持续半年以上,甚至更长时间。第二种方法,继续使用 CFD 方法进一步对无人机方案进行气动计算。CFD 方法相对于风洞试验方法成本较低,整体速度较快,但是期间工程设计人员会非常疲劳。总的来说,这两种方法各有优劣,无论是哪一种方法,最后都将会得到一个非常完善的原始气动数据库。

接下来,总体气动部门还需要对该气动数据库进行数据分析和后处理,这个过程可能比原有计算/试验过程的时间还要长,当完成之后,就会得到一个正式版本的该型号无人机气动数据库。无论是任何用途的无人机,这个数据库都是核心技术之一,绝不轻易示人。

飞行力学专业组会根据这一数据库建立起该无人机的控制律方程,这个方程是日后编写飞控算法的核心。

所谓的控制律方程指的是气动力/力矩和姿态角等变量之间的关系解析表达式。以最简单的升力系数和俯仰角关系为例(见图 3-6),第 2 章介绍过,当角度增加到一定值之后,无人机就会失速,升力系数会快速下降,因此,无人机实际应用过程中都会控制俯仰角在临界值之下。根据图 3-6 就会发现,在 $-5°\sim7°$ 之间,升力系数呈一条直线,根据数学函数基础知识,只需要两个点的坐标值,就可以得到一个斜率式的直线表达式:

$$C_L = C_{L,\alpha} + C_{L,0} \tag{3-1}$$

式中,$C_{L,\alpha}$ 表示 $-5°\sim7°$ 区间升力系数斜率;$C_{L,0}$ 表示 $\alpha = 0°$ 时的升力系数。

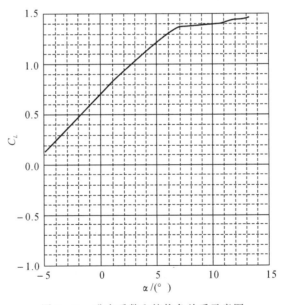

图 3-6　升力系数和俯仰角关系示意图

依靠这个线性函数表达式,任何一个有计算机编程常识的人,都可以非常简单地编写一小段代码实现计算升力系数的功能,在这样的代码模块中,只要输入一个迎角,立刻就可以得到这个迎角对应的升力系数。按照式(3-1)方法对无人机的方向舵、副翼、升降舵等舵面关于横向、纵向、侧向的气动力/力矩进行相应的方程化处理,所得到一系列解析形式的方程就是控制律方程,当然无人机的气动力和气动力矩有很多类型,因此,需要依据气动数据库分析出各个对应的解析方程表达式。由于这种控制律方程大多都是以线性形式存在的,因此,基于这种方式的自动控制技术又称为"线性小扰动假设"。与之对应的,还有一种"非线性"的控制方程。这种小扰动假设下的直线式方程,毕竟有局限性,有上下边界值,况且具体使用时每个直线上插值结果毕竟和真实值还是有误差的,因此,直接使用气动数据库的原始数据,将整个数据库以矩阵形式导入控制算法中,遇到数据库中没有的值时,就采用插值方法进行计算求解。这种方法更接近无人机的真实值,甚至可以控制飞行器进行高机动飞行,但是数据存储量、飞控计算工作量就会变得相当大,况且,绝大多数无人机都是"四平八稳"地在小角度内飞行,因此,无人机领域还是以这种线性方程形式为主。

在这样一系列控制律方程的基础上,就可以建立起该型号无人机飞行力学仿真模型,通常使用 MATLAB 软件来进行这方面的工作。这个仿真模型的作用如同存在于计算机中的虚拟无人机一样,可以设定任何操纵模式,通过计算,查看最终的操作效果是否达到预期要求,如果未达到要求,那么可以调整一些相关参数,反复迭代仿真计算,直到符合,其本身也是对整个无人机控制方式的一种优化。如图 3-7 所示为不同高度下控制升降舵来提高无人机爬升率的仿真计算结果,方向舵打舵之后 20s 内姿态稳定,高度变化只有 1m,表现得相当稳定。当然,还有一种极端情况,在仿真过程中发现之前的设计存在重大缺陷,那么就要暂停仿真工作,对之前的总体设计进行新一轮的修正改进设计。

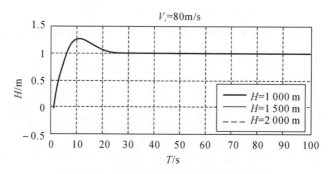

图 3-7 飞行仿真响应结果显示示意图

依据这种飞行仿真计算,飞行力学专业组会依据国家航空标准关于飞行品质的规定对这种无人机的飞行品质做出评价。目前国标中将飞行器飞行品质划分为 1~10 级,涉及静稳定性、动稳定性、操作特性、抗故障反应能力等一系列科目要求,其中,1 级品质最高,10 级最差。对于无人机而言,需要达到 3 级以上,否则就属于存在重大设计缺陷,需要推倒重来。现实中很多 DIY 爱好者自我组装的无人机产品虽然能飞,但是只要经过测试评估,就会发现它们的飞行品质级别比较低,这也是目前无人机领域存在的一个普遍现象——做出一架能飞的无人机并不难,但是要做出一架飞行品质高的无人机就比较难了。

正是通过这种反复迭代的模拟仿真工作,该型号无人机在各种工况下的飞行性能基本上就会被摸得非常清晰了。所以说,做无人机飞行仿真工作的工程师是最了解无人机飞行性能的人,但是,却是接触无人机距离最远的人,因为他们通常都是与计算机打交道,离实际产品的"空间距离"很远。

现在准备工作就绪,接下来的工作就要交给飞行控制部门了(有些无人机公司/单位在控制律设计部分就开始让飞控部门介入)。如果说之前的飞行力学仿真倾向于理论模型的话,那么飞控部门的工作则倾向于产品设计。飞控工程师将会针对仿真结果和控制律方程,对硬件和软件两个部分进行总体设计。对于硬件,大多数时候都是依据要求进行选型(采购成熟货架产品),少量情况下需要自主研发,此外还要对接口文件和数据总线按照相应的国家标准(GB或者 GJB)或者行业标准进行统一设计;对于软件部分,依据相关编写规范确定编写要求,通常使用 C 语言(C++较为少见)进行开发。对于有其他类似产品基础的,通常都是在原有代码基础上进行修改,如果没有基础,那就需要从零开始进行顶层架构,特别是"冗余度"设计,这对于飞控系统的可靠性至关重要。在此基础上,整个软件被分成若干个对立模块,由不同的程序员进行并行编写。在飞控软件开发中,编写过程耗时并不多,大约几个月时间,耗时最多的是在调试阶段。当飞控代码完成编写时,由于各个模块是由不同人员编写的,因此集成一处形成完整的飞控代码时,需要进行模拟测试,这种测试通常都是在地面实验室进行,很多硬件设备都是平铺在试验台上,对各个模块功能进行测试,这个测试通过之后,并不代表调试结束。当该型号无人机的样机下线后,飞控工程师就需要在现场进行整个飞控系统的设备安装,安装完毕之后进行全机航电系统通电调试(专业术语叫作"联调联试"),这属于无人机飞行前,最接近真实情况的调试过程,在这种过程会暴露出很多意想不到的问题。对于这些问题,需要查验源代码、硬件、数据总线等等,往往需要多个部门的配合。这个过程的耗时,就没有固定期限了,原则上要保证不出任何问题,否则一直持续下去。

之后,无人机就进入到试飞阶段,属于对所有系统的综合测试。如果之前的工作做得比较好,基本上试飞阶段就会比较顺利,不会出大问题,只是一些小毛病,比较容易修改。

所以,从整个飞控算法完成的过程中就可以看到,如同一座"金字塔"一样,飞控算法的形成是一个堆砌过程。无人机的原始气动数据库就是这个"金字塔"的底座,控制律方程、硬件架构、软件算法、联调联试等以此堆砌,最终形成一个坚固可靠的飞控系统。其中,任何一个环节出了问题或者被忽视了,就会对整个飞控系统形成安全隐患,在无人机的实际飞行中,这种隐患必定在某一时刻出现。

目前在民用无人机领域广泛使用 APM/pixhawk 等开源式飞控产品,"拿来主义"盛行,但是要知道再通用的算法也不是万能算法,也有其自身适用范围的限制,只要飞行工况超过其适用范围,代码必然就会发生错误计算。所以,古训"知己知彼,百战不殆",不仅需要了解这些开源式源代码的飞行力学含义,还要深入了解自己的这款无人机性能特点。这样,才能够让两者的结合更为紧密。

总的来说,从哲学意义上来看,控制算法本质上凝结着人对无人机飞行认识的精髓。因此,从这个层面上进行拓展,无论是过去、现在,还是将来的任何无人机产品,其实都是有人机的一种新形式的体现。即便是未来,人工智能技术(AI)高度成熟,能够自我学习,其背后也是依托于人所编写的一条条精妙的源代码。

### 3.1.2　陀螺仪

陀螺仪是一种很有历史感的航空设备,是 1850 年法国科学家 Foucault 为模拟地球运动而发明的,由此不断改良改进,在 20 世纪 20 年代开始大量应用于航空工程领域。

这种陀螺仪结构上包括转子、内环、外环、支架等部件(见图 3-8)。当转子在外力作用下(通常转子就是同步电动机的转子)进行高速旋转时,转子具有保持其旋转轴在其惯性空间指向方向稳定不变的特性,称之为"定轴性";当转子受到外界扰动时,会产生自我恢复的反抗行力矩,称之为"进动性"。在此基础上,由于内环和外环可以各自自由活动,因此,转子在空间上就可以进行3个自由度的运动,从而能够有效采集3个自由度方向的运动变量。

图3-8　陀螺仪工作原理图

早期无人机领域(特别是军用无人机)使用的陀螺仪主要是机械式,具体包括方向陀螺仪、垂直陀螺仪、速率陀螺仪和陀螺罗盘等(见图3-9)。

方向陀螺仪是一台同时测量无人机的纵向、横向、侧向3个自由度的设备,依靠高速旋转的陀螺测定初始方向,当方向发生变化时能够给出变化角度,这样就可以获得无人机空中飞行时纵向、横向、侧向的角度变化值。

垂直陀螺仪是在方向陀螺仪的基础上进行改良,装置于无人机机体内部,用于时刻指示水平参考平面和垂直参考平面的仪器设备。垂直陀螺仪和方向陀螺仪同时作用,才可以更完整地实时显示无人机空中运行姿态。

图3-9　机械式陀螺仪示意图

速率陀螺仪则是单纯性二自由度机械式陀螺,主要用来测量载体的角速度及角加速度。

陀螺罗盘是依靠陀螺指向效应时刻寻找正北方向的设备,其本质上仍是一台三自由度陀螺仪。其外环轴垂直向下设置,转子轴则保持水平方向,正端指向正北方向。在支点下方有一个不平衡小锤固结于内环,构成偏心重力陀螺仪。随着机体运动,当转子轴偏离正北方向时,偏心重力陀螺就随之产生一个修正力矩,推动转子轴恢复到正北方向,从而实现一直对着正北方向的功能。

当方向陀螺仪、垂直陀螺仪、速率陀螺仪、陀螺罗盘共同作用时,就可以实时测量飞行器空中姿态、速率变化等情况,如果能够结合起飞时的初始数据,就可以完整地绘制飞行器空中飞行轨迹,这一点对于飞行控制尤其是自动飞行控制至关重要。

其实无论是方向陀螺仪还是垂直陀螺仪,这种依赖于高速旋转的转子来确定方向的原理,本质上都是属于牛顿力学的物理范畴。转子由电机驱动,从静止状态转变成旋转工作状态,转子的转速越高,质量越大,惯性就越大,那么保持原方向的力量就越强,指向的精度就越高。但是这种要求对于机械结构而言是异常苛刻的,要达到高速旋转,轴承的性能和工艺要求、支撑结构就要尽可能地表现"纤细",这种一正一反矛盾的要求正好凸显出任何工业产品设计领域中的"烦恼"一面。因此,机械式陀螺的快速启动能力和可靠性、精度方面都存在一定的问题。此外,机械式陀螺仪还有一个非常重要的缺陷,就是整个设备重量比较重,体积也比较大,为了屏蔽外部磁场干扰,壳体都是全金属的,一般在 2~5kg 范围之间,如同一个大容量的"奶粉罐",所以,这种机械式陀螺仪基本上都是早期在一些固定翼无人机上使用。

为了解决这一问题,20 世纪 70 年代,新型的陀螺仪——激光陀螺仪出现了。

与之前机械式陀螺仪的工作原理不同,激光陀螺基于的是爱因斯坦的量子力学。在一个封闭空腔内设置一个高精度的等边三角形(也有四边形),每一个顶点布置一块反射镜,在其中一点设置一台激光发生器。激光发生器同时发出两条功率、频率、波长相同但方向不同的激光,这两条激光经过反射镜作用绕行一圈后返回原处。如果整个陀螺仪是静止的,那么这两条光束返回的时间一样,且两者频率相同,没有任何误差;反之,如果陀螺仪处于运动中,那么反射回来的两束激光就会产生微妙的变化,与运动方向接近的那束激光波长增加、频率降低,与运动方向相反的那束激光波长减小、频率增加,两者交汇就会形成干涉条纹。这种干涉条纹数目正好正比于转动角速度,所以经过编程解码就能得到测量数据(见图 3-10)。

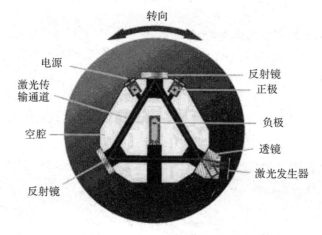

图 3-10　激光陀螺仪工作原理图

通常情况下,为了提高精度,激光陀螺仪空腔采用热膨胀系数极小的材料加工,这种材料本身就是关键性技术,并未见公开其配方成分,如美国霍尼韦尔公司(世界著名航空自动控制系统产品供应商)早期使用石英,后期使用 BK-7 型光学玻璃。在形成的空腔内抽掉所有空气,并填入氦气/氖气这种惰性气体,从而尽可能降低陀螺仪本身对激光束的干扰,提高了测量精度。由于这种依靠激光运动一圈的测量方式,因此,有时候激光陀螺仪又被称为"环形激光陀螺"(见图 3-11)。

激光陀螺仪技术含量比较高,最早由美国进行研发,截至目前这方面的技术水平以美国、法国、俄罗斯、德国较为领先。中国从 20 世纪 90 年代引入俄罗斯技术进行仿制,通过 20 多年的发展,目前已经具备独立研发能力,成为新的激光陀螺仪研发强国。

激光陀螺仪相比于机械式陀螺仪,由于取消了活动部件,力学结构方面大大简化,从而具有精度高、启动速度快、抗冲击效果好、重量轻、寿命长等诸多优点,但是生产加工工艺要求严格,成本较等,从诞生之初,就取代了机械式陀螺大量应用于高端的有人机领域和航天领域。在无人机领域,激光陀螺仪应用方向主要是一些中、大型高端军用无人机,民用无人机领域很少见。

图 3-11　激光惯导陀螺仪内部示意图

为了有效降低激光陀螺仪的成本,光纤陀螺仪出现了(见图 3-12)。光纤陀螺仪构造和激光陀螺仪构造有相仿之处,但是不再使用激光作为光束源,而是改用普通的可见光。光纤陀螺仪的工作原理依据塞格尼克效应,在完全闭合的光学环路中,当两束光从同一点向两个相反方向出发,并最后回到原点时,如果整个光学环路静止,那么两束光应该没有任何差异;反之,如果光学环路和外界惯性空间之间是旋转状态,那么这两束光波就会产生差异,具体而言就是光束的相位差和角速度成正比关系。

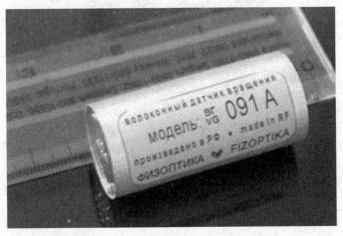

图 3-12　俄罗斯光纤惯导产品示意图

光纤陀螺仪由于采用普通光作为光束源,不需要高精度的反射偏置技术和严格密封的内腔,因而生产工艺相对简化,相比于激光陀螺仪成本价格也大幅下降,因而得以广泛应用在航空器各个领域。在无人机领域,这种陀螺仪应用范围比较广,主要集中在中小型军用级产品上,少量工业级无人机产品也会应用。但是,在测量精度方面,光纤陀螺仪目前还是低于激光陀螺仪的,如果说激光陀螺仪属于高精度范畴,那么光纤陀螺仪就属于中低精度范畴。

真正在无人机,特别是小型、微型民用无人机领域大面积应用的陀螺仪是微电子机械陀螺(Micro Electro Mechanical Systems,MEMS)。和之前的三种陀螺仪完全不同,MEMS全部结构缩小集成到一个微电子芯片中,其工作原理非常特殊,依赖于"科里奥利力",即在旋转物体中,如果一个质点在进行径向运动,那么其同时也会受到一个切向力,且切向力大小和物体旋转速度成正比关系,因此,通过这个切向力就可以得到物体旋转速度(见图 3-13)。从物理学意义上讲,这种"科里奥利力"仍然属于经典力学范畴,也就是牛顿力学,这是一种惯性作用的表现形式。

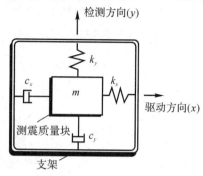

图 3-13　MEMS 中"科里奥利力"示意图

MEMS 主要由两个电容板构成,根据工作原理,第一个是类似"梳子"一样的驱动部分,第二个由固定的传感器电容组成。驱动部分依靠电容施加振荡电压使得电容板做反复径向运动,传感器电容则负责接收旋转运动导致的"科里奥利力"作用下电容的变化情况,这样通过换算就可以得到此时此刻的运动角速度(见图 3-14)。

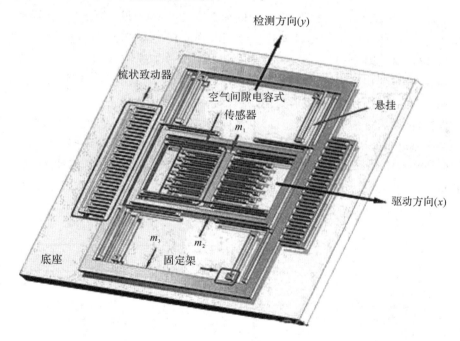

图 3-14　MEMS 工作原理图

MEMS 总体而言测量精度相比于之前的三种类型陀螺仪属于最低精度水平,但是由于工艺简单,便于大规模生产,且最重要的一点,生产成本非常低,因此,通常广泛应用于手机、平板电脑等民用微电子工业产品中。在航空领域,目前这种产品在有人机领域极其少见;在无人机领域,由于这种陀螺仪体积小、重量轻,一般经过简单封装之后(见图 3-15),都是作为 MEMS

模块芯片集成到飞控机主电路板上,出厂前一般已经完成安装、调试的工作。所以,这种产品非常适合应用于消费级无人机和部分工业级无人机,特别是目前的多旋翼系列无人机领域,几乎普遍使用。但是需要强调一点,因为 MEMS 精度不高,为了增强多旋翼无人机的操控性能,通常需要同时使用其他传感器来进行综合感知多旋翼的姿态变化,再结合优化的飞行控制算法来实现对其较好的控制。在这样的控制系统策略中,飞控算法处于最为核心的位置。

图 3-15 ST 公司 MEMS 陀螺仪封装成品图

### 3.1.3 加速度计

加速度计专门用来测量飞行器任意时刻的加速度,更准确地说,测量的是飞行器某一个方向上的线加速度(见图 3-16)。传统加速度计的工作原理比较简单,有点类似于高中物理中所提到的"继电器"(见图 3-17),通过一个阻尼器感知载体加速度,并由此随之运动而改变电压值,从而确定对应的加速度值。根据形成阻力器的类型,加速度计可以有挠性摆式、振弦式、液浮摆式等类型。以最简单的阻尼器为例,在支架中轴线方向设置一个可以正、反两个方向活动的活塞机构,两端通过弹簧与支架连接,以机械方式形成了一个阻尼器。活塞之上通过一个指针连接一个小电阻丝。当载体在轴向方向进行加速运动或者减速运动时,活塞就会沿轴线向相反方向或者相同方向运动,从而带动指针同时运动,使电阻丝上电压产生变动,根据这一变动量和预先设定的量程范围关系就可以转换成对应的加速度值,从而实现实时测量载体的线加速度功能。

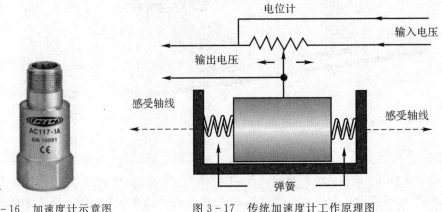

图 3-16 加速度计示意图          图 3-17 传统加速度计工作原理图

通常情况下，飞行器三个自由度方向都需要设置加速度计，以便于同时采集三个方向的不同加速度值，幸而加速度计一般体积较小，重量轻，很容易实现这种要求。现在也有集成的三轴加速度计，即同时测量三个方向的加速度值，工程上反而更加便利。

此外，目前微电子技术的发展，加速度计也出现了类似 MEMS 陀螺仪的微型加速度计（见图 3-18），这种芯片式的电子加速度计重量轻、尺寸小，直接嵌入到飞控机主板上即可。消费级无人机和部分工业级无人机方面使用此类加速度计居多。

图 3-18　ST 公司 LIS3DHTR
加速度计

加速度计一般的量程范围不是很高，若以重力加速度 $g$ 为单位来进行表示，则对于航空领域，通常都是在 $10g$ 以内。因为人体生理上所能承受的重力加速度极限值都是在 $9\sim 10g$ 之间，而且这个极限值一般只有特级战斗机飞行员才可以承受，普通人通常只能承受 $1\sim 2g$ 的加速度，所以，民航飞机一般加速度不会超过 $2g$。在无人机领域，虽然名称上突出强调了"无人"，理论上具备突破 $10g$ 的极限能力，可以进行超高机动飞行，但是截至目前，没有任何一种无人机能够实现"摆脱有人机 $10g$ 飞行"的梦想。

其实，从本质上来说，无人机摆脱人体生理限制可以进行超机动飞行，但是需要在总体气动、机体结构、飞行控制、环境感知能力等方面加强投入，那么就会导致另一个很矛盾的问题：这样一来无人机成本相当高昂，逼近有人机的价格，甚至还要多。那么当初发展无人机时认定的无人机（相比于有人机）具备三大优势：①更低的价格，②超机动飞行，③可以前往更危险的地方执行任务，在当今工程现实面前，其实只剩下唯一的第三条。更进一步而言，第三条的背后也有更尴尬的一面，所有无人机能完成的任务，有人机其实也能完成，而且，实际上越是危险的飞行任务，目前还是越要依靠有人机来做，因为，目前无人机的可靠性还达不到有人机的水平。

因此，从这点来看，无人机今后的发展道路仍是一条漫漫坎坷路。

加速度计的主要指标在于测量精度，航天系统一般要求比较高，达到 $0.001g$ 级别，无人机领域就不会有如此苛刻的要求，通常达到 $0.01g$ 就已经足够满足使用要求了。

### 3.1.4　气压高度表

陀螺仪和加速度计能够测量无人机的空中姿态和速度状态，但是对于飞控算法而言，还需要知道无人机此时的飞行高度才能完成工作，因此，高度数据是一个必不可缺的关键数据。而无人机领域比较常用的高度测量设备就是气压高度表（见图 3-19）。气压高度表是一种利用外界大气气压来测定无人机飞行高度的传感器。在民用无人机领域，微型气压传感器最为常见，通常采用 MEMS 技术雕刻一个真空腔体，并连接一个惠斯登电桥，使得外界大气的压强和电路两端电压之间建立量的关系。当这个真空腔体在外界大气压强作用下时，只要采集电路的电压变化值就可以换算得到气压值。不过，需要注意的是，气压高度表所测量出的飞行高

图 3-19　气压高度表

度是气压高度,也就是相对于标准海平面的高度值,而并不一定就是无人机此时距离地面的高度值(见图 3 - 20)。

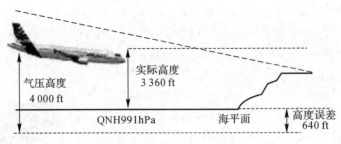

图 3 - 20　气压高度示意图

注:ft 为非法定计量单位,1ft=0.304 8m。

大气层依据距离地面高度不同所表现出的不同物理特性分成对流层、平流层(含同温层)、中间层、电离层(含高温层)和散逸层(见图 3 - 21)。

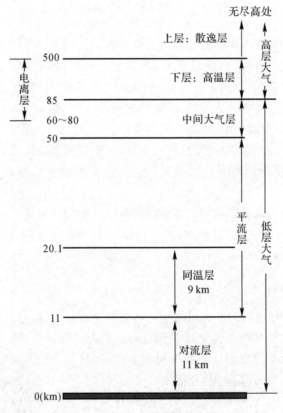

图 3 - 21　大气层分层示意图

喷气式民航机主要在平流层飞行,军用飞行器基本上也是在平流层和对流层中飞行,只有一些航天飞行器才能够在更高的高度层甚至逃逸出大气层进行飞行。对于绝大多数无人机而言,基本上都是在对流层内进行低空低速飞行。

对于低速空气流动,有一个重要的物理方程——量热完全气体状态方程,即

$$P = \rho RT \tag{3-2}$$

式中，$R$ 为普适气体常数，对于空气，$R = 287.14$，单位为 J/(kg·K)；$\rho$ 为空气密度，单位为 kg/m³；$T$ 为大气温度，通常采用绝对温度来表示，单位为 K；$P$ 为大气压强，单位为 Pa。在平流层中，随着高度增加，大气温度下降，大致上每上升 100m，温度下降 0.1℃；大气密度在整个大气层中随着高度上升一直保持下降趋势。因此，如果以海平面作为标准平面的话，在平流层内，随着海拔高度的增加，大气压强呈下降趋势（见图 3-22）。

用气压高度表测量出外界大气压强值后，根据图 3-22 的关系就可以得到对应的气压高度。当然，这种高度都是相对于标准海平面的数值。目前，国内的气压参考标准海平面都是以山东省青岛市附近海域的全年平均海平面为基准的。因此，如果气压高度表显示的数值为 1 000m，那么物理含义就是相对于青岛海平面的高度值。

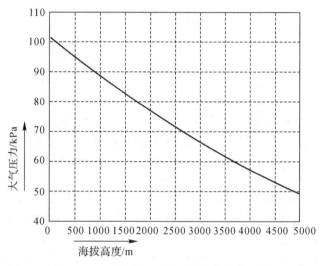

图 3-22　对流层内压强和高度变化关系图

民用无人机目前所使用的气压高度表在实际应用中往往精度不高，特别是对于民用无人机经常低空飞行作业而言，受到地面建筑物、表面地形凹凸不平，以及突风扰动的干扰，气压高度表工作的大气环境中，密度和温度都是一个时刻变化的量，气流动压都会对气压传感器产生干扰，因此，气压高度表的高度值会呈现出一种随机幅度的波动，这种数值波动对于较高高度飞行，影响反而比较小；但是，对于近地飞行，特别是 20～30m 以下的贴地飞行，这种气压高度波动对飞控影响比较大，会让无人机表现出"忽高忽低"的晃动状态。这种现象的程度和无人机重量也有关联，如果无人机重量比较大，表现得会较为轻微一些，如果重量比较轻，则晃动得较为明显。

对于这样的问题，特别是经常需要低空甚至贴地飞行的无人机而言，一般需要在飞控算法中对气压高度表所实时动态采集的高度值进行"滤波"处理，剔除掉异常峰值，根据响应时间长短，计算出一个动态的均值，从而能够得到一个较为稳定的高度值。这种处理方式的效果完全依靠飞控算法自身编程处理的水平，一般只有研发能力比较强的企业才可能具备这样的能力。

除此之外，解决这种问题的另外一个方法就是使用新的高度测量方式，传统航空工程领域使用无线电高度表、激光高度表等高精度的测高仪器，而在无人机领域，使用无线电高度表的方式居多。

### 3.1.5　无线电高度表

　　无线电高度表是一种以地面(或海面)作为反射面的测高雷达。工作时,由其无线电发射器向地面发射无线电波,当此无线电波接触地面(或海面)并反射回接收器时,记录这一过程耗时时间,由于电磁波在空气中传播的速度略低于光速,且发射波是全向扩散的,因此,完全可以忽略飞行器在空中的位移量对高度测量的影响。那么,高度值实际就等于无线电波在空气中传输速度与耗时乘积的一半(见图3-23)。

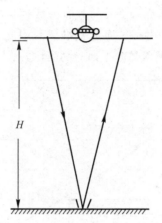

图3-23　无线电高度表工作原理图

　　根据无线电测高原理,通常无线电高度表需要一个无线电发射器和一个配套的无线电接收器,以及进行信号处理的单片机(见图3-24)。发射器和接收器需要安装在无人机机体不同位置,通常安装在固定翼机翼两侧,以便于信号采集。无线电波测高过程中,最主要的干扰就是其他相近频率的无线电波干扰,导致测量误差出现。因此,有些无线电高度表会采取发射一系列不同频率的连续无线电波,以避免杂波干扰。

图3-24　WG-8G型无线电高度表

　　无线电高度表测量的飞机高度指的是飞行器距离地面的相对高度,这一点和气压高度表有着本质不同。例如,当一个无人机在青藏高原某地飞行时,当地海拔高度为4 500m,这时无人机上气压高度表可能显示的是5 000m,但是无线电高度表可能显示的却是500m。对于这样的高度差异,一定要以无线电高度表作为判断值,否则,单纯以气压表飞行时,无人机操作人员一定要心中有数,时刻记住当地的海拔高度值。

总的来说,无线电高度表的测量精度比较高,不受天气、地形、地面建筑物等的干扰,测量误差可以达到厘米级,整体性能可靠性比较高。因此,这种高度表广泛地应用于军用飞行器和民航机领域。在无人机领域,军用级无人机普遍采用,而工业级无人机目前采用得比较少,大多数工业级无人机和消费级无人机以气压高度表为主。

此外,更高精度的激光高度表原理与无线电高度表类似,同样需要向地面发射一个很窄的激光光速,通过接收反射光速来测量实时高度,由于激光能量集中,抗其他电磁波干扰能力强,因此,激光高度表精度极高,通常能达到毫米级水准。但是这种高度表成本较高,主要应用在特殊飞行器或者航天飞行器中,在无人机领域极其少见。

### 3.1.6　声波传感器

声波传感器是利用超声波进行探测距离的一种小型传感器,其本身已经广泛应用于汽车领域,一般设置于车辆的尾部、前部等,用于车辆倒车、停车、移库时感知周围障碍物的距离(见图 3-25)。这种超声波探测精度可以达到厘米级别,但是距离范围有限,通常在十几米距离之内,而且距离越远探测精度越低。

理论上这种产品由于受到作用距离的限制通常不会被航空工业所采用,但是从 2016 年开始,大疆公司创新性地将这种传感器应用于其航拍四旋翼无人机产品上,使得其无人机产品率先具备了空中飞行自动避障的功能,提高了飞行的安全性。在这种示范效应的作用下,各种品牌的声波传感器层出不穷,开始普及应用到各种规格的多旋翼无人机产品,但是,在固定翼无人机领域这种产品使用得极少。

图 3-25　MB1210 型声波传感器

声波传感器主要依靠发射超声波探测前方物体,遇到障碍后反射回来。但在多旋翼无人机的机体附近噪声源比较多,包括电流噪声、控制系统噪声、机体振动噪声等,其中螺旋桨的气动噪声由于频率较高,是影响声波探测器的最主要因素。

为了尽量避免这种声源性干扰,结合四旋翼的机体结构特点,声波传感器通常设置在机体中心下方位置。

在控制算法方面,为了进一步削弱这种误差干扰,需要有针对性地对这些噪声源进行滤波处理。对螺旋桨气动噪声、电动机振动噪声、其他电子元器件的电流噪声等不同频率分别进行过滤处理,以便于取得更好的探测效果。

在工程实际应用中,为了能够具备全向避障功能,往往在无人机四个方向都会设置这种声波传感器。

### 3.1.7　光流传感器

尽管声波传感器能够在十几米内测量距障碍物的距离,精度达到厘米级别,可以让无人机能够有效避免绝大多数障碍物,但是,对于一些小尺寸的障碍物,比如电线、细树枝等,其本身的尺寸可能就在小于厘米级范畴,那么单凭超声波传感器就无法探测。面对这种情况,一种全新的探测方式——光流传感器(见图 3-26)出现了。

图3-26 大疆公司"精灵4"无人机所搭载的光流传感器(右侧)

光流传感器和之前的探测器有着本质的区别,它不向外界发射任何探测波束,也不会感知外界的某些物理变量,从硬件上来看它更像是一部高清摄像头,而实际上它本身就是一台高清摄像机。关键的部分就在于光流传感器对所拍摄影像的后处理算法——光流追踪算法。

首先介绍一下光流。光流不是物理学或者工程学上的概念,最早是由生物学界和心理学界共同提出的,当人目视眼前的物体发生运动的时候,眼睛里就会呈现出该物体的像产生运动模式,而我们的大脑就会依据这种模式来感知和判断周围哪一个物体在运动(见图3-27)。这种概念提出时并没有引起航空工程界的关注,但是随着数字成像技术的发展,通过光学感应器可以模拟人眼捕捉画面,并且将画面中的色彩元素以像素矩阵的形式进行编码。这就为光流传感器的应用建立了硬件基础。

图3-27 光流示意图

计算机界两位著名科学家布鲁斯·卢卡斯和金出武雄在1981年提出了一种全新的光流处理算法,这种算法可以基于数码相机拍摄的一系列动态高清图片(如25帧/s),分析这些相同光流在不同照片中的位置,依据彼此时间差计算分析出各个光流的相对速度,从而确定观察者的运动速度。这种算法尽管对拍摄条件和图片提出了一些理想化的假设,但是截至目前,这种算法在解算这种光流相对速度方面还是表现出一种不错的可靠性,因此这种算法称之为Lucas-Kanade算法,并开始应用到图像处理技术领域。不过,需要明确一点,这种算法所计算出的速度单位和正常理解有所不同,不是 m/s,而是 px/s,即像素/秒。

造成这种问题的原因还是在硬件本身,作为图像采集的数码相机,其本身只是感知静态的平面视觉影像,并不能像地图那样标定比例尺。为了解决这种问题,工程界想到的解决办法就是上一小节介绍的声波传感器。如果将光流传感器和声波传感器结合起来,光流传感器负责前方动态的图像变化,分析光流速度,声波传感器负责测量摄像头的平面运动速度(单位是m/s),那么只需要一个简单的换算修正算法,就可以将光流传感器所捕捉的光流速度全部换算成真实的速度值,从而就可以实现感知载体在空中的速度。因此,现实中的光流传感器往往和声波传感器同时使用。

但是只测量出载体的速度值,并没有什么实际价值,因为相比于速度,对于空中的飞行器而言,更在意的是距离。在速度已知的前提下,只要对速度进行积分运算就可以得到距离值。所以,在光流传感器的基础上,还要额外引入一个用来进行积分运算的"视觉里程计"。这种里程计模块有点类似出租车的计价器功能,根据不同时刻光流传感器的换算速度值,不间断地进行积分运算,就可以实时得到载体运动的轨迹。注意,速度值在空间三维坐标有三个分量,光流传感器所测量的速度也是三个分量,所以,在视觉里程计的运算下,就可以得到载体在三维空间的运动轨迹。当然,这种轨迹是相对量,它需要一个参考基准位置。

通过光流传感器、视觉里程计和声波传感器三者同时工作,就如同形成了一个小型惯性导航系统,可以不依赖其他定位系统为无人机提供定位、导航的作用。因此,在高端的多旋翼无人机中采用这一套系统时,就可以在突然丧失定位信号、中断地面遥控信号等意外情况下,立即启动光流导航定位功能,能够让无人机继续执行任务或者安全返航,从而提高了无人机产品的可靠性。

但是,需要注意一点,这种光流传感器的导航功能有较大的局限性。尽管采用了高清分辨率的摄像头进行图像采集,但是其测量精度仍然是有误差的,特别是声波传感器在近距离精度比较高,而远距离就比较差;同样的,参照影像距离较远时,误差会进一步放大。此外,里程计的每一次积分计算都会持续放大误差,形成误差累积效果。所以,这种方式的定位效果精度不高,特别是长时间长距离使用时,需要不断地借助其他高精度定位方法进行纠正,以消除误差累积。

总的来说,引入这种计算机图像处理技术方法来形成一种全新的定位方式,是深圳大疆公司在民用无人机领域创新能力的又一次展现。而在开源飞控产品中,Pixhawk 飞控产品的最新版本也陆续开放了光流测速模块相关算法的源代码和接口,目前很多其他品牌或者说个人爱好者 DIY 的多旋翼产品中都安装使用这种光流传感器进行辅助定位。毕竟,对于民用无人机产品而言,这种传感器的价格还是比较低廉的。

然而,在很多定位精度要求比较高的工业级无人机应用领域或者军用级无人机领域,采用高精度的卫星定位、专业级的惯性导航、地形匹配等技术才是主流。

### 3.1.8　空速管

对于飞行器而言,姿态变化由陀螺仪测量,加速度由加速度计测量,高度由气压高度表或者无线电高度表测量,虽然这些参数已经足够多,但是还缺少一项关键的参数:飞行器向前飞行的速度。速度测量依赖一套比较有历史感的测量设备——空速管(见图 3-28)。

空速管最早由法国工程师皮托于 19 世纪发明,因此又称为"皮托管"。其实,根据工作原理来准确地定义,空速管是一种测量流体压强的仪器。根据第 2 章介绍的空气动力学基础知识中最重要的一个原理方程——伯努利方程:

$$P + \frac{1}{2}\rho v^2 = P_0 \qquad\qquad (3-1)$$

式中，$P$ 为气流任一位置的静压，即不受速度干扰的压力，单位为 Pa；$\rho$ 为空气密度，单位为 kg/m³，不同海拔高度时空气密度都已经被精确测量，形成一个完备的密度数据表；$P_0$ 表示气流的总压，对于低速流动，也就是低于声速的情况下，空气具备不可压缩特性，即此时空气密度不会受到速度的干扰发生变化；$v$ 为飞行的速度，单位为 m/s。根据这样的公式，只要知道气流的总压和此时的静压大小值，再结合此时的密度值，代入公式中就可以解算出此时的飞行速度值。

图 3-28　空速管示意图

图 3-29　常见空速管示意图

因此，以皮托为代表的航空工程界研发了这种测量设备（见图 3-29）。空速管呈现一种细长体圆管形状，外壳采用不锈钢进行加工，前端会加工一个贯穿前后的小口，直径大小约为外径的 3/10～6/10，气流由此前端点进入空速管，受到壁面摩擦力作用会快速减速，直到速度降低为零，这个内部细管此时与气压计连接，测量到的气压值就是空速管端点部位的空气总压 $P_0$。在空速管前端外壁上会开设细小开口，这些开口也要与另外的气压计连接，不过这个开口表面空气是有速度的，而且非常接近前端点（比其略低），因此，此时测量的气压值实际上是前端点的空气静压 $P$。总压和静压都获得之后，速度值就可以计算得到了（见图 3-30）。不过需要特别注意一点，空速管解算出来的速度值是一种相对于空气的飞行速度，也就是所谓的"空速"，而不是飞行器相对于地面的移动速度（也就是"地速"）。通常情况下，由于空域中气流本身速度的干扰，空速大多数时候并不等于地速，顺风飞行时，空速会高于地速；反之，空速低于地速。这种区别，飞行员或者无人机操作人员需要特别注意，否则容易在降落过程中发生危险。

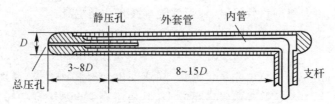

图 3-30　空速管内部构造示意图

空速管一般安装在飞行器机头最前端，有的安装在前端上方、下方、侧方等，但以前端中央位置居多，且往往会在机头前端伸出较长距离，如同一根细长的针（见图 3-31），这样的位置是整个飞行器周围流场最不容易受到飞行状态干扰的地方，有利于空速测量值的准确性。但是随着航空电子系统的发展,机头前端往往会设置机载雷达系统,如军用飞行器一般配置多普勒脉冲火控雷达或者相控阵雷达,民航机一般配置气象雷达。而在雷达前方正中央位置安装了空速管,就会干扰到雷达波的发射和接收,毕竟空速管的外壳是全金属材料。因此,在空速管安放位置方面陆续出现了不同地方,比如设置于机翼翼尖,这里的流场抗干扰性相对条件还是可以的(见图 3 - 32),但是飞行器偏转航向飞行时,转向的一侧气流干扰比较大,所以一般会在左右两侧机翼翼尖同时配置一根空速管。

图 3 - 31　空速管机头安装示意图

图 3 - 32　空速管机翼两侧安装示意图

　　在民航机领域以及一些先进军用飞行器中,为了降低对机头所安装的雷达系统的干扰,往往取消了机头空速管,取而代之的是在机头两侧位置设置一系列小型空速管(见图 3 - 33、图 3 - 34)。

　　空速管虽然是使用钢制材料加工的,但由于是悬臂梁结构,其实还是比较脆弱的,如果一个人像单杆一样悬挂在其上就会折断空速管。此外,由于空速管内部构造精细,有多个细小开口与外界大气相连接,因此,地面维修保养时需要特别注意,使用专门的保护罩封闭空速管,防止空气中的细小颗粒、灰尘等杂质渗入空速管内部,堵塞气压管道,导致无法正常测量气压。当然,飞行前必须将这种保护罩摘除,否则就会阻碍空速管正常工作,因此,这种保护罩一般都是采用最为醒目的红色,有的还会在保护罩上系留带有文字的警示条,避免地勤机务工作的失误。

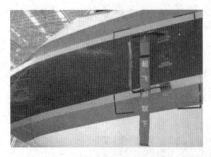

图 3-33 空速管机头两侧安装示意图

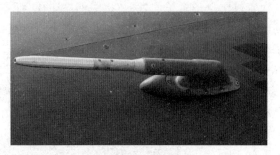

图 3-34 空速管机头两侧安装放大图

除测量空速之外,现代空速管还会装置方向信标(见图 3-35),在飞行过程中,这样的空速管不仅能够感知周围气流压强,还可以感知气流的流动方向,从而判定此时飞行器的运动方向。从某种程度上讲,这种复合功能的空速管是一种陀螺仪的备份方案,航电系统电子设备虽然功能强大,但是出现故障的可能性依然存在,如果全部依赖于电子设备,一旦出现故障就面临失控的风险。因此,在很多使用高端航电设备的飞行器中,依然还要使用一些纯机械的设备作为一种安全性方面的备份。毕竟是空中飞行的飞行器,安全性的冗余度是不可忽视的。

图 3-35 空速管带有方向信标示意图

在无人机领域,空速管大多使用在高端军用级无人机领域,且由于无人机没有像有人机那样在机头布置火控雷达,取而代之的都是在机头下方布置光电探测设备,因此,也不存在空速管干扰雷达波束的问题,所以,这种情况空速管多采用最为常见的机头前方布置(见图 3-36、图 3-37)。

图 3-36 "捕食者"无人机空速管示意图

图 3-37　无人直升机空速管示意图

　　在民用无人机领域,包括工业级和消费级无人机,由于最小的空速管也比这些无人机大,且这些无人机的最大飞行速度、飞行高度等性能相比于军用级无人机都是小量,所以,没有必要、也没法为其安装空速管。对于飞行速度的测量,这类无人机产品更多的要依赖于其他系统(如卫星定位系统)所测量的地速。

### 3.1.9　舵机

　　前文所述的陀螺仪、高度表、空速管、光流传感器等都是属于飞控系统中的数据采集设备,将这些飞行参数输入到飞控计算机中,经过飞控代码的运行解算之后,飞控计算机就会向动力系统、舵面、舱门、任务设备等部件下达动作指令,进行一系列的操纵动作,如发动机冷却气道风门调节、螺旋桨桨距调节、舵面偏舵操作、舱门打开/闭合、起落架收放等,而执行操作的关键部件就是舵机(见图 3-38)。

图 3-38　电动舵机示意图

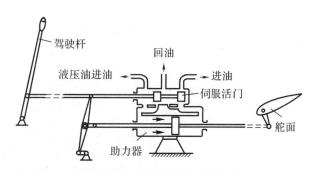

图 3-39　飞机液压传动示意图

　　舵机通常分成液压式和电动式两种。传统有人机上曾经普遍使用液压式(见图 3-39),液压式舵机系统体积大,结构重,还需要额外配置液压油、气,占据了飞行器上宝贵的重量分配和体积空间。20 世纪 90 年代,随着电子控制系统的发展,以数字化电传操作系统为核心的全电传操纵系统成为目前军用有人机和民航机的主流装备。在这一点上,无人机的技术起点比普通有人机要高,在 90 年代有人机刚刚开始使用电动舵机时,无人机就已经全面使用电动舵机了。其实,这种现象的背后主要是因为无人机起飞重量有限,机体尺寸也比较小,无法安装那种纯机械液压操作系统,况且,无人机飞行速度低,舵面面积也比较小,飞行过程中拉动舵面所需要的铰链力矩比有人机小得多,因此,这种体积小巧、重量轻的电动舵机成了无人机飞控执行机构的首选方案。

电动舵机的工作原理相对于传统液压式舵机大大简化了,电动舵机转轴输出端控制一个旋转平面,舵面旋转轴处设置一个可以活动的铰链,两者之间建立起刚性连接。这种刚性连接由于需要承受较大力和力矩,一般使用铝镁合金杆件或者碳纤维杆件以确保强度和刚度要求。当舵机旋转工作一定角度,则会通过铰链带动舵面旋转同样的角度,从而实现对舵面偏转角度的控制(见图3-40)。不过,在无人机领域中,特别是固定翼无人机中,由于机翼翼展有限,导致翼型的绝对厚度较小,通常情况下能够尽量将舵机安装在翼型最大厚度位置以保证舵机整体进入机翼内部,但是舵机和舵面之间的铰链杆往往需要外露(见图3-41)。大多数工业级无人机对于这种外露杆件采取的是简单外置,而一些军用固定翼无人机对此则进行了较为细致的处理,为外露的舵面铰链配置了小巧的整流包皮,不但能够让铰链正常偏转工作,而且能够有效降低翼面下方的流动分离,降低气动阻力(见图3-42)。铰链的数量取决于舵面偏转的铰链力矩大小和舵机最大输出力矩的关系。对于飞行速度低、舵面面积较小的情况,一般只需要设置一处铰链即可,如升降舵;但是对于舵面面积较大的情况,如副翼,通常需要设置两处或者三处铰链,以便于舵面偏转时的稳定工作。

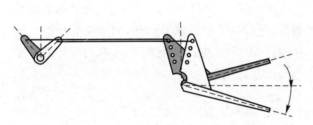

图3-40　电动舵机偏舵工作原理示意图

图3-41　固定翼无人机副翼铰链示意图

图3-42　固定翼无人机"翼龙"尾翼铰链示意图

目前,民用无人机所使用的电动舵机种类比较多,已经形成了较为完善的货架供给层面(见图 3-43)。根据使用环境要求,有全塑料材质舵机,也有全金属防水舵机;舵机的体积、扭矩、重量都有很多规格。此外,很多飞控机产品也为其设计了一定数量的标准化数据接口(见图 3-44),此种接口设计有三个端口,各个端口颜色不同(不同产品需要参考说明书),分别用来连接控制信号、电源正极、电源负极,用户只需简单连接就可以组成一个完整的舵面操作机构。从这一点可

图 3-43　各类电动舵机示意图

以看到民用无人机的零部件供给方面短期内就形成了一个较为成熟的局面。

黄 ➡ 接信号

红 ➡ 接正极

褐 ➡ 接负极

图 3-44　电动舵机控制接口

舵盘
上壳
齿轮组
中壳
电机
控制电路
控制线
下壳

图 3-45　电动舵机组成部件

目前市面上常见的电动舵机结构比较简单,外部包括上壳、中壳、下壳,内部包括控制电路板、伺服电动机、齿轮组和舵盘(见图 3-45)。抛开品牌的因素,电动舵机主要参数如下:

(1)舵机尺寸和重量。电动舵机的尺寸一般比较小,长宽高一般都在 100mm 以内,尤其是 50mm 以内的尺寸居多,重量方面全金属舵机的重量较重一些,多在 150g 左右,而塑料外壳舵机一般在 50g 左右,总的来看,比液压式舵机要好得多。

(2)工作电压。电动舵机使用的多是直流电,比较常见的电压范围在 4.8～6.0V 之间,还有一些大功率舵机会使用比 6.0V 要高的电压,如 7.0V,12V 等,高电压对整个控制电路和输电线都会有严格要求,以防发生故障。

(3)齿轮材料。舵机齿轮组负责将伺服电动机输出的扭矩传动至铰链拉杆,因此需要承担较大的扭矩负荷,此外,齿轮组彼此之间的吻合精确度和咬合能力也关系到舵机偏转角度的精度控制。因此,在实际工程应用中,对于小扭矩的舵机,齿轮组往往使用工程塑料就可以;对于需要承受较大扭矩输出的情况,齿轮轴采取的策略比较多,有些采用塑料齿轮和金属齿轮复合搭配,这样可以在性能和重量、成本之间得到较好的均衡,有些则完全采用全金属的齿轮组合,使用铜质、钢制等金属精密铣削加工而成;对于输出扭矩要求更高的舵机,还会使用钛合金来加工齿轮组,这样既能控制重量又满足强度负载要求,不过,这种材质的舵机成本就比较高昂了。

(4)工作温度。电动舵机工作温度一般在 0℃ 以上,在民用无人机领域大多数舵机的温度范围在 0～55℃ 之间,其他领域无人机的部分舵机可能为了满足特殊要求会向 0℃ 以下拓展。

(5)转动速度。舵机转动速度是评价舵机工作效率的指标之一,通常采用旋转 60°所消耗的时间来表示,单位为 s/60°。由于舵机旋转由内部伺服电机所驱动,而伺服电机的转速和电压有密切关系,电压高转速快,因此,舵机转动速度表示时必须要标定具体测试时采用的工作电压值才有意义,比如 0.19s/60°(4.8V),0.15s/60°(6.0V)。

(6)输出扭矩。电机输出扭矩应该是舵机性能中最重要的参数了,它关系到舵机是否有能力在飞行状态中转动舵面,单位为 kg·cm,即距离舵机输出轴中心 1cm 处可以最大拉动的物体重量。

和转动速度一样,输出扭矩在不同的测试电压下也是不一样的,电压越高,输出扭矩也越大,如 9.2kg·cm(4.8V),11.2kg·cm(6.0V)等。如果舵面旋转所需求的扭矩大于这一值,那么舵机齿轮就会发生打滑现象,无法正常工作,因此,这种扭矩值往往又被称为"失速扭矩"。

所以,单纯比较扭矩具体数值是不能够评价舵机优劣的,必须要和电压值结合起来,这一点在舵机选配时需要特别注意。

(7)死区宽度(Dead Band Width)。死区宽度是涉及电动舵机控制精度方面的重要参数,为了解释这一参数的含义,需要简单介绍一下舵机信号控制原理。舵机控制电路有模拟信号和数字信号两种,以最简单的模拟信号为例,通常控制系统(遥控器或者飞控计算机)向舵机控制电路发射一组微电流的脉冲信号,一般情况下这种脉冲信号最大周期长度为 20ms,则在一个周期下,每一组脉冲信号以持续时间长短来表示不同的操作指令(见图 3-46),这种操作指令和脉冲信号长度的对应关系已经事先以代码的方式写入了单片机中,当舵机接收到这样的脉冲信号时,其内部控制电路就会立即识别并且做出动作响应,从而实现了对舵机的控制。

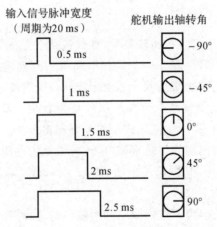

图 3-46　电动舵机脉冲控制信号参考图

这种以脉冲信号持续长度来进行指令下达的方式,从信号图形上看更接近信号的宽度,因此,这种方式又被称为脉冲宽度调制(PWM)。那么,舵机控制电路对于这种脉冲信号的识别能力就比较关键,死区宽度就是用来表示对于"宽度"高于某一值以上的脉冲信号才能够进行有效识别,而低于这一值以下的脉冲信号则无法识别。因此,死区宽度一般以时间单位来表示,通常采用微秒(μs),大多数舵机的死区宽度在 2~10μs 之间。

当然实际信号并不是表现出这样的规整矩形波,由于电信号频率的存在都是以高频振动波形式发出的,因此,这种死区宽度反映的其实是电动舵机控制电路对于这种信号的分辨能力。死区宽度值越小,分辨率就越高,反之分辨率就越低。

(8)最大转动角度。舵机通过齿轮组输出的旋转扭矩,并不会驱动舵盘持续绕轴旋转,而是设定了一个范围值,这就是舵机的最大转动角度,一般以 120°居多。具体安装使用时,通常采用中间位置为舵面零舵偏状态,即让舵机能够驱动舵面最大偏转±60°。对于绝大多数无人机而言,这样的角度范围足够使用了。

(9)工作电流。电动舵机采用电压来控制伺服电机的功率输出,而电流一般采用小电流形式输入,这样有利于整个电动舵机的小型化。这样的输入电流就是舵机的工作电流,一般只有 0.02A,相当小。

对于民用固定翼无人机来说,操作舵面一般有左右两个副翼、两个升降舵、一个方向舵(当然也有采用 V 尾方式,则只有两个复合舵面),所以,一般需要最低配置 4~5 个舵机。如果采用油动活塞发动机,则还需要额外配置风门控制舵机,如果还有其他特殊部件(如舱门等),则需要额外布置舵机,具体数量由需求来决定。

而大多数多旋翼无人机,由于飞行原理和固定翼不一样,没有舵面设置,因此,在多旋翼无人机中很少使用舵机。只是有些六轴、八轴的多旋翼无人机采用了起飞后可折叠的起落支架,因此,往往需要配置一部舵机进行驱动。

总的来说,舵机的性能品质关系到无人机的飞行操控能力,在成本允许条件下一定要配置性能符合使用要求,且可靠性高的产品。

## 3.2　导　航　系　统

尽管大多数人对空中飞行充满了无限遐想,但是当坐在飞行器驾驶舱内,飞翔于蓝天白云之上,面对着四周一片漫无边际的蓝白色就会产生迷失感。因此,单靠人工方式不可能在天空飞行中准确地判定方向,必须要借助于其他系统,这就是对于飞行至关重要的、航电系统之一的导航系统。

在无人机航空器发展的早期阶段(1960 年之前),受到当时电子信息工业的制约,飞行器导航主要依赖于地面雷达的无线电导航方式。当无人机在天空飞行时,需要地面雷达不断地照射该无人机,以便获得该无人机相对于雷达参考点的俯仰角度、距离、速度等信息,通过实时换算就可以得到无人机此时的空中定位坐标,这样就可以引导无人机飞向指定地点。但是,这种方式非常依赖于地面雷达,而地面雷达受地球曲面的影响,通信距离有限,最大通信距离在 80~100km 之间,因此,无人机的使用半径也必须控制在有效通信距离之内,从而影响到无人机性能的发挥。

从 1960 年以后,随着陀螺仪、高度计、气压计等航电设备小型化的进步,无人机开始陆续装备惯性导航系统,形成能够独立工作、远程飞行的导航能力。但是,受到惯导系统本身固有的工作原理特点制约,随着飞行距离和时间的延长,其测量系统的微小误差会不断地累积放大。因此,对于中短程、任务要求不高的无人机而言,惯导系统即可满足需求;但是对于长航时远程无人机而言,在配置惯性导航系统的同时还需要配置额外的定位系统,以便于及时地对惯导系统误差进行修正。在没有出现卫星定位系统之前,通常还是需要使用雷达照射方式对惯导系统进行修正,相比于之前,只不过从雷达系统的不间断照射改成了间断性照射。

2000 年以后,全球卫星定位系统的构建完成使得无人机拥有了更加自由的飞行能力。原先惯导系统由主要导航系统地位演变成只提供飞行姿态的传感器系统,导航定位功能完全由卫星定位系统替代。不过,在卫星定位系统出现故障的时候,或者通信信号不佳的情况下,惯性导航系统仍然能够担负起导航的任务。

截至目前,无人机领域主要的导航形式以惯性导航和卫星导航两种为主,本节将对这两种导航方式进行逐一介绍。

### 3.2.1 惯性导航

无论是机械式陀螺,还是激光、光纤或者 MEMS 等新型陀螺,都是属于依靠牛顿第二运动定律所描述的惯性实现对载体的姿态数据测控,从而能够让飞控计算机依据起飞点的初始化数据,实时累计计算,从而获取飞行器的空中轨迹数据,实现对其控制,这种导航控制方式称为"惯性导航"(INS)。

一套完整的惯性导航系统一般包括陀螺仪、加速度计、气压/无线电高度表、空速管等设备。陀螺仪负责提供无人机的姿态角和航向,加速度计提供三个坐标的加速度分量,气压高度表提供气压高度,无线电高度表提供相对高度,空速管提供空速。这样一来,无人机在空中机体坐标系六个自由度方向的变量和地面坐标系之间的相对量就完全被测量出来。这些数据采集之后立即通过数据总线送往飞控计算机,通过飞控代码的计算就可以得到无人机实时的飞行状态参数,从而对无人机进行精准飞行轨迹控制。

惯导系统中这些部件在上一节中已经详细介绍过,这里不再重复。需要指出的是,由于惯导系统在使用原理方面的特点,各个部件在进行地面设备安装时需要特别注意,像陀螺仪这些设备需要安装在机体中轴线位置。地面调试过程中,需要对这些设备进行地面校准,涉及纵向、横向、轴向等方向,且在起飞使用前需要对导航系统进行初始化设置,这一步骤对于惯导系统而言非常重要。

在无人机实际应用中就会发现,其实惯导系统从诞生之初并不是单独在飞行器中使用的,更多的时候会和其他定位/导航方式以一种复合导航模式存在,比如早期使用地面雷达+惯导方式进行复合导航,这种方式总归还是要受到地球曲面的影响,不能完全释放无人机的航程优势。在此基础上,可以沿着预定轨迹航线分布式设置若干地面雷达站,这样就形成了对天空中无人机惯导系统的有效纠正。但是这样的无人机系统成本就超出了预计范围。其实,这种模式就是今天民航飞机常用的模式,只不过,航线上分布的这些雷达站更多时候是对民航机进行监控,而不是导航,毕竟民航机上会携带着更多高精度的导航设备。

对于一些特殊的无人机而言,往往会采用主动/被动式雷达+惯导的方式进行复合导航,与地面雷达不同,主动/被动式雷达会装载在无人机机内,在飞行过程中开机就可以探测位置信息,从而实现对惯导系统的进一步纠正。

不过,对于大多数普通的无人机,特别是民用无人机而言,没必要使用如此复杂的复合导航系统,通常都是采用惯性导航+卫星定位系统二合一的复合模式,这种模式从导航精度、可靠性和成本角度来看,都是目前最为合适的一种方式。

### 3.2.2 卫星定位系统

从惯性导航的定义就可以发现,惯性导航的定位精度非常依赖于每一个环节的数据精度,如果每个环节的数据精度是 100% 可靠,那么毫无疑问,最后的导航目的地结果也必定是

100%精准的。但是,很遗憾,这是非常理想化的结果。相反,在实际工程应用中,每个环节都是存在误差的,只不过这种误差比较小,随着时间的延长,这些误差将会不断累积,导致最后结果的误差是一个累积放大的量。所以,但凡是采用惯性导航的飞行器都需要一个额外的手段来定期地给予惯性导航一个修正值,这种新的手段就是卫星定位系统。

地球上任何物体(包括飞行器)向太空中的定位卫星发射定位无线电请求信号,此物体附近上空的若干颗卫星接收到这个无线电定位请求信号时,会同时进行定位计算,共同确定其最终的经纬度数值、海拔高度值和时间,对于这样的定位精度,介入计算的卫星数量越多,精确度就越高。定位结果将通过无线电发回地面接收器,这样对于地球物体而言就可以实时获得自身的位置信号和时间值,通过简单运算,还可以得到物体实时的运动速度和轨迹。

因此,相比于传统的惯性导航系统,卫星定位系统是不需要进行修正的,所以,卫星定位系统具备更高的定位精度和可靠性,且不受地面环境的影响,可以做到全天候不间断的工作。

但是,卫星定位系统的组建和运营成本是极其高昂的,其技术门槛也是几乎达到高不可及的程度,需要具备大型卫星研发能力、地球同步轨道卫星发射能力、全球卫星测控能力、远程通信能力等,几乎每一个领域都是顶尖技术水准。截至目前,全球范围内只有中国、美国、俄罗斯、欧盟四家具备这样的能力。

美国的全球定位系统(Global Positioning System,GPS)是世界上第一种卫星定位系统(见图 3-47),于 20 世纪 60 年代提出系统设想。不过当初的用途是为了军方的导弹、飞机、舰艇、装甲车辆等在军事行动中能够及时获得定位支持。初期建立的卫星群由于数量较少,覆盖区域面积有限,且不提供高度信息,因此影响有限。但是尽管有缺陷,这样的一个初步系统仍然表现出极大的导航应用潜力。因此从 20 世纪 70 年代末期开始,新的卫星定位系统开始构建,通过在地球三个 120°同步轨道上布置 24 颗定位卫星,即每个轨道布置 8 颗定位卫星,这样保证地球任何地点都可以同时得到 6～9 颗定位卫星的支持。

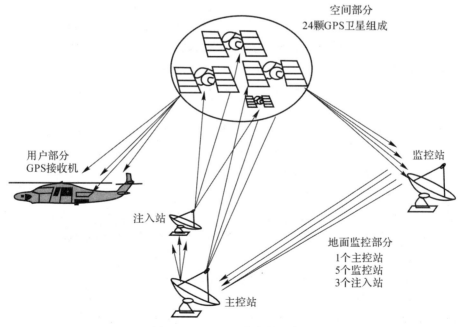

图 3-47　GPS 系统架构示意图

此外,还在轨道上额外布置了 3 颗备份定位卫星,可以随时替换出现故障的卫星。同时在地面上,美国在全球范围内修建了一系列的卫星控制站,铺设了全球控制通信网线等,并在其他主要国家建立了服务机构和数据处理中心。1988 年,因为预算问题修改了卫星布置计划,将原 24 颗在轨工作卫星数量减少到 21 颗,原备份卫星数量保持不变,仍然是 3 颗在轨。

这一套系统的构建耗时近 25 年,直至 1993 年,GPS 系统全球组网工作全部完成,24 颗卫星全部顺利入轨组网运行。在这套定位系统中,美国在定位卫星上使用高精度的原子时钟,这种时钟是卫星定位的最关键设备。无线电波在大气层内外传播速度接近光速($3 \times 10^8$ m/s),可以想象,如果时间测量误差是 0.001s,也会在距离上产生 300km 的误差,如果想要距离误差控制在 1m 以内,时间测量误差必须控制在 $3 \times 10^{-9}$ s 之内,这种精度只有原子钟才能做到。正是通过这种原子钟的介入,GPS 系统不但可以进行经纬度定位,还同时提供高度定位和精确授时,从而可以实现计算出目标速度、轨迹的额外功能。

GPS 定位系统面向全球用户开放通信接口和代码,只要购买获得授权的通信芯片就可以制造出各式各样的 GPS 定位器。从原理上讲,每一台 GPS 客户端都是一台无线电发报机,不断地向上空的定位卫星发射定位申请代码。卫星收到申请信号就会判别用户性质及所在区域,同时解算定位信息,并编制一条完整的导航电文(标准格式)随后进行发放。不过,需要注意一点,GPS 系统的开放是一种商业化的开放,所有接受 GPS 服务的用户在购买芯片的同时就已经直接或者间接向美国支付了使用费。

GPS 定位方式根据介入计算的卫星数量通常分成两种模式:单点定位和相对定位。

单点定位只有一颗卫星介入。当卫星接收到定位请求信号时,卫星自己的位置是确定的,根据该信号发射时间(请求电文中会记载)和接收到信号的时间(卫星原子钟提供)的差,就能大致计算出目标相对于卫星的方位和距离,再进行坐标系转换,从而推导出目标在地球表面的经纬度。这种方式无法提供高度数据,因此,单点定位方式定位数据单一,定位精度比较差。

相对定位也就是目前比较常见的差分定位(RTK),使用两颗甚至更多的卫星(GPS 系统最多可以接入 6 颗卫星)进行差分计算,从而精确定位目标的坐标位置和高度。

在 GPS 定位系统中,根据当时信号连接状况来自动判断采用何种定位方式,如果信号比较强,通信质量好,可以同时接通多个卫星,一般使用相对定位方式;反之,如果周围环境屏蔽作用较强,只能与一颗卫星建立通信,那么只好采用单点定位方式进行解算了。

美国 GPS 系统的用户端按照用途类型分成了军用用户和民用用户两大类。军用用户采用 P(Y)通信代码,P 码频率在 10.33MHz,Y 码频率更好,保密性更佳。军用用户定位精度最高,初期达到米级,目前已经达到毫米级。民用用户采用 C/A 码,频率在 1.023MHz,相比于军用用户,民用定位精度一般,目前保持在 10m 级水准。

GPS 系统尽管是面向全球用户开放使用的,但是具体应用过程中其实是进行区别对待的。不同国家、不同地区依据美国利益标准进行实时动态的服务标准划分,美国本土用户级别最高,其次是美国盟友国家,最后是一般国家。美国可以根据自身的需要,随时降低某一区域的定位精度,甚至是关闭该区域的定位服务。因此,对于这样的"服务水准",其他有实力的国家为了确保自身国家利益,纷纷开始建立自己的卫星定位系统。

苏联是最先挑战 GPS 技术,并付诸行动的国家,在美国正式发展 GPS 不久,1976 年苏联正式启动称为格洛纳斯(Global'naya Navigatsionnaya Sputnikovaya Sistema,GLONASS)的全球卫星定位系统。GLONASS 系统采取的是和 GPS 类似的轨道布置形式,在 3 个 120°倾角轨道上投放 21 颗正常工作卫星,另外投放 3 颗卫星作为备份。1980—1989 年间,苏联陆续向太空发射了近 30 颗定位卫星,不过受制于当时苏联电子工业的水平,这些卫星平均寿命只有不到 2 年时间。因此,在 1991 年苏联解体之后,GLONASS 系统的在轨卫星数量急剧下降到个位数。

之后俄罗斯继承了 GLONASS 系统,利用有限经费极力弥补卫星数量短缺问题,并进行技术升级改造,通过近 10 年的努力,到 2003 年终于将在轨卫星数量恢复至 24 颗(其中 3 颗备份)这样的目标值,并且把在轨卫星的寿命延长到 3 年。

不过与 GPS 系统不同的是,GLONASS 系统并没有投入到商业运营中,也就是说在民用卫星定位市场这样的大蛋糕面前,俄罗斯人并没有得到任何一块。究其原因,一方面俄罗斯电子工业设计思路与美国不同,电子产品体积大,重量重,能耗高等;另一方面,俄罗斯定位系统刻意地建立与美国不一样的标准,即使投放市场,在融合方面也存在着不少问题。

由于没有商业运营收入来源,导致在 GLONASS 系统组网运营之后,经费问题一直存在,并且困扰着俄罗斯宇航局。截至目前,GLONASS 系统在轨卫星数量只有 12 颗,并且还有继续下降的趋势,一个曾经定位为全球卫星定位系统的卫星计划,现在可能要沦落成一个区域卫星定位系统了。

与俄罗斯不一样,欧盟为了摆脱对美国 GPS 的依赖,决定自主研发新的卫星定位系统伽利略(Galileo Satellite Navigation System,GALILEO)。该项目从 1999 年启动开始,就被欧盟定义成一个多国合作的国际项目,不但是大多数欧洲国家,还有俄罗斯、日本、巴西、阿根廷等非欧洲国家参与。2003 年因为经费问题还曾经吸纳中国参加,之后在美国的强力干预下,2005 年又把中国踢出去了。不过很快整个欧洲都会为此感到后悔的。

GALILEO 项目计划在地球三个轨道投放 27 颗工作卫星和 3 颗备份卫星,形成全球定位能力,与 GPS 类似,该计划将面向全球民用用户提供商业服务。

在 GALILEO 计划中,法国航天局的"阿丽亚娜"运载火箭和俄罗斯航天局"质子号"运载火箭承担起主要的卫星发射任务。面向公共服务的定位精度达到 1m 级别,加密定位服务达到 30cm,而且提供多元化的服务芯片,甚至提供面向移动手机用户,服务多样化方面比 GPS 要高。但是受到欧盟内部各成员国的财政、外交、政治等多因素的制约,该计划几经修改、几经推迟,原本 27+3 的投放模式被缩小成 24+6 的模式,根据公开媒体报道,截至 2017 年 2 月,GALILEO 项目向太空中发射了 18 颗卫星,但是其中 9 颗卫星的原子钟已经出现故障无法投入到定位工作,距离全球组网能力还差一大截。针对现状,欧洲航天局计划到 2020 年才能够投放 30 颗定位卫星。

其实,放眼全球,真正能够和 GPS 抗衡的是中国的"北斗"全球卫星定位系统(其标识见图 3-48)。

20 世纪 90 年代末中国决定自主研发全球定位系统。与 GPS,GLONASS 和 GALILAO 等现有系统不同,北斗卫星定位系统(BeiDou Navigation Satellite System,BDS)在研发之初,就明确了两个基本原则:第一,开放性,不但是面向全球所有用户开放,而且统统免费(没有使用费);第二,自主性,北斗卫星定位系统的主导权完全在于中国,不受任何国家和组织干扰。

图 3-48　北斗卫星定位系统标识

北斗卫星定位系统由 35 颗卫星构成,其中 30 颗为非静止轨道的工作卫星,另外 5 颗为静止轨道的备份卫星。北斗卫星定位系统从 2000 年第一颗卫星发射入轨以来,截至目前,已经向太空预定轨道投放了近 20 颗定位卫星,其中 5 颗静止轨道卫星、5 颗倾斜地球同步轨道卫星(倾角 55°轨道)、4 颗中地球轨道卫星(倾角 55°轨道),从 2012 年开始,北斗卫星定位系统已经开始面向整个亚洲用户提供区域卫星定位导航服务。

2017 年 11 月 5 日,中国在西昌卫星发射中心以"一箭双星"方式成功发射了第 24,25 颗北斗导航卫星。2018 年 1 月 12 日,又以"一箭双星"方式成功发射了第 26,27 颗北斗导航卫星。2020 年,将实现全球服务。

与此同时,在地面上,中国已经完成北斗地基增强系统第一阶段目标,涵盖了 150 个框架网基准站、1 200 个加强密度网基准站、国家综合数据处理中心、6 个行业数据处理中心等。2017—2018 年将完成北斗地基增强系统第二阶段建设,覆盖全国所有区域的基准站和数据处理中心,最终成为继 GPS 之后,第二个形成一个完整的、实时覆盖全球所有区域的、在轨正常运营的全球定位卫星网络。

到 2020 年,中国北斗卫星定位系统将向全球范围的用户提供定位服务,其中,对于非加密用户提供分米级定位精度,加密用户提供厘米级和毫米级两种定位精度。从定位精度上看,北斗卫星定位系统比 GPS,GALILEO 和 GLONASS 都要高。除此之外,北斗卫星定位系统还有一个极具中国特色的功能——短信收发功能,用户端可以通过北斗卫星向其他用户端最多发送 120 个汉字的短文,并且同时具备接收其他客户端发送过来的高达 120 个汉字的短信(当然这种短信也可以发送同样字节大小的英文)。这种功能能够极大地拓展传统的定位服务能力,能够为用户提供更加多元化的服务。

在国内无人机发展过程中,早期没有卫星定位系统时无人机一般采用惯性导航+地面无线电雷达修正这种复合方式进行导航,这样可以保证无人机在较长的航程中能够保持足够的航线精度。而在 2000 年前后,由于 GPS 系统的普及,国内无人机产品开始使用惯性导航+GPS 接收器这种复合导航模式,定位精度相比于传统方式有了很大提高,并且可以应用于更远航程或者控制半径飞行中。在 2003 年以后,为了有效防止 GPS 信号突然被屏蔽这样的严重问题,国内无人机通常采用了惯性导航+GPS+GLONASS 三种体系并存的导航模式,具备极高的系统冗余度。而在 2012 年北斗导航系统正式服务之后,国内无人机产品曾经短暂采用过惯性导航+GPS+GLONASS+北斗四种复合导航模式,堪称全球冗余度最高的导航体制。随着 GLONASS 系统发展停滞不前,以及北斗定位系统精度进一步提高、定位区域开始覆盖全球、服务水平进一步完善,四种复合导航模式逐渐被惯性导航+GPS+北斗三种复合模式所取代,并且随着时间的推移,在不远的将来,就会出现只使用惯性导航+北斗这样的纯中国式导航系统。这是中国国力强大的一种体现,要知道,放眼全球,除了美国外,没有任何一个国家能使用纯国产的导航系统。所以,读者朋友们,生在当代,何等幸运。

在民用无人机领域,特别是从 2015 年开始,工业级和消费级无人机产品基本上以自身MEMS 惯性导航元器件+GPS 复合模式为唯一的导航模式。截至目前,少量工业级无人机,特别是应用于安防领域、测绘领域的少量无人机产品会在使用 GPS 定位的同时使用北斗定位,这样确保一定的冗余度。在消费级无人机领域中,尤其是多旋翼航拍无人机,在性能、技术、成本之间寻找到一个平衡点,陆续开始使用光流传感器+GPS+MEMS 惯导芯片这样的复合导航模式,在视距范围内飞行具备较高的定位精度和安全冗余度,即使意外出现 GPS 信号中断或者受到外界干扰的情况,也可以保持一小段距离内的安全飞行或者返回降落的能力。

从技术和成本角度来看,随着北斗卫星定位系统的全球组网逐步完成和定位精度的进一步提高,可以预见在未来数年之内,北斗导航芯片将会陆续替代 GPS,成为消费级、工业级无人机的标准导航系统。

### 3.2.3　数字化地图

无论是 GPS,GLNASS,GALILEO,还是 BDS,其功能本质上仅仅是定位,而不是导航。真正让这些全球卫星定位系统发挥导航作用还要依赖一个关键的产品——数字化地图(见图 3-49)。

图 3-49　西安市安定门古城墙周边卫星地图

数字化地图本质上是传统纸质地图的升级版本,即利用电子数字技术将原先纸质地图所载有的地理信息以数字形式存储,从而便于其他计算机软件进行调阅相关数据以及在此基础上进行数据计算和处理。作为地图的一种新形式,数字化地图同样需要提供基本要素:比例尺、参考坐标系原点位置、建筑物标识、地理标识等,除此之外,对于二维平面地图而言还需要提供一套完整的图例标识。

比例尺对于任何地图而言都是最重要的参数之一。因为地球相对于人类活动而言仍然是一个巨大空间范围概念,所有的地图都是对一定区域范围的缩小版显示。因此,为了便于图上标定距离或者换算的要求,需要标定出地图和所反映的真实区域之间的比例关系,通常意义上使用地图上一个单位(cm 居多)和表示实际距离值之间的比值,定义为该地图的比例尺。例如,《中华人民共和国全国地图》比例尺为 1∶300 万,即图上 1cm 表示真实距离为 1cm× 3 000 000=3 000 000cm=30 000m=30km。

比例尺分母上的数字越大,通常地图显示的区域面积越大,能够给予使用者更全面的全局信息量,但是附带的缺点就是细节信息不足,细小之处通通被忽略掉(见图 3-50)。

相反,比例尺分母的数字越小,则显示的区域面积越小,但是地图上会显示出很多细节之处,这一点是大比例尺地图无法比拟的(见图 3-51)。

对于野外作业而言,大范围的小比例尺地图(低于 1∶20 000 比例尺)一般都是军用。在民用无人机领域,比如航拍、植保等领域尽管通常使用的地图比例尺都是在 1∶1 000 以内,但是由于都是在城市上空或者乡村农田使用,且显示的区域比较小,因此一般不会涉及其他复杂问题。

图 3-50　西安市安定门古城墙周边地图(比例尺 1:100)

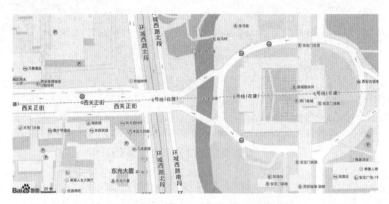

图 3-51　西安市安定门古城墙周边地图(比例尺 1:20)

　　而对于无人机测绘应用领域,这种情况就会变得比较复杂,因为无人机测绘本身就是为了获得目标区域的精确地图,那么在使用数字化地图进行导航作业时就需要面临着"谁指导谁的问题"。在实际工程中,通常让测绘无人机使用一种比例尺比较高的、公开的数字地图(比如google 地图)预先设计航迹的飞行作业,在飞行测绘轨迹中会人为地设定若干个基准点,这些基准点需要在地面上使用 GPS 定位仪精确标定,并布置颜色指示(一般使用醒目颜色画制"×")以便于无人机空中拍摄时定标,并有利于后期处理航拍图像时进行定位误差修正。

　　通过这样的处理,就会在"粗糙"数字化地图的基础上通过测绘作业方式,得到一个更高精度、更小比例尺的数字化地图。

　　当然,这是一种使用地图的特例,大多数时候无人机飞行都是严格遵循导航地图进行航迹控制的。

　　与二维平面地图相比,卫星影像地图表现得更为形象,使阅读者有一种"上帝视角"的感觉,非常适用于没有接受过识图训练的普通人,但是也要注意一些细节问题:普通公开的卫星地图一般都是采用不同时期不同卫星拍摄的图片进行拼接而成的,各个交接区域会有一定的误差;此外,受到卫星轨道的限制,很多卫星图片拍摄角度并不是严格意义上的"垂直"于地面,因此,很多地表建筑物在影像中表现的是一种倾斜状态,这就会给使用者在视觉上、测量距离方面带来一定的影响。当然,这种倾斜状态可以通过一系列技术手段进行修复,不过,对于普通民用应用领域而言,这样的倾斜图像也完全能够满足正常使用了。

数字化地图对于航电系统的飞控计算机代码而言,其实都是一系列像素点的矩阵集合,并没有什么实际意义。在有了比例尺之后,各个像素之间就会存在相对距离意义。但是,各个像素点在地球表面的确切定位信息仍然是缺失的。因此,就需要引入参考坐标系原点位置,具体而言,整套数字地图中需要确定一个基准参考点,这个点需要精确标定它所指示的实际地理位置经度和纬度,那么,在此基础上,就可以形成一个完整的二维坐标系(见图 3-52)。

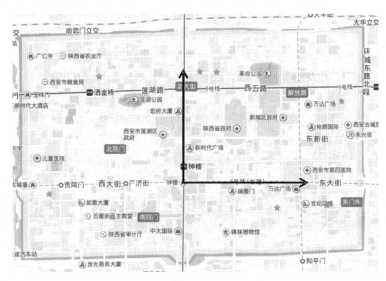

图 3-52　参考坐标原点示意图

参考坐标系原点位置是数字化地图另一个关键性参数,往往关系到国家安全方面的核心利益。目前国际上一般以 WGS-84 世界大地坐标系居多,这是 1984 年美国主导的坐标参考系统,以地球中心点为坐标原点。而我国早期曾经使用过 1954 年北京坐标系,这是一种参考苏联大地坐标系的仿制版本,随着时间的推移很快被 1980 年西安坐标系取代。1980 年西安坐标系以陕西三原县永乐镇为大地原点建立起新的坐标系,且为了安全一般需要对各个点的坐标值进行动态加密处理,在很多民用导航系统中通常都是单向加密的。以最简单的车载导航系统为例,尽管卫星发送了定位信号给车载导航软件,该软件也在显示屏上标注了此时的点,但是并不会显示卫星所传来的真实经纬度信息,并且,导航软件也不能逆向解算出地图上任一点的经纬度信息(其实每个点背后坐标都是一大串字母和数字组合的“乱码”)。所有的移动轨迹、定位点等其实本质上都是一种相对“参考”量。

在数字化地图和参考坐标系结合之后,当无人机在空中飞行的任一时刻从卫星定位系统中获得此时机体的定位坐标后,就可以相对于此坐标原点的经纬度计算数字地图二维坐标系上两个坐标分量的相对距离,通过各个像素之间的相对位置关系就可以在地图上标定此时无人机所处的像素位置,这样,就能够实时动态显示出无人机的位置信息。

通过卫星定位系统实现精确定位标定的功能之后,在一个较短时间(如 0.1s)根据无人机的实时运动轨迹就能标定出无人机的航向。当然,这种方式也有一种特殊情况,如果无人机在时间间隔内移动的距离比较小(如小于 1m)或者不移动,那么这样的位移距离就低于卫星定位系统的最小误差,此时,对于导航系统而言就相当于认定无人机没有移动,那么航向是无法判断的。这种特例有时候也会发生在车辆 GPS 导航使用中,遇到交通拥堵情况,车辆极其缓慢地移动,这时 GPS 地图上就会错误地显示出车辆行驶方向(几乎是随机性显示),这就说明车辆在单位时间间隔内的移动距离小于了民用 GPS 的最小测量精度。所以,如果使用更高精度的定位系统,比如厘米级或者毫米级的卫星定位系统,那么就可以完全避免此类情况。

实时坐标、实时位置和实时航向都同时确定,那么对于无人机飞行而言最需要的支持功能——导航,就可以实现了。通过在地图上观察到无人机飞行动态轨迹,就可以人工/自动干预进行控制,下达指令给飞控计算机进行航向修改计算和操作,一切都直观明了。这就是数字化地图导航带来的便利性。

对于使用普通的二维平面数字化地图进行导航来说,地面上的建筑物、桥梁、公路、铁路、山川湖泊等都不能使用更为形象的方式来表示,而通常都需要采用较为抽象的图例标识来标定(见图 3-53)。这种情况下,需要无人机导航操作人员具有一定的识图能力,需要对相关图例了熟于心。不过,对于民用无人机而言,由于飞行距离比较短,高度低,航时不过几十分钟,甚至更短,因此,很多时候都是直接采用卫星影像地图进行导航,这样对于地面操作人员而言就显得相当简单了。更为极端的是,一些消费级航拍无人机如果采用手动模式进行飞行,就会直接采用其本身摄像头采集的实时影像作为参考,由地面操作人员进行目视化操作,而其无人机内部飞控系统仅仅实时监控操作过程,记录此时飞行位置和原先起飞位置,一旦发生特殊情况,可以启动返航程序。

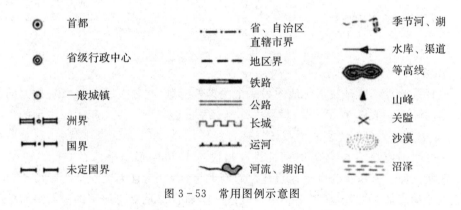

图 3-53 常用图例示意图

总的来说,无论是惯导系统还是卫星定位系统,正是依靠数字化地图实现了对无人机飞行的实时导航监控功能。因此,数字化地图质量和精度某种程度上就决定了导航效果。目前,地图绘制和生产受到国家相关政策的严格管制,民间性质的测绘理论上都是非法的,需要国家相关部门的批准方可实施。在工业级和消费级无人机领域,一般以直接使用 google 这种开放式卫星地图最为常见。

## 3.3 空中交通管制系统

尽管海阔天空,但是所有的载人飞行器——无论是军用还是民用,在天空中飞行时并不是像大多数人想象的那样"海阔凭鱼跃、天高任鸟飞",实际中恰恰相反,为了确保空中飞行安全,这些飞行器从在其离开机库在机场停机坪进行起飞前准备开始,就会有一套完整的管制程序需要遵守与实施。当离开地面进入到空中飞行阶段,遵照的程序会更加严格,任何飞行员在正常情况下绝对不可以违反。这种飞行管理规则和程序就是空中交通管制系统（Air Traffic Control，ATC）。

对于现阶段的无人机而言，尤其是民用无人机，通常都是低空低速飞行，似乎不需要向民航机那样进行空中交通管制，但是从长远规划考虑，这种管制模式将是发展的必然趋势。因此，本节将以民航机为例，对现有的民航机空中交通管制进行简单介绍。

### 3.3.1　空中管制体系

从 1949 年新中国成立开始，国内所有空域依据国家规定由中国人民解放军空军管理。20 世纪 90 年代开始，空军陆续将民航航线管理权移交给民航管理部门，截至目前国内所有民用航线、民用机场周边净空区都由中国民航总局下属的空中交通管制局负责。但是，民航空中管制依然属于军民融合管理模式，民航航线和机场紧急情况下依然归入空军管制。

中国民航总局根据本国国情并参考国际民航组织（ICAO）国际管理规定，在国内划分了 11 个飞行情报区（Flight Information Region，FIR）：沈阳、北京、上海、广州、昆明、三亚、武汉、兰州、乌鲁木齐、香港和台北（见图 3 - 54）。每一个飞行情报区都会得到国际民航组织授予的国际通用识别码，该识别码由 4 个英文字母组成，全球唯一，绝对不会重合，比如三亚飞行情报区识别码为 ZJSA，香港飞行情报区识别码为 VHHK。有兴趣的读者朋友可以在国际民航组织官方网站查询。每个飞行情报区将会为辖区内飞行的民用航空器提供空管情报服务，飞行情报区的划分并不等于主权划分，更多的时候要考虑到民航飞行安全的实际需要，比如一些飞行情报区不仅包括领空，还有可能包括一些临近的公海上空区域，甚至还有可能划入部分他国领空。这一点需要特别注意，尤其要和防空识别区（Air Defense Identification Zone，ADIZ）加以区别。

图 3 - 54　全国飞行情报区划分图（示意图）

防空识别区一般是出于国土防御目的，一国在领空之外的区域划设的空域，任何进入该区域的飞行器必须事先向该国有关部门通报，否则军方将派出战机进行相关侦查、拦截等。目前我国在东海设立了东海防空识别区。

在飞行情报区内还划设若干个区域性的管制区，如兰州飞行情报区就下设兰州管制区和西安管制区，其他管制区的划设情况具体如图 3-55 所示。其中，香港和台北飞行情报区下面没有任何管制区。

空中交通管制区管理的各类民航飞行器在空中进行有序、安全的飞行，尽管国土广阔，但是从空中交通管理角度来看，所有民航飞行器无论航线如何曲折，都有一个共同的特点——都是从一个出发点到另一个目的点，这些航线中分布的节点就是机场。

图 3-55　全国区域空管区划分图(示意图)

目前，全国投入使用的民用机场约有 200 座，大型国际机场和普通三线城市机场之间规模差异很大，而各个机场的规模、客流量和建筑风格不是本节关注的重点，下面简单介绍一下与飞行和管制有关的机场无线电呼叫编码、跑道、停机坪方面知识。以上海浦东国际机场为例，见图 3-56。所有民航机场一般有两种代码编号，一种是 3 字代码，即使用 3 个大写英文字母表示，由国际航空运输协会(International Air Transport Association, IATA)进行统一编码，这种编码机场会在机场候机大厅液晶显示器上显示航班信息时使用；另一种是 4 个大写英文字母表示的 4 字代码，由国际民间航空组织( International Civil Aviation Organization, ICAO)统一制定，这种代码一般在空中交通管制中使用。浦东国际机场的 3 字代码为 PVG，4 字代码为 ZSPD，北京首都国际机场的 3 字代码为 PEK，4 字代码为 ZBAA，每个机场代码都具有唯一性，有兴趣的读者朋友可以在民航局官方网站或者 IATA，ICAO 官方网站上查询。此外，所有的航空公司都有一个无线电呼叫代码，这是各个航空公司在 IATA 组织备案登记的唯一代码，一般都是遵循先申请先使用的原则，通常情况下以两个大写英文字母组成，如果字母组合申请完毕，则会以数字和字母混编。由于我国民航改革比较晚，国内航空公司向 IATA 申请代码时大多数代码都已经被国外航空公司申请使用了，因此，国内航空公司除了中国国际航空公司(中国国际航空公司代码为 CA)以外大多数申请使用的代码都和其中文名称或者英文名称没有直接关系,比如东方航空公司代码为 MU,南方航空公司公司代码为 CZ,四川航空公司代码为 3U 等。一般航班号就是使用航空公司代码+3 位/4 位数字编号构成的,比如东方航空 MU5105 航班(上海虹桥机场 10:00—北京首都机场 12:15),这些信息都会在机票或者登机牌上标明。

　　民用机场跑道在进行前期规划设置时,一般需要根据当地长期气象条件、地形等因素进行综合考量,需要遵循一个原则,即尽量确保当地全年尽可能多的自然日风向有利于起降,顺风或者逆风都可以(跑道两端可以起降方向切换),而要避免侧风;此外,还需要避免跑道方向靠近城市人口密集区、山区等不利于安全地域。

图 3-56　上海浦东国际机场卫星图

　　而一些机场进行改扩建时,通常在原有跑道的基础上,平行修建新的跑道。有些机场还会出现两条跑道交叉的现象,这是考虑到当地气象条件的特点,风向发生变化时可以使用另一条跑道进行起降作业。不过,目前新修建的机场跑道以平行修建方式居多。

　　为了方便飞行员驾驶飞机降落时观察跑道,避免误降事件,每个机场的所有跑道都有统一编码,一般以数字+字母的方式编制。字母一般以"L,C,R"分别表示左侧跑道、中央跑道、右侧跑道。数字的含义则有点复杂,以跑道中轴线方向和地理正北方向的夹角为基准,按角度为单位,数字范围在 0~360°之间,取其角度数值除以 10 之后的整数部分,余数采取四舍五入标准处理。如果百分位数字为零,则第一个数字标定为 0。如图 3-57 左侧图所示,浦东机场最西侧跑道中轴线与正北方向的角度为 35×°,这数值编码为 35,由于这是从飞行员方向看过去最左侧的跑道,因此这条跑道的编号就是 35L。飞行员在降落时会观察这个数字,并且将这个数字和地面空管的指令进行比对,防止降错跑道。

　　而在该跑道的另一端,编码还要重新进行(见图 3-57 右侧图片)。由于角度变成了17×°,且跑道位于飞行员视角的右侧,因此这个跑道的编码又变成了 17R。其实例子中浦东机场的 17R 和 35L 指的是一条跑道的两个不同方向。当然,如果机场规模较小,只有一条跑道,那么就只标注数字,不用标记字母了。

图 3-57　跑道编码示意图

在跑道编码的后方会设置"倒 V"字形的跑道入口标志供飞行员观察,且在跑道编码的前方会设置一系列左右对称的短斑马线,这是供飞行员参考的接地地带标志(见图 3-58),民航机主起落架一般在这一段跑道触地,因此这个区域跑道表面长期受到起落架轮胎的摩擦,会显示出一种近乎黑色表面,从空中很容易区别。不同的跑道长度需要根据民航机规定标准划设相应数量的接地地带(见表 3-1)。

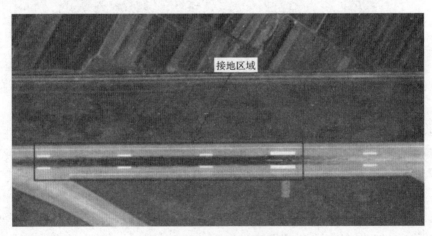

图 3-58　跑道接地带标识

表 3-1　跑道接地地带数量设置

| 跑道长度/m | 接地地带数量/个 |
| --- | --- |
| <900 | 1 |
| 900～1 200 | 2 |
| 1 200～1 500 | 3 |
| 1 500～2 100 | 4 |
| >2 100 | 6 |

跑道的进入端一侧会设置专门的灯光辅助降落系统来帮助飞行员在能见度比较低的气象环境和夜晚条件下安全降落(见图 3-59)。这种系统的构成相当复杂,包括入口识别灯、入口翼排灯、跑道边灯、跑道末端灯、跑道中线灯、接地地带灯、航向灯、航向指示器、进近灯光系统等(见图 3-60),所有的灯光设置都需要遵守民航局的相关规范。有兴趣的读者可以查阅民航总局关于机场跑道建设的规范文件,本节不再一一介绍。

图 3-59 跑道灯光辅助降落系统夜间状态

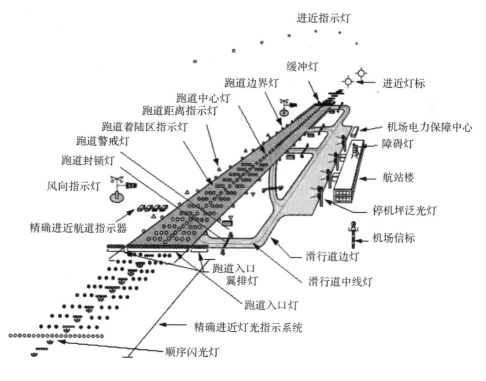

图 3-60 机场跑道灯光系统

在跑道两侧通常会设置若干条供飞机进入/离开跑道的联络道和快速脱离道(见图3-61),在联络道和脱离道之间通常还会有一套与跑道平行的滑行道,从而能够让飞机听从指令,从正确的位置进入跑道或者离开跑道之后进入到正确的停机位置。飞机离开跑道之后就会进入到一片更为开阔的平地,这就是停机坪,通常普通乘客都可以在候机楼大厅中通过玻璃窗看到很多飞机停放在这里。很多乘客在登机口会乘坐摆渡车前往停机坪,然后步行登梯进入飞机。而有些飞机从跑道滑行离开后,会直接越过停机坪,前往机场候机楼旁边的廊桥区,飞机停稳之后,廊桥区的登机桥就会主动靠近飞机的前舱门,这样乘客通过检票口就可以以最短的距离通过廊桥登机(见图3-62)。

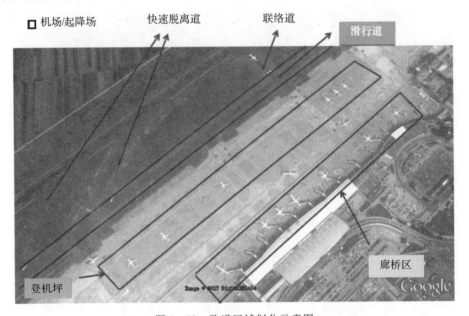

图 3-61　跑道区域划分示意图

图 3-62　登机桥示意图

国内各城市机场建成之后,必须按照民航总局制定的《民用机场飞行区技术标准》进行等级划分,这种等级划分主要衡量跑道道面的技术等级和适降的飞机等级两方面内容。其中道面等级采用数字表示的 PCN 序号,即用 1,2,3,4 四个数字来表示,数字越高表示跑道越长;而适降飞机等级采用字母表示的 CAN 序号,即用 A,B,C,D,E,F 六个字母来表示,F 级表示跑道适合起降大型飞机。具体等级参数见表 3-2。

表 3-2 机场等级划分标准

| PCN 代码 | 跑道长度/m | ACN 代码 | 翼展/m | 主起落架外轮间距/m |
| --- | --- | --- | --- | --- |
| 1 | ＜800 | A | ≤15 | ＜4.5 |
| 2 | 800～1 200 | B | 15～24 | 4.5～6 |
| 3 | 1 200～1 800 | C | 24～36 | 6～9 |
| 4 | ≥1 800 | D | 36～52 | 9～14 |
| | | E | 52～65 | 9～14 |
| | | F | 65～80 | 14～16 |

常见的机场等级有(从最高级往下)4F,4E,4D,3C 等,其中一线城市、区域核心城市机场一般都是 4F 等级,可以起降波音 777、波音 787、空客 A380 等大型宽体远程客机,如北京首都机场、上海浦东国际机场、广州白云机场等;大部分省会城市机场为 4E 等级以上,可以起降波音 747 四发远程客机;大部分二线城市以 4D 等级居多,可以起降波音 737、空客 A320 这样的双发中程窄体客机;其他二三线城市支线小机场大多是 3C 级别,主要可以起降 ARJ,ERJ 等小型支线客机。

### 3.3.2 空中管制流程

当民航飞机完成搭载乘客之后,就开始进入到航班飞行的标准流程中。起飞到进入航线的流程包括放行、地面管制、塔台管制、进近管制、区域管制。降落流程正好相反,包括区域管制、进近管制、塔台管制、地面管制(见图 3-63)。每一个阶段的管制都有一套标准作业程序,甚至管制员和机长之间的语音通话都几乎是标准格式,所有航空公司、所有机型进行起降作业过程中都必须遵守。

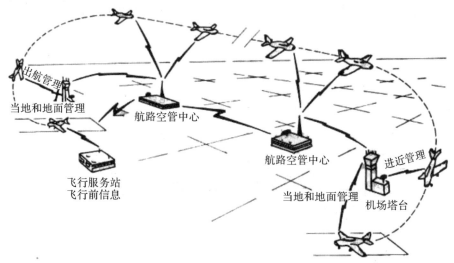

图 3-63 空中交通管制过程示意图

**1. 地面管制**

民航机在完成乘客搭载关闭舱门，货物已经完成装载并关闭货场门后，机长和副驾驶员就开始执行起飞前最后的检查程序，包括发动机、航电系统、燃油、电源等系统工作状态确定，以及本次飞行任务的起飞机场气象条件，中转机场（如果有）气象条件、坐标、无线电呼叫代码等通信和气象参数，目的地机场气象条件、坐标、代码等信息，以及备降机场的相关资料。上述准备工作完成，机长就会呼叫机场地面管制中心请求"放行"，获得批准之后，机长才可以启动发动机，这时候会有几秒钟的断电，因为之前飞机上的照明、空调供电都是由安装在机尾处的APU（辅助动力系统）供电，此时由于功率和供气的关系，需要APU暂时全力供给发动机，以便飞机涡扇发动机完成启动。只要发动机启动顺利，那么涡扇发动机所配置的发电机就会立即恢复全机照明和空调系统的供电，而APU系统就停止工作。

发动机顺利工作之后（这时候发动机转速很低，功率比较小），地面辅助车辆就会推动飞机离开廊桥，缓慢地进入到停机坪指定位置。之后机长会再次呼叫地面管制中心，报告飞机已经顺利启动发动机，并脱离廊桥，停留在停机坪指定位置，请求进入跑道。

地面管制中心管制员接到通知后会根据当时情况，及时予以回复批准，提供具体的滑行道编号，指示飞机从正确位置进入跑道。

各飞机在地面滑行时需要控制滑行间隔，防止发动机尾流干扰到后方飞机发动机正常工作，间隔距离需要根据机型大小、种类来确定，一般保持在50m。

当飞机滑行至跑道入口前，这时飞机通常需要停滞一下，因为空中管制流程已经从地面管制转换到塔台管制。机长需要最后一次向地面管制中心汇报飞机情况以便地面管制中心完成此次调度作业，并根据地面管制中心提供的频率切换到塔台管制。

**2. 塔台管制**

对于普通人而言，塔台是机场最为明显的建筑，因为塔台是机场最高的建筑，一般设置于机场中央位置，且整个塔台管制室外部会设置一圈透明窗户，俗称"落地窗"，以便于管制员随时能够目视观察或者通过望远镜观察整个机场运营状况（见图3-64）。

图3-64 塔台管制室

当接到飞机请求进入跑道时，塔台管制员需要根据当时跑道情况下达合理的调度命令。调度命令包括两部分：是否准许进入跑道和是否准许飞行。如果准许进入跑道，则需要提供跑道编号、修正气压、地面风速、风向等气象数据,但是只能等待,不能起飞。如果准许进入跑道并且准许飞行,那么机长就可以操控飞机滑入指定跑道,并且可以执行起飞程序,加力推油门,飞向蓝天。

在顺利离开地面进入天空,收起起落架之后,机长需要向塔台报告情况。

如果没有问题,那么就要进入下一个管制程序。

3. 进近管制

进近管制室主要负责飞机起飞后、进入预定航线前这段时间的空中交通管制。进近管制室规模比塔台稍大(见图 3-65),大部分都是独立运营,有些小规模的机场进近管制室会设置在塔台内,但是仍与塔台管制室分开。

飞机起飞后就由进近管制接手继续进行交通管制作业,进近管制员会向机长发出一系列的调度指令,包括高度、航向等,引导机长驾驶飞机进入到预定的航线中飞行,这一过程可能需要维持十几分钟。这一过程,飞机需要进行多次的航向调整,一直处于爬升状态中,因此这段时间乘客需要持续系紧安全带,并且客舱空乘服务人员是停止服务的。当飞机爬升到 6 000m 以上的巡航高度时,就即将进入对应的航线中。这时,进近管制就需要切换到区域管制中,进近管制范围边界一般距离机场 100km。

图 3-65　进近管制室

由于航线比较长,空管局会在航路沿线设定若干个区域管制中心,以便可以形成一个完整的航线空中管制网络。在每个区域管制中心都配置了雷达探测系统,为了提高管制效率,一般都是安排多名管制员(ATM),每个管制员负责管理雷达屏幕上某一扇区的空域(见图 3-66)。因此,飞机离开进近管制区域时,进近管制员在机长汇报完飞行情况之后,都会告知一个呼叫频率,通知机长按照这个频率来联系对应的区域管制员。

4. 区域管制

这种管制中心规模相当大(见图 3-67),设施较为完善,配置通信、雷达、导航系统,可以覆盖周边广阔区域的

图 3-66　管制雷达扇区示意图

高空飞行区域,所有民航飞机进入航线后的飞行管制全部由区域管制中心负责。当然如果航线比较长,中间会经过不同的区域管制中心,由不同的区域管制员接力棒一样管理飞机顺利进行飞行。

在巡航阶段飞行,机长和副驾驶员的工作压力会减轻很多,因为,大多数民航机都配置了高级的自动驾驶仪,巡航阶段的飞行一般都会进入到自动驾驶模式。但是,对于区域管制的通信和指令仍然都是由机长或者副驾驶员完成的,通常情况之下,需要不断地重复指令,以确保听到并正确理解管制指令。

图 3-67　某机场管制中心大厅

当民航机即将抵达目的地机场时,一般需要由区域管制中心开始向进近管制中心过渡。这时飞机需要开始由自动驾驶模式转入人工驾驶模式,机长和副驾驶员又一次需要开始紧张工作。区域管制员会下达进入进近管制的指令,提供呼叫频率,并且将该航班信息转发到进近管制室所指定的进近管制员。飞机需要从万米高度向 6 000m 高度下降,并开始减速。

进近管制室接到区域管制中心传来的航班信息,就会从雷达屏幕上搜索该航班,并与机长建立语音联系,负责将该机引导到指定的降落跑道。

目前进近管制室对于降落过程的民航机引导采用雷达方式,俗称"塔康系统"(TRA-CON),通过跑道延伸线上所设置的雷达导航站对民航机进行实时的监测,并不断地将航向、高度、速度信息发送给民航机控制系统,从而引导民航机进一步调整航向、高度、速度,以便于机长操作飞机对准跑道中心线,并且开始打开起落架舱门,放下起落架。当方向对准之后,高度下降到 1 000m 时,进近管制室就会通知机长联系塔台管制室。机长与塔台管制员会进行语音联系,塔台管制员会确定飞机降落状态,准确无误之后会下达降落命令。

降落之后,机长需要立即向塔台报告情况,同样地,塔台管制员会立即通知离开跑道的出口、脱离路线,并提供地面管制的通信频率。这样塔台管制员的工作就顺利交接完成。而之后的飞机需要在地面管制员的指令下前往指定位置停机并关闭发动机。

在飞行过程中,如果遇到紧急情况,空中交通管制会启动相应的紧急状态管制方案,最高优先级处理故障航班,并提供一切必要的支持。

这样一个简单的、完整的起飞、飞行、降落、停机的空中管制过程就介绍完了。

### 3.3.3　无人机与空中管制

截至目前,所有的民用无人机都没有搭载任何空管通信设备。一方面由于部分民用无人机体积小、速度低,雷达反射面积较小,普通的空管监控雷达无法有效发现目标;另一方面,即使通过雷达发现目标,或者管制员通过望远镜目视发现目标,空中交通管制部门也无法与无人机建立通信渠道,更无法及时与无人机操作人员建立语音联系。因此,民用无人机完全不在空中交通管制系统监控之中,处于一种"自由"飞行状态。这种状态对于天空的飞行安全有着重大安全隐患。

为了更形象地说明这一安全风险,本小节以最常见的双发中短程干线客机波音 737 - 900 型为例(见图 3 - 68),这是国内很多航空公司使用的主流机型,一般用于国内干线城市之间的飞行。以波音公司公开数据显示,波音 737 - 90 型客机长度约 42m,翼展约 35.8m,高度约 12.5m,起飞重量大概是在 75~85t,最大载客 180 名,机组成员 2 名,空乘服务人员 6 名。降落重量一般在 66t 以下,具体重量需要根据当时的载油量和飞行过程耗油量的情况来确定。

图 3 - 68　常见民航机型号波音 737 客机

当这架客机按"放行、地面、塔台、进近、区调"进行起飞标准流程作业时,从起飞开始,到离开进近管制之前,一般在机场周边半径 100km 范围内中低空飞行(气压高度 6 000m 以下),如果天气不错的话,肉眼可以看见,夜晚的时候民航机机翼两端有防撞灯,机身下方还有起落架指示灯,地面更容易识别。而目前大多数民用无人机的飞行高度一般在距离地面 1 000m 以内,根据不同的海拔高度可能实际飞行气压高度在 5 000m 以内,所以,民用无人机能够干扰民航机起降主要指的是"塔台管制"和"进近管制"阶段。

在塔台管制阶段,波音 737 - 900 型客机从跑道开始加速,客机首先达到 80kn 的"决断速度"(约 150km/h)。注意,民航机上习惯性使用 kn 来作为速度单位,1kn≈1.8km/h,这是源自航海领域的速度单位,美国习惯性地作为航空飞行领域速度表示方法,渐渐地变成通用标准。

一旦超过 80kn,飞机就只能继续往前飞了,不能刹车(否则就会冲出跑道),超过 120kn 的"V1 速度"(约 220km/h)操作驾驶员(一般是机长,有时也会是副驾驶员)就要柔和拉杆,将机头慢慢地抬高至 15°爬升角,这一个过程应该就是很多飞行员最为享受的吧,因为,飞机起落架已经离开跑道,蓝天已经张开怀抱了。当客机超过 130kn 的"V2 速度"(约 240km/h),就要收起降落架了,此时距离地面高度大约为 30m,客舱中的乘客可以明显听到一段低沉持续的"嗯嗯嗯嗯嗯……"声音,这是起落架正在正常收起时,液压系统工作噪声和气动噪声的混合声音。

之后的飞机需要继续加速、继续爬升，同时需要根据进近管制台命令进行航向调整，准备进入到区调管制区。这段时间波音737一般要加速到220kn(近400km/h)，距离地面高度约1 000m，并需要持续爬升到6 000m以上高度。

这是起飞过程，而在降落阶段，波音737－900型客机从区调管制转入到进近管制时，一般距离机场100km，飞行高度约在6 000m，飞行速度约在400～450kn。接下来，飞机需要调整航向对准机场方向，并进一步降低高度，同时减速。当距离机场25km处，高度3 600m，飞机开始接受塔台管制，需要进入到无线电降落导航状态，以便于进一步对准跑道中心。根据"塔康系统"的工作数据，距离跑道12～18km时，飞机离地高度约1 250m；距离跑道1 067m时，飞机离地高度约61m，这一高度是降落过程的决断高度，此时机长如果能够有效目视跑道，辨别跑道编码，则继续降落，否则加大油门进行复飞，然后择机再次进行降落作业。波音737－900型客机接近跑道降落时的飞行速度要大于其失速速度。

因此，通过上述的案例分析，在距离机场跑道围栏之外的10km范围内，无论民航机是在起飞作业和还是在降落作业，这一区域客机的飞行速度一般在260～360km/h之间，为了进一步说明民航飞行安全性和无人机之间的风险关联性，本节简单地取其中间值320km/h。

那么，在此范围内飞机距离地面的高度与机场距离大致有如下关系：

距离跑道1 000m，离地高度60m；

距离跑道2 000m，离地高度170m；

距离跑道4 000m，离地高度370m；

距离跑道6 000m，离地高度580m；

距离跑道8 000m，离地高度800m。

注意：上述数据采用线性插值计算结果，中间实际高度值可能略低，仅供参考。

而根据国际航空运输组织公开的统计数据(见图3－69)，超过25%的事故发生在起飞阶段(起飞到离开进近管制)；超过50%的事故发生在降落阶段(进入进近管制到着陆)。两者合二为一，超过75%的民航飞行事故就是发生在这两个阶段。而不要忘记，这两个阶段恰恰也是民用无人机目前能闯入的阶段。

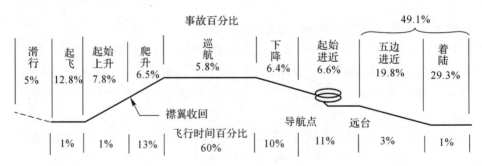

图3－69　民航事故发生阶段概率统计

在此基础上，我们做一个大胆的假设，如果在机场周边空域内，闯入一架最常见的四旋翼个人航拍无人机，它的起飞重量应该在1.2～1.3kg，那会有什么样的危险发生？

虽然四旋翼无人机前飞速度很低,但是物理学上有一个相对运动概念,如果此时迎面飞来一架波音 737 - 900 型客机,以客机作为参照物的话,那就是相当于 1.2kg 的无人机以 300～340km/h 的速度迎头撞上民航机!无论撞击部位是在机头、机身,还是机翼,甚至是被发动机吸入,等等,只要发生撞击事故,那么毫无疑问的是,波音 737 - 900 客机上的机长第一时间就要向地面管制中心发出"Mayday,Mayday,Mayday"这样的紧急状况呼叫了。

当然,发生这样事故的概率并不是 100%,但是只要无人机进入这个区域范围,那么可以肯定的一点,这样的概率就一定是大于 0% 的。

所以,截至目前,全国各地已经发生了多起无人机侵入民航机起降航线的事件,由于空管和飞行员发现及时,采取了合理避让和备降措施,没有出现人员伤亡的事件。因此,正是在这种事件的触动下,国家民航总局、公安部、空军等多部门联合出台了一系列的无人机飞行监管法规和政策(具体参见本书第 10 章)。

在无人机产品方面,由于目前民用无人机的体积、载重能力都有限,不可能让所有的无人机都如同民航机或者军用无人机那样配置标准的管制通信设备,但是,以 AOPA 为代表的有关协会组织已经开始倡导利用云技术手段,让每一架民用无人机,特别是多旋翼系列无人机装载管制芯片,该芯片与飞控计算机连接,可以获取无人机实时的坐标、高度、速度信息,一旦发现无人机进入机场、人流密集区等保护区内,该芯片就会报警,并引导无人机离开敏感区或者就地降落。

另一方面,各地执法部门已经开始陆续装备无人机干扰反制器,利用无线电干扰手段干扰无人机的通信链路和 GPS 定位信号,一旦发现非法违规飞行的无人机,就可以立即实施干扰,逼迫其降落。此外,对于机场这些敏感区,采用设置电子围栏的方式,构建起一个被动式防御系统,不准无人机飞入。

总的来看,对于民用无人机来说,未来飞行管制的力度只会进一步加强,不会放松。客观而言,管制的目的不是限制无人机的发展,而是为了进一步规范整个无人机领域,确保无人机行业良性、稳定、健康地发展。

# 思　考　题

1. 请绘制无人机航电分系统的构架图。
2. 对比阐述气压高度表和无线电高度表之间的使用特点。
3. 调查并比较三款不同型号舵机的性能,并用表格形式进行对比分析,阐述其各自特点。
4. 对比分析 GPS 和惯性导航系统之间的特点,以及各自的局限性。
5. 简要说明空中交通管制的流程。

# 第4章 无人机地面站分系统

　　无人机地面站分系统(Ground Control System,GCS)是无人机系统中面向操作人员的重要控制系统,是无人机控制理论中人在回路原则的重要体现方式。无人机地面站在无人机使用过程中承担着无人机的飞行控制、飞行数据监控、航迹规划和变更、任务设备控制以及对采集数据进行分析和对任务执行情况进行分析评估等工作,其背后涉及电子、自动化、软件、信息工程、通信工程、计算机、机电一体化等诸多专业,也是一个跨学科跨专业的高端复合技术领域。截至目前,地面站分系统主要应用于军用级无人机系统和工业级无人机系统(见图4-1和图4-2),其设备复杂程度完全取决于实际需求,而在消费级无人机系统中多数以最为简单的形式存在(如手机+遥控器)。

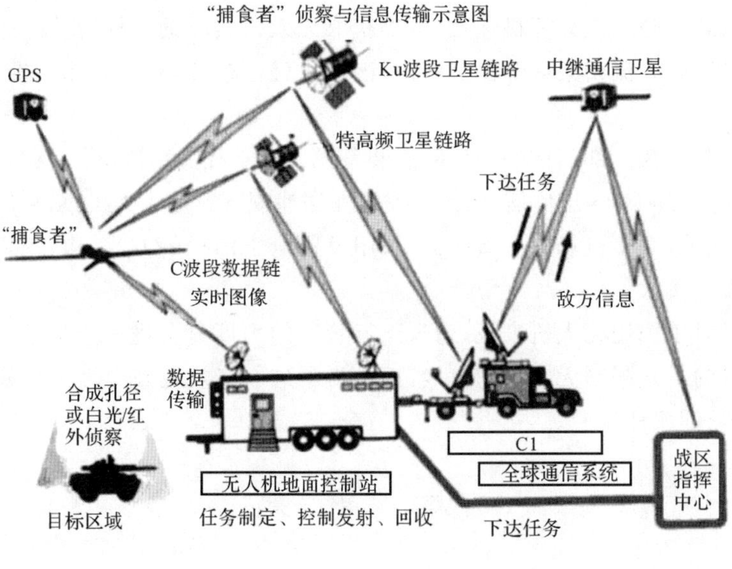

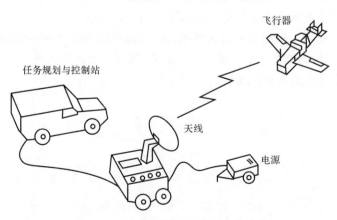

图4-1 军用级无人机地面站示意图

图4-2 工业级无人机地面站示意图

无人机地面站系统通常包括通信链路、飞行控制站、任务控制站以及与之配套的软件系统和地面辅助设备等。

本章将逐一介绍地面站分系统中各个组成部分的功能、原理和性能参数等。

# 4.1　通　信　链　路

无人机平台和地面站之间的无线通信通道就是无人机的通信链路,这是几乎所有民用无人机和地面控制站之间的唯一通信方式。无人机平台和地面站各自都需要配置专门的天线装置以进行两者之间电磁信号的接收和发射,部分军用级无人机在这一通信链路中可能还要引入卫星或者其他中继平台进行间接通信,从而实现超远距离实时通信。

无人机飞行过程中与地面之间的无线通信过程,依据传输方向可以分成"上行"和"下行"两种,上行通信主要涉及地面向无人机的飞控系统下达操作指令、向导航系统下达航迹指令、向任务设备下达操作指令等,经过压缩打包加密之后发往无人机;下行通信主要涉及无人机向地面实时传输的飞行数据、任务设备捕获的影像数据等,同样经过压缩加密后传向地面。一般情况下由于涉及高清影像,尽管传输之前使用算法对图像进行了有效压缩处理,但是下行传输数据的带宽需求还是要比上行带宽大得多,也就是说整个通信链路的带宽绝大部分都是被下行链路所使用。目前,绝大多数消费级无人机通信传输带宽在 $2\sim5\mathrm{Mb/s}$,延时在 $200\sim$ 300ms 左右,通信距离在 5km 以下,部分工业级无人机通信带宽在 $6\sim10\mathrm{Mb/s}$,通信距离在 50km 左右。军用级无人机通信带宽更高而且延时更短,画面更为流畅。美国国防部给陆军无人机制定的目标是在 2020 年实现 $40\mathrm{Mb/s}$ 的高速通信(不依赖卫星和其他中继平台),通信距离 200km,这样就可以对地面上的人脸进行较高精度的识别。

在整个无人机的通信链路中,链路的波长、频率、传输距离、带宽、延迟等是较为重要的参数,下面对其进行逐一介绍。

## 4.1.1　无线电频段

无线电电磁波在绝对真空环境中的传输速度达到光速,在大气层内受到阻碍,传输速度会略低于光速,其物理特性包括波长、频率、功率等。任何一种电磁波的传播速度等于波长和频率两者的乘积,由于波速基本不变,因此波长较长的电磁波,频率比较低,那么带宽就比较小。这是因为无线电传输信息的原理比较特殊,电磁波的波动形式类似于最简单的正弦波(当然还有其他各种复杂波形,见图 4-3),结合计算机领域中所使用的二进制原理,波峰表示 1,波谷表示 0,那么就可以实现无数个 0 和 1 组成的数据串无线远距离传输了。而单位时间内波峰和波谷数量越少,也就是频率越低,也就意味着所能够承载的 0 和 1 数据量就越少,一般情况下适用于传递语音或者文字这种信息量比较少的数据内容,但是,长波的穿透性比较好,可以进行远距离传输。

波长较短的电磁波,由于频率比较高,因此传输的信息量比较多,可以进行高质量的语音、图像、数据等方面的无线传输,这也是目前很多无人机、军民用航空器等常用的电磁波类型。不过频率高、波长短的电磁波传输距离有限,而且由于信息载入量大,对于周围环境的干扰比较敏感,容易造成数据丢失,影响传输品质。

针对电磁波的固有问题,目前正在发展的量子通信技术堪称"完美",不过这种技术超出了本书的范畴,有兴趣的读者朋友们可以自行阅读相关资料加以了解。

电磁波在进行信号传输过程中,一个非常明显的特点就是如果遇到另外一个电磁波信号,该信号的频率如果恰好也是一样的,那么就会带来非常强烈的通信干扰,对于实际工程应用产生较大的安全影响。截至目前,一些无人机反制器就是采用这种原理对无人机的航电系统、GPS导航系统、图传链路进行干扰,从而实现反制的目的。

为此,国家工业与信息化部无线电管理局对于3Hz~3 000GHz频率范围的电磁波进行了分类管理(见表4-1),其中VHF波段主要应用于语音通信,如地面控制站和有人机驾驶员之间通话;长波、

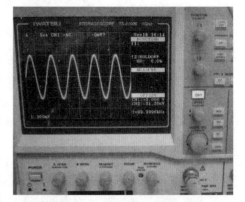

图4-3 无线电电波示意图

中波和短波多用于民用广播,如各省区的FM、AM等调频广播;民用无人机与地面的通信领域主要使用微波中的分米波和厘米波;军用级别无人机使用的频率还要更高一些。

表4-1 无线电电波波段分类图(源自国家工信部无线电管理局官方网站)

| 段 号 | 频段名称 | 频段范围<br>(含上限,不含下限) | 波段名称 | 波长范围<br>(含上限,不含下限) |
|---|---|---|---|---|
| 1 | 极低频(ELF) | 3~30Hz | 极长波 | 100~10Mm |
| 2 | 超低频(SLF) | 30~300Hz | 超长波 | 10~1Mm |
| 3 | 特低频(ULF) | 300~3000Hz | 特长波 | 1 000~100km |
| 4 | 甚低频(VLF) | 3~30kHz | 甚长波 | 100~10km |
| 5 | 低频(LF) | 30~300kHz | 长波 | 10~1km |
| 6 | 中频(MF) | 300~3 000kHz | 中波 | 1 000~100m |
| 7 | 高频(HF) | 3~30MHz | 短波 | 100~10m |
| 8 | 甚高频(VHF) | 30~300MHz | 超短波 | 10~1m |
| 9 | 特高频(UHF) | 300~3 000MHz | 分米波 | 100~10cm |
| 10 | 超高频(SHF) | 3~30GHz | 厘米波 | 10~1cm |
| 11 | 极高频(EHF) | 30~300GHz | 毫米波 | 10~1mm |
| 12 | 至高频 | 300~3 000GHz | 丝米波 | 10~1dmm |

(第9～12行波段名称列右侧合并一格标注:微波)

为了强化无线电频率波段的管理,2015年工信部无线电管理局针对民用无人机使用特殊情况制定了《民用无人机系统频率使用事宜》规范文件,其中主要包括如下三点。

(1)840.5~845MHz频段可用于无人机系统的上行遥控链路,其中841~845MHz也可采用时分方式用于无人机系统的上行和下行遥控链路。

(2)1 430~1 446MHz频段可用于无人机系统下行遥测与信息传输链路,其中1 430~1 434MHz频段应优先保证警用无人机和直升机视频传输使用,必要时1 434~1 442MHz也可用于警用直升机传输。无人机在市区部署,应使用1 442MHz以下频段。

(3)2 408～2 440MHz 频段可以用于无人机系统下行链路,但无线电台工作时不得对其他合法无线电业务造成影响,也不能寻求无线电干扰保护。

2015—2017 年间,在实际民用无人机工程应用中,GPS 信号则采用标准的 1.5GHz 频率,数据传输多使用 2.4GHz 频率,图像数据传输多使用 5.8GHz 频率。其中,2017 年 7 月无线电管理局以发布通告的形式加强对涉及 5 725～5 850MHz 频段无线电设备的管理。

### 4.1.2　天线种类

无线电天线承担着发射和接收无线电信号的功能,其本身发射电磁波时会有向某一个方向集中的特点,这就是电磁信号的"极化"现象,有水平方向的,也有垂直方向的,不同天线会表现得较为复杂。根据其电磁波发射特点大致分为三种:全向天线、定向天线和卫通天线。

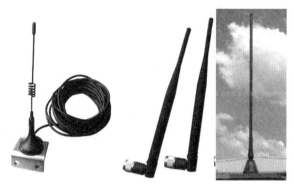

图 4-4　三种鞭状天线示意图

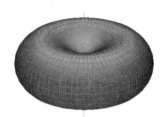

图 4-5　鞭状天线辐射图

全向天线指的是能够向四周 360°范围内发射较强电磁波的天线,最为常见的就是鞭状天线(见图 4-4),这种天线所发射的电磁波辐射表现形式非常像一个"大苹果"(见图 4-5),天线两端垂直向上和向下的辐射比较弱,水平面比较强,可以向四周发射相同强度的电磁波,并且到一定距离之后就会衰弱。如果我们对其进行专业的波瓣分析,就会得到更加清晰的辐射图(见 4-6)。水平面上的辐射是一个等强度且完整的圆形,垂直方向上表现出一种较为集中的定向特性。

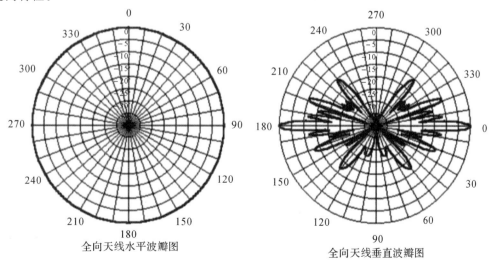

全向天线水平波瓣图　　　　　全向天线垂直波瓣图

图 4-6　全向天线水平和垂直方向波瓣图

定向天线指的是集中向某一个方向进行电磁信号发射和接收,常见的形式有八目天线和抛物面天线(见图 4-7、图 4-8)。这种天线的电磁辐射表现得如同一台大功率的手电筒,将灯光射向茫茫夜空,具体可以从定向天线的波瓣图得到更加形象的认识(见图 4-9)。正是这种集中辐射的特点,使得定向天线能够在同等功率情况下将信号发射得更远,当然缺点也是比较明显的,那就是任何时候只能和一个方向进行通信。为了解决这样的问题,工程上一般会将定向天线安装在可以活动的平台上,配置高精度的伺服电动机和角度传感器,可以提供水平方向 360°和垂直方向 180°运动能力,从而通过地面控制站传来的无人机坐标数据就可以实时调整天线照射方向,让其始终对准无人机。

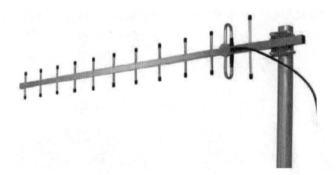 

图 4-7　八目天线示意图　　　　　图 4-8　抛物面天线示意图

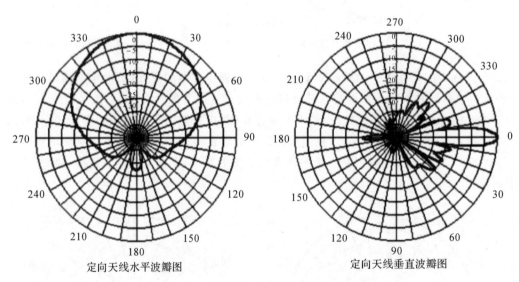

定向天线水平波瓣图　　　　　　定向天线垂直波瓣图

图 4-9　定向天线水平和垂直方向波瓣图

卫通天线是一种较为特殊的天线,从其功能特点来看其实也是一部抛物面定向天线,不过工作时并不是指向地面站而是始终抬头向上对准太空中的某一颗卫星(见图 4-10),从而能够接收从超远距离之外通过卫星传递过来的指令,并再通过卫星传输数据。

截至目前,在所有的消费级无人机和部分工业级无人机产品中,鞭状全向天线是最为常见的通信天线,无人机平台和地面遥控器或者地面站都会配置这种类型的天线。通常情况下无人机的机载全向天线垂直向下安装,有些固定翼无人机会采用机尾水平安装方式,而在遥控器上一般直接安装在其上端,使用时为了获得较好的通信质量,根据鞭状天线的极化特点,一般需要将鞭状天线的侧向面对准空中的无人机。这种通信方式受到自身信号发射功率和地球曲率的影响,以及地表障碍物屏蔽干扰,有效通信距离比较有限,多数在 5km 以内,部分改良产品达到 10km 左右。

为了进行更远距离的数据通信,部分工业级无人机会配置全向天线,地面站配置定向天线,依靠这样单方面地增强通信信号来实现。更进一步的方式就是,无人机和地面站都配置定向天线,且都配置自动平台基座,根据软件控制在整个飞行过程中让这两个定向天线始终彼此"注视"着对方,这就能够实现较远距离的高质量数据通信了。根据无人机飞行高度的不同,通信距离可以最大深入数百千米。

图 4 - 10　卫通天线示意图

当然,如果要获得更远距离的通信,就必须使用卫通天线。无人机平台需要配置卫通天线,通过太空的卫星作为中继传输(有些时候甚至还需要多枚卫星进行数据接力),从而能够与远在地球另一面的控制站建立数据交换通道。不过,这种方式的成本相当高,在民用无人机领域截至目前从未见过配置卫通天线的产品。

### 4.1.3　通信模块

在一些 DIY 的航模飞行器领域,往往更为简单地采用遥控器所提供的接收器,将其安装在航模飞机上即可,其接收器天线一般都是一根细细的金属丝外露于机体与遥控器自身天线形成通信链路。而在民用无人机工程领域,鞭状通信天线产品已经较为成熟,形成了一系列功能各异的模块化产品,达到"即插即用"的配置功能,其中最为常见的就是数字信号通信天线模块(简称数传模块)和图像信号通信天线模块(简称图传模块)两种。

数传模块其实本身就是两根成对出现的短小鞭状全向天线(见图 4 - 11),长度约为 10～12cm,少数提供 15～20cm 规格天线,其中一个作为机载天线,另一个作为地面站天线。两根天线都根据民用无人机航电设备特点提供了标准的安装和通信接口/协议,其中带有 USB 接口的属于地面站电线,直接插入到笔记本计算机 USB 接口即可(部分配置计算机可能需要安装驱动程序),另一根则直接和飞控机(如 APM2.5)连接。两根

图 4 - 11　常见数传模块示意图

天线的电源分别由飞控机和计算机提供,无须额外从电池供电。两根天线连接处都具有活动功能,便于在实际应用过程中调节天线方向,以增强通信质量。

数传模块常见工作频率有两种规格:433MHz 和 915MHz,915MHz 传输效果理论上要比 433MHz 好一些。

数传模块的功率比较低,以 100mW 规格居多,通常有效通信距离在 500m 左右,有些产品会通过提高功率来加大通信距离,如 500mW,600mW 规格等,通信距离可以提高到 1 000～

2 000m。部分进口产品可能达到 10km。

两根天线之间的信号传输带宽比较小,一般在 200～300kb/s 之间,对于飞控数据传输而言足够了。

通常情况下数传模块对于常用的 APM/Pixhawk 飞控产品都具有比较好的匹配性,只需安装即可,无须后台调试。

图传模块从外观上来看和数传模块很相似,也是一对鞭状天线,不同的是由于图像传输数据量较大和算法方面需要特殊解码,因此地面站天线显得稍微大一些(见图 4-12)。图传模块的工作频率比数传模块要高得多,一般在 5 750～5 850Hz之间,额定功率也比较高,多数在 200mW～600mW之间,从而能够将无线传输带宽提高到 5～8Mb/s,具备传输图像数据的能力。不过,需要说明的是,图传模块本身也具备传输飞控数据的能力,也就是说,如果配置了图传模块,如果没有特殊要求一般情况下就不用再配置数传模块了。

图 4-12　常见图传模块示意图

大多数图传模块的工作距离也是在 5km 以内,少数可以达到 8km 左右,这跟周围环境和无人机飞行高度有关。

这里介绍的图传模块和数传模块大多数使用在一些消费级无人机和部分工业级无人机中,而在一些品牌工业级无人机产品中往往会采用品质更高的配件产品,并进行了高度的集成化设计,不过其背后的原理和主要性能参数意义都是一样的。

## 4.2　地面控制站

从军用级无人机到最简单的消费级无人机,无论无人机技术平台的技术复杂程度如何,都必须要设置一个让人在控制回路的飞行控制设备,这就是无人机地面控制站。地面控制站的外端是通信链路,负责和无人机保持数据沟通;无人机地面控制站的核心就是中央计算机,利用其所加载的控制软件对飞行数据进行解算处理,并将处理结果分别传送到飞行操作控制站和任务载荷控制站,由各自的操作人员负责进行人工监控和处理。此外,部分高级别地面站会额外设置系统控制站和数据分发系统,系统控制站主要由全系统的指挥官来进行控制和下达指令,数据分发系统主要是将无人机任务设备采集的数据进行处理分析之后,通过专用的无线或者有线通信网络下发给各种终端设备,供相关人员或者设备使用(见图 4-13)。

当然,在民用无人机产业中,由于涉及的应用领域较多,呈现出需求的多样性,在航拍领域对地面站的要求极为简单,因此多数采用遥控器＋移动终端构成的简单控制站方式;在测绘、植保等领域由于需要进行全自动的航迹规划和任务设备控制等方面要求,多数会配置较为专业的便携式地面站;而在涉及安防、通信等警用领域时,往往由于任务设备较为专业,数据处理量比较大,会配置基本的飞行控制站和任务设备控制站,部分还会配置分发系统和数据分析系统,算是比较高端的民用地面站系统。

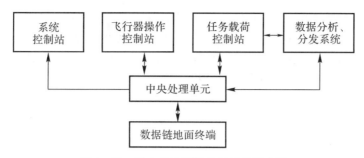

图 4-13　无人机地面站构架原理示意图

### 4.2.1　地面飞行操作站

无人机地面站通常采用双人机组成员配置模式,其中一名为飞行操作员,另一名为任务设备操作员,必要时还会配置一名全系统指挥员。这种模式不但在军用级地面站采用,而且在很多工业级无人机产品中也延续下来(见图 4-14)。

和普通有人机座舱不同,无人机地面飞行操作站更像是一个信息控制中心,采用封闭式方舱结构,配置野外发电设备、空调系统、UPS 电源为舱内提供恒温的工作环境,其内部设置了若干部液晶显示器,分成左右两个控制台,左侧为飞行操作控制站,右侧为任务设备操作控制站,两者之间位置通常是中央处理计算机,随时可以进行开机维修操作。左右两组显示器都可以为操作人员提供飞行参数、导航参数、任务设备等数据信息,其中最上方的显示器一般显示的是导航信息,也就是电子地图;中间显示器显示数据链信息,即光电设备传回来的目标区域高清影像;下面的显示器才显示飞行状态信息,如飞行速度、高度、姿态、发动机工作参数等,在两侧有时候还会额外配置一些显示器,主要是为了显示一些设备状态信息,或者提供任务指示信息供操作人员参考。除此之外,在人机交互操作方面会比有人机要"友好"一些,因为飞行操作站和任务设备控制站还配置了键盘和鼠标(通常采用固定滚轮形式),可以随时向控制计算机和无人机输入新的指令和调整参数(见图 4-15),并且还像有人机那样配置了操作杆,这对于很多飞行员出身的无人机操作人员而言是非常"贴心"的服务。大多数这种规格的地面站操作台配置的是单操作杆,极少数会配置双操作杆(油门杆+飞行控制杆),由于没有设置有人机那样的脚蹬杆,因此,飞行控制杆的前后运动控制无人机俯仰,左右运动控制无人机横滚运动,旋转运动控制无人机的偏航运动。当然,飞行控制杆上还有其他操作开关,比如射击按钮。

图 4-14　地面站内部示意图

图 4-15　飞行控制台示意图

为了防止误操作或者隐患发生,地面站中央处理器会时刻根据人工设定的算法对无人机状态进行监控,一旦发现问题,就会根据错误级别在显示器上显示出相应的"提示、注意、警告"等视觉信息,有的产品还会提供语音警告,从而避免人为操作失误。

地面站还需要配置无线电通话设备,主要是为了方便飞行操作人员和机务小组之间的工作联系,确保无人机的顺利起飞和降落。

不过,地面飞行操作站的操作人员在实际工作时,并不是像真正的有人机飞行员那样时刻在进行飞机的机动飞行操作,实际上大多数时候飞行操作人员都是以监控飞行数据为主,只有在需要进行人工操作,如起降阶段、轨迹规划、变更或者发生故障时才会介入。截至目前,越是高端的无人机,自动化程度越高,不但可以进行自动飞行,而且可以进行自动起飞、降落、空中加油甚至在航空母舰上降落,况且如果是通信链路故障,即使人工介入,也无法对空中的无人机进行有效控制。因此,无人机整个系统的可靠性一定要高,否则一旦出现故障,地面操作人员很难扭转。

对于少数高级军用无人机,地面飞行操作站可能需要专门的飞行员来进行操作,目前多数以退役飞行员为主。

对于绝大多数军用无人机或者工业级无人机,飞行操作站的操作者需要进行针对性的专业培训才可以上岗,这种培训包括理论学习、模拟操作和实际飞行操作三个方面,持续时间较长,需要参训人员积极投入,否则不一定能够熟练掌握操作技术。

### 4.2.2  地面任务控制站

地面任务控制站主要负责操作无人机机载任务设备,这是无人机操作系统的核心,因为整个无人机飞行执行任务的价值全靠此来体现。论专业素养,地面站任务设备控制员的专业背景需求需要更为广泛和深入,实际工程应用中,飞行操作员和设备控制员都是需要换岗互相培训的,即两人其实都可以对无人机进行飞行操作,当然也可以单独对无人机任务设备进行操作,总体上实行的是人员配置双备份原则,只是在正常使用中两人各有分工而已。

截至目前,所有无人机都是在空中四平八稳地进行常规飞行,并不会向一些战斗机那样进行所谓的战术飞行或者超机动飞行,因此,无人机飞行控制相对有人机要简单得多,而与此同时,由于无人机机体内没有飞行员的存在,导致无人机执行任务时缺乏逼真的使用环境感知度,因此,无人机操作的困难性在于如何精准地执行任务。以新闻媒体上经常出现的军用攻击性无人机实弹打击恐怖分子为例,远在千里之外的地面控制站内,通过几个屏幕对无人机进行攻击操作,绝对不会是像玩电子游戏一样简单,相反,执行任务操作时地面站操作人员往往需要进行团队合作,密切配合,精神上高度紧张,确保每一步下达指令的正确性,这样才可以保证顺利完成任务。

在工业级无人机应用领域,一般只有消防、安防等较为专业的领域才会配置专门的任务设备操作人员,比如在一些警用领域,任务设备操作员还要承担识别目标、数据分发和组网内通信工作。而大多数其他的民用无人机应用领域,飞行控制人员和操作人员有可能合二为一。

### 4.2.3  民用简易控制站

在绝大多数的消费级无人机和工业级无人机领域中,受到实际使用需求和成本的制约,一般不会采用前文所述的方舱规格,而是选择使用较为简易的控制站。

其中对于很多消费级无人机而言,最为简单的地面站形式就是双十字杆遥控器+液晶显示器方式(见图 4 - 16),少部分会提供一个较为完整的机械支架,大部分可能都是采用智能手机作为液晶显示器来实时显示消费级无人机机载相机所传输的图像画面。通信链路多数以 2.4G/5.8G 为主,有些产品还会提供 wifi 通道或者蓝牙通道,不过作用距离有限,仅仅对于个人娱乐而言还是足够的,有些前卫型产品还会提供 3D 眼镜给操作者,从而实现虚拟飞行环境的 FPV 模式(即第一人称视角模式)。

在这种液晶平板+操作杆的构架基础上,部分公司面向工业级无人机推出了较为专业的、集成化的便携式操作台(见图 4 - 17、图 4 - 18),这些控制站的操作类型和前一种一样,飞行操作和任务操作合二为一,而产品质量和可靠性要比第一种高得多。

不过这几种控制站主要突出的功能是人工飞行操作和能够实时接收航拍图像,在航迹规划、临时调整、复杂机载设备操作、人机交互控制等方面的功能较为薄弱。因此,针对这种问题,工业级无人机厂商推出了两种风格的地面站产品:第一种,以常用笔记本计算机作为载体,配合图传模块,构成一个交互式控制平台(见图 4 - 19);第二种,采用工业级加固计算机作为载体,不仅配置了独立显示器、计算机,还配置了便携式电源系统、通信链路,此外,整个包装箱采用防震、防水、防磁设计,整台设备具备良好的野外独立工作能力(见图 4 - 20)。

不过从功能使用角度来看,这两种地面站产品在更多的情况下更像是飞行控制站和任务控制站的混合体,没有对数据链传输的信息进行分类显示,当然也没有额外的显示设备,因此,采用这种装备进行无人机控制操作时,还需要配置专门的飞行操作手,利用遥控器对无人机进行操控。

图 4 - 16　简易地面站 1

图 4 - 17　简易地面站 2

图 4 - 18　简易地面站 3

图 4 - 19　简易地面站 4

图 4 - 20　简易地面站 5

## 4.3　地面站软件

地面站软件是地面站实现各种功能的核心基础,目前民用无人机领域的地面站软件主要有三类:①采用开源式地面站软件,属于"拿来主义",这种在消费级无人机领域和工业级无人机领域较为常见,多用于产品研发早期的原理样机测试、小规格产品的投产等方面;②在开源式地面站软件基础上进行针对性的改良设计,并进行配套的硬件设计,从而形成新的工业级地面站产品,这一类多见于较为专业的工业级无人机产品;③全部独立开发,拥有全部产权的软件代码,多见于为数不多的拥有较强技术研发能力的无人机公司,这些公司推出的地面站产品就比较有优势,性能稳定且匹配性高,和地面站硬件以及无人机平台的适应性比较好,在一些高端的消费级无人机和专业工业级无人机产品中比较常见。当然,这三类软件只是在民用级无人机中使用,军用级无人机拥有独立的配套地面站软件,其外观不会很"靓丽",但是技术性能和可靠性要比民用产品高很多。

总的来说,地面站软件是无人机公司的核心技术之一,不会公开示人,因此,本节以开源式地面站软件为案例介绍一下其特点。

在目前的开源式地面站软件中,Mission Planner 软件是目前消费级无人机和工业级无人机领域应用最为广泛的开源式地面站控制软件,下载地址为 http://ardupilot.org/planner/,目前只可以在 Windows 操作系统下正常使用,该网站还提供完整的技术使用文档(英文版)供用户下载使用。该软件和 APM/Pixhawk 开源式飞控机一样,由 ardupilot 团队研发,可以匹配固定翼无人机、多旋翼无人机、无人直升机、无人车辆、无人船等各类无人操作平台,其软件内部电子地图采用 Google Earth 提供的卫星地图,与 GPS 模块配合使用可以实现对无人机的航迹控制。软件具备飞行日志的存储和管理功能,能够为新型无人机的样机调试提供便利。Mission Planner 还为使用者提供了极佳的二次开发接口,这对于很多研发性质的个人、团队和公司而言都是一个不可忽视的优点。

Mission Planner 软件界面属于简洁风格(见图 4 - 21),主要分为三个区域:

左上角为飞行姿态显示区,采用有人机的显示风格,以模拟人工地面线为参照物,提供三个角度(俯仰角、滚转角、航向角)、两种速度(空速、GPS 速度)和高度信息(高度和爬升率),能够直观地将无人机姿态信息展现给操作人员。

左下角为参数监控区,软件提供飞行参数、舵机、任务设备、航迹日志等多个模块的参数切换,操作人员可以随时根据需要进行显示切换。在这一区域主要以精确数据形式进行显示,以飞行参数为例,可以显示飞行高度(m)、地速(m/s)、航向角、爬升率、距离(m)(包括距离下一个目标点距离和距离地面站的距离)。凭借这些精确的数字显示方式,操作者可以更加准确地了解无人机实时的飞行状态。此外,软件也可以提供其他显示风格,如传统指针仪表式(和汽车仪表差不多)。

右侧区域为电子地图显示区,通过加载 Google 卫星地图,根据实时传输来的无人机 GPS 信息就可以在地图上标定出无人机实时航迹,当然,操作者也可以实时修改和规划新的航迹,并通过软件向无人机下达执行指令。

Mission Planner 软件在使用之前需要和无人机机载飞控机进行连接和调试,确保双向通信顺畅,具体调试方法比较细节化,涉及飞控机各种传感器的初始化、飞行模式设置等多个方面,有兴趣的读者可以详细阅读软件的英文版说明书。目前网络上也有公开的中文版,但是还是建议首先阅读英文版,逻辑关系理解起来会更好一些。

在实际飞行过程中,Mission Planner 简洁界面(见图 4 - 22)就会给操作者,特别是从未接触过军用无人机的操作者一种较为"新奇"的感觉,如果配上额外的分屏显示器,或者其他的摇杆式飞行操纵杆,这种体验感就会更强。

是的,这就是科技的魅力。

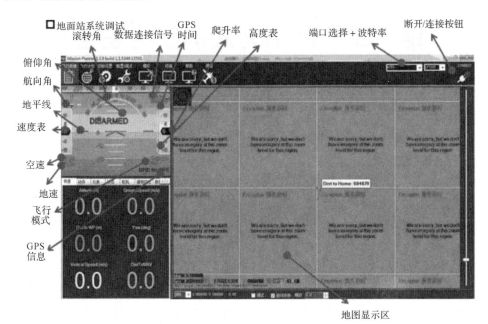

图 4-21　Mission Planner 软件界面

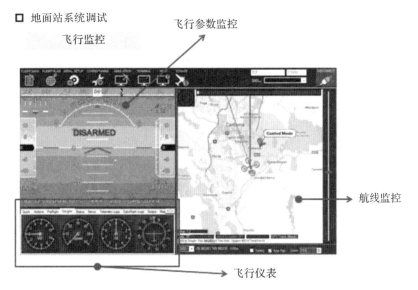

图 4-22　Mission Planner 软件飞行界面

# 思　考　题

1. 对比阐述不同类型天线的电磁辐射扩散特点。
2. 调查并比较三款不同规格数传模块的性能特点。
3. 简述地面控制站的构成和人员配置特点。

# 第5章　民用无人机任务设备

无人机本身只是一个任务平台,其使用功能全靠无人机所搭载的任务设备来确定。如果搭载的是货物,那么就是一台无人运输机;如果搭载的是武器,那么就是无人攻击机;如果搭载的是照相机,那么就是一台无人航拍机;当然,如果什么任务设备都不搭载,那就是一个只能飞行的机电平台而已。

军用级无人机搭载的任务设备比较复杂,涉及很多特殊产品,本书不作介绍。

消费级和工业级无人机才是和日常生活最为接近,也是大多数读者日后最有可能接触的方向,因此,本章对这两种民用无人机的任务设备进行详细介绍。

截至目前,根据民用无人机所应用的领域,民用无人机挂载的任务设备主要有光学摄影设备、微波成像设备、液体喷洒设备等。其中光学摄影设备涵盖了普通可见光的相机、微光相机、红外成像设备和热成像设备,可以用于个人航拍、测绘、消防、安防等领域;微波成像设备主要应用于测绘、安防领域;液体喷洒设备主要应用于植保、林业领域。

下面对各个类别的任务设备从原理、性能、特点等方面进行介绍。

## 5.1　光学摄影设备

在目前的工程界中,所有物体的视觉影像获取都是基于光照射到物体表面所形成的反射光,该反射光被人眼视觉神经元捕捉或者被一些传感器设备捕捉到,经过解析就形成了肉眼可以观察到的画面。根据这样的基本物理学和生物学原理,如果没有入射光当然就不会有反射光。

而这里所说的光是一种广义上的概念,并不局限于日常生活中所见到的太阳光。在基础物理学理论中,光其实本身也是一种电磁波,和中学物理中所介绍的声波一样具有类似的物理性质,具有波长、频率、传播速度等参数,它们之间能够建立起如下的数学关系:

$$v = \frac{\lambda}{T} = \lambda f \tag{5-1}$$

式中,$v$ 表示光的波速,m/s;$\lambda$ 表示波长,m;$f$ 表示频率,Hz;$T$ 表示周期,s。依据波长的大小来划分,就可以把电磁波划分成伽马射线、X 光、紫外线、可见光、红外线、无线电波等六大类。其中可见光依据不同的波长又可以划分成红、橙、黄、绿、蓝、靛、紫等七种基本色彩(见图5-1)。

绝大多数电磁波都会表现出一种"波浪"形态,即在每一个周期内有波峰必然就有波谷,那么以目前计算机科学中广泛使用的二进制数据原理来看,如果以波峰代表"1",以波谷代表"0",电磁波的频率越高或者波长越短,即表示在单位时间内,可以"运载"的 0 和 1 这样的二进制数据量就越大,从而能够传递的信息量或者说捕捉到的信息量就越大。目前电视广播、雷达通信、微信通信等,其传输速率都不如光纤,因为光纤内部使用的激光频率要远远高于无线电波。

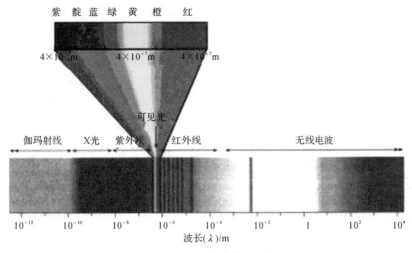

紫　靛蓝绿黄　橙　　红

$4 \times 10^{-7}$m　　$4 \times 10^{-7}$m　　$4 \times 10^{-7}$m

可见光

伽玛射线　　X光　　紫外线　　红外线　　　　　　　　无线电波

$10^{-12}$　　$10^{-10}$　　$10^{-8}$　　$10^{-6}$　　$10^{-4}$　　$10^{-2}$　　1　　$10^{2}$　　$10^{4}$

波长($\lambda$)/m

图 5 - 1　电磁波波谱分类示意图

在成像领域,使用不同性质的电磁波照射目标物体,并接收其反射波,通对反射波的计算就可以转换成人类可以识别的静止图像或者动态视频。在无人机领域,通常会搭载各种专用设备来捕捉这种信号。捕捉自然光成像的设备有光学相机,如现在广泛使用的数码相机、单反相机等,在这种平面图像的基础上,还发展出了更为立体的 VR 成像设备,此外,还有专门捕捉夜晚星空提供的微弱可见光的微光成像相机;而捕捉红外线的设备有热成像仪,主要接收目标体发射出的红外热信号,从而能够在夜晚,甚至隔墙都能对目标进行监控。

下面针对这些专用设备进行逐一介绍。

### 5.1.1　普通光学相机

在民用无人机机载设备中,普通的光学数码相机应该是最为普遍应用的设备,追本溯源,这种机载设备很多时候都是源自民用摄影设备,其产品升级过程实际上还要略慢于它们。

数码光学相机的成像原理和早期的机械式相机类似,只是将原来的胶卷感光换成了感光电子元器件,并加入了图像解码模块,从而实现将光学感光图像转换成标准的电子图片(见图5 - 2)。这种技术本身源自于美国 20 世纪 60 年代的太空技术,之后在 80 年代推广到民用领域,最早由柯达公司在 1991 年推出面向个人消费者的数码照相机,但是真正让这种产品全面普及并取代传统机械式相机的却是索尼、佳能、尼康等日本公司。

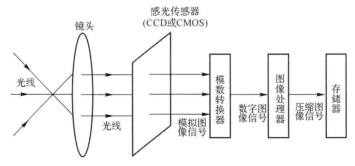

图 5 - 2　数码相机工作原理示意图

目前数码相机有单反相机、卡片相机、长焦相机、微单相机等种类,而在消费级和工业级无人机领域中,主要使用卡片相机和一种改进版本的单反相机(见图 5-3、图 5-4)。这些相机的主要参数有传感器、ISO、像素、分辨率、工作模式、曝光模式、存储格式等。

图 5-3　无人机机载相机示意图 1

图 5-4　无人机机载相机示意图 2

### 1.传感器

传感器是数码相机的感光元器件,将光信号转换成电信号,目前主要有两种类型:CCD 和 CMOS。CCD(Charge-coupled Device,电荷耦合元件)设置一系列微小感光元件矩阵并通过与之配套的二极管进行信号转换。与 CCD 对应的是 CMOS(Compementary Metal Oxide Semiconductor,互补金属氧化物半导体),这种半导体技术之所以被应用到数码相机领域,主要得益于其本身的制造工艺,由于采用的微电子集成加工工艺,因此 CMOS 的制造成本要比 CCD 低,偏于大规模快速生产。两者成像技术的差异较大,并不能简单地依靠一个性能参数来进行评价,需要综合考量。

### 2. ISO

ISO 称为感光度,用于衡量数码相机对光线的灵敏度或者感知程度,由国际标准化组织(英文简称也是 ISO)制定了全球统一标准,目前最低值为 ISO 6,最高值为 ISO 6400,数值越高则表示感光度越高,相机拍摄品质越好。大多数数码相机的感光度都可以在一定范围内调节,目前很多高端的无人机机载相机感光度都能达到比较高的级别。

### 3.像素

数码图片是用一个大型矩阵来显示图片的,其中每一个矩阵点就是一个基本像素点,每个像素点的颜色彼此不同,从而能够展现出丰富的画面。像素点越多,表现的图片清晰度就会越高。

### 4.分辨率

分辨率包括图像分辨率和视频分辨率,实际上是对像素的一种具体使用分配方法,分辨率越高图像细节显示得越好,但是需要的存储空间就越大,以常见的 $5\,280×2\,970$ 分辨率为例,就需要 $5\,280×2\,970=15\,681\,600B$(即 $1\,500$ 万像素),约 $15.7MB$ 的空间,如果以每秒 28 帧频率拍摄视频,则每一秒就需要 $439MB$ 空间。

### 5.储存格式

目前图像储存格式以 JPG,JPEG 和 PNG 格式居多,视频方面储存格式以 MP4,MOV 等居多,如果需要其他格式需要自行进行格式转换。

6.曝光模式

在以往机械式照相机使用过程中,需要人工调节光圈大小、焦距长度、快门曝光时间来保证拍摄质量。数码相机就提供了很多种使用模式,如程序自动曝光、手动曝光、快门优先曝光、光圈优先曝光等。自动曝光基本不用人工介入,程序自己调节这些参数;手动曝光则比较考验操作人员的摄影技术;快门优先曝光也是自动曝光的一种,不同之处在于快门时间可以人工调整;光圈优先曝光类似,人工调节光圈大小,其余的由程序完成。需要注意的是,只有高级相机才会同时具备快门优先曝光和光圈优先曝光两种功能。

不过和地面普通人使用相机进行拍摄不一样的是,无人机机载相机往往处于气流振动、发动机振动等较为复杂的工作环境,因此,为了更好地发挥机载相机性能,一般都要配置与之配套的云台支架(见图 5-5)。这种支架一般安置在多旋翼无人机中央机身的下方位置,通过螺钉与机体紧固,并提供减震功能,此外还配置了伺服电机,从而能够为机载相机提供水平方向和垂直方向的自由运动,不过有部分产品只提供了垂直方向的调节功能。除了挂载相机,有些云台还可以挂载其他机载设备(见图 5-6),使用方面比较灵活。

图 5-5　机载云台示意图 1　　　　　图 5-6　机载云台示意图 2

云台性能指标主要有角度抖动量、转动范围和最大转速等。

角度抖动量指的是云台稳定性,以度(°)为单位,其数值越低就表明该云台稳定性越好,如大疆禅思 X5S 云台的角度抖动量达到 ±0.01°。

转动范围指的是云台在某个平面的活动范围,如垂直方向的俯仰角度、水平方向的平移角度。俯仰角度大多可以达到 90°,平移角度一般在 360°范围以内。

最大转速指的是云台旋转角度的速度,其数值绝大多数都是在 90°/s。

### 5.1.2　微光影像设备

普通的光学相机根据其工作原理只能在可见光比较强的白天工作,而在阴天或者能见度比较低的时候通常需要使用额外补充光源,比如闪光灯提供的瞬间补光,这样才能确保正常使用。但是在夜晚,已经没有任何阳光照射,四周一片漆黑,这样的环境中就无法正常使用普通的数码相机进行有效拍摄。对于这种环境,微光摄像机出现了。和普通光学摄像机的工作原理不一样的是,微光摄像机捕捉的是夜晚星空中月光、其他星体发出的光、大气层折射的光照射到物体所产生的反射光,这种反射光的强度和亮度都非常微弱,不易识别和成像。为此,基础物理学中的光电效应被引入进来。根据光电效应,当任何一束光线照射在金属表面时,该金属表面瞬间(不超过$1×10^{-9}$s)就会有少量的电子溢出,光束数量、光照强度、光线颜色不同时溢出的电子数量也会发生变化。因此,根据这个原理,在普通望远镜的基础上进行了针对性改造,在普通的物镜和目镜之间引入了像增强器,该模块入口和出口设置光纤面板,两者之间为一个电信号放大通道,该通道会提供高压电源负责对通道内的电子进行加压增强。当微弱的反射光由物镜聚集之后照射在像增强器的入口光纤面板时,在该面板后方就会释放出微弱的电子,该电子随后在放大通道中被反复反射的过程中被增强,最后撞击出口处的光纤面板,在其后方会转换成较大强度的光子发出,经过目镜成像被人眼识别,从而实现在黑暗中对目标的观察(见图 5-7)。早期的微光夜视仪受到硬件设备的影响,夜视能力比较有限,距离较短,其在工作过程中一旦遇到强光照射,就会产生视觉盲屏。因此,第一代微光夜视仪从 20 世纪 60 年代问世以来不断进行改进,目前已经推出四代产品,在产品升级换代的过程中,像增强器的光电材料由最初的光纤板换成了负电子亲和势光电材料,在光电转换和增强效果方面都有了很大的提高,并且设置了强光保护模式,即使在光线较强的环境中也可以工作。

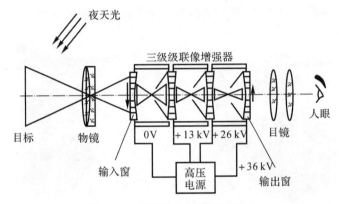

图 5-7　早期微光夜视仪原理图

在这种微光夜视仪的基础之上,数码相机成像中的 CCD 模块或者 CMOS 模块被加载到其中,这样就可以将转换后的光信号再次转换成电信号,可以在各种液晶面板中显示,或者通过无线电数据链进行远距离传输,并且通常和普通光学设备融合一体,从而具备从白天到夜晚 24h 不间断的工作能力。

在无人机领域这种影像设备主要以机载云台形式展现(见图 5-8),也有采用普通数码相机所使用的那种云台(见图 5-9),多应用于工业级无人机或者军用级无人机平台,主要应用在安防、监视等特殊用途领域。这种影像设备云台主要吊挂在无人机平台下方(也有安装在机头前方位置的),内部配置的伺服电机可以使其具备水平和垂直两个平面的自由度运动能力。这种机载微光夜视仪的主要性能参数有分辨率、最大夜视距离、目标分辨能力、最低照度、存储格式、重量、功耗等。大多数参数都和普通光学数码相机类似,这里主要介绍一些与微光影像相关的特性。

最大夜视距离是指在 1/4 月光照射条件下最远观察距离,这个指标和观察目标的大小有关,对于人体这样的典型目标,目前大多数民用产品的探测距离在 3 000m 以下,少数军用级产品会更高。

图 5-8　微光夜视云台示意图 1

图 5-9　微光夜视云台示意图 2

最低照度指的是该设备所能够正常工作的最低光照环境,目前还没有一个统一的行业标准,实际中往往采用 F 值来进行表示,如 0.005Lux@F1.5。F 值即镜头的光圈参数,等于镜头的焦距/光圈直径,所以,F 值越小,光圈直径越大,接收光线的数量就越多。微光夜视设备的光圈一般都比较大,F 值在 2.8 以下。Lux 是光照强度单位,一般普通家庭或者教室的日间正常光照强度在 300Lux。0.005Lux@F1.5 就表示在 1.5 光圈大小时,该设备可以在 0.005Lux 的黑暗条件下正常工作。需要注意的是,这种性能进行横向比较时必须要以 F 值作为前提,否则就失去了判断优劣的意义。

目标识别能力主要指对拍摄目标图像进行识别的最远距离和最小尺寸。如对于人体,大多数民用机载微光夜视产品最小尺寸为 0.5m×1.8m,对应的识别距离为 0.9km,即表示最远在 0.9km 之外的距离可以对地面上 0.5m×1.8m 这样的目标进行图像辨别。

微光夜视摄像设备拍摄的画面一般以暗绿色为基本色调(见图 5-10),高端产品也出现了较亮一些的彩色色调。

图 5-10　微光夜视摄像设备拍摄影像

### 5.1.3　红外成像设备

无论是普通光学相机还是微光夜视设备,其得到的图像都是物体所发射可见光的像,但是对于一些特殊应用行业的使用要求,并不满足能够 24h 提供可视化影像,而是要能够提供更为深入的分析图像,比如对于电力系统而言,希望能够实时判断电气设备故障出现在哪里,而不是简简单单的拍照。在这种需求背景下,红外热成像摄像设备就被引入无人机机载设备中。

在自然界中,所有物体的温度都高于绝对温度,因此都会在表面向外界产生红外线的辐射,物体自身温度的高低会对其所辐射红外线强度产生影响。因此,只要接收到这种红外线信号并且依据温度大小进行区别分析,就可以得到更为丰富的图像(见图 5-11)。

图 5-11　红外热成像拍摄的影像

红外热成像设备的功能模块架构和普通可见光数码摄像机较为类似,其中最主要的区别之处在于,红外热成像采用了特殊的红外镜头,将红外信号从其他可见光、微光等信号中过滤出来,经过光电信号转换、放大和图像软件的解码之后,就可以在液晶显示器上清晰地显示出目标体周围的红外影像。早期的红外镜头采用的制冷平面技术,通常需要由红外探测器、光学成像物镜和光机扫描系统等才能形成完整的红外信号捕捉与转换功能。随着科技的进步,现在的热成像设备采用的都是非制冷焦平面技术,可以省略掉复杂且较重的光机扫描系统,能够直接过滤出红外信号并将其转换成电信号,具备效率高、分辨率高、成像品质高、能耗低等优点(见图 5-12)。

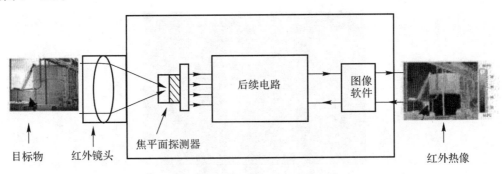

图 5-12　红外热成像原理示意图

目前在民用无人机领域,红外热成像设备使用主要集中在工业级无人机方面,而且多数采用和普通可见光摄像头组合方式进行配置(见图 5-13),也有两者集成到一套镜头系统中的(见图 5-14),这样可以在获取普通影像的同时也能够获得用来对比的红外热成像影像,具有比较高的应用价值。

红外热成像设备的主要型参数有像素、像元间距、波长范围、热灵敏度、探测距离和识别距离等。

像素的意义和普通可见光相机像素类似,代表着图像分辨率,多以 640×480(30 万像素)

居多,少数信号产品的像素会更高。

像元间距指的是各个像素点之间的物理间距,一般以微米(μm)作为单位,这个参数数值越低,则说明图像扫描精度越高,分辨效果越好,大多数民用红外热成像设备的像元间距在 $15\sim20\mu m$ 左右。

图 5 - 13　红外热成像吊舱 1　　　　　　　图 5 - 14　红外热成像吊舱 2

波长范围指的是该设备对红外信号的识别宽度,红外线的波长范围为 $0.7\sim500\mu m$,其中 $0.7\sim2.5\mu m$ 为近红外线,$2.5\sim25\mu m$ 为中红外线,$25\sim500\mu m$ 为远红外线。大多数民用红外成像设备的镜头主要捕捉中红外线信号,多以 $7\sim15\mu m$ 之间的红外线为主。

热灵敏度(英文缩写 NETD)指的是热成像设备对温度差的最小识别能力,该指标数值越低,则表明这种设备对红外图像的细腻程度越高,清晰度越高,从而具有更好的识别能力。其单位通常采用一个固定温度条件下提供一个最低的识别温差,如 50mK/30℃,这就表示在 30℃ 的环境中,最小识别温度差为 50mK(即绝对温度下千分之五十开尔文)。

探测距离和识别距离的意义和微光影像设备一样,不过由于红外信号的波长比可见光要短,因此远距离传输特性较差,所以,同样条件下,红外成像设备的探测距离和识别距离要比可见光、微光近得多。很多民用无人机机载红外设备对于 $0.5m\times1.8m$ 这样的目标,最大识别距离只有 300m 左右。

近两年来,民用工业级无人机搭载红外成像设备主要应用于警卫、森林防火、消防、安全生产等领域进行可疑人员识别跟踪、野外热源搜索、厂矿企业故障排查等。

### 5.1.4　VR 成像设备

VR 360°全景影像设备是 2016 年开始流行的,截至目前,国外一些消费级无人机率先进行了设备搭载试验,并取得不错的影像效果。VR 360°全景影像设备本身并不复杂,很多都是在一个平面内圆周方向采用多台普通可见光的摄影设备组合而成,从而构成一个能够 360°全方位同时拍摄画面的能力(见图 5 - 15)。但是由于镜头角度的问题,各个相邻相机之间会有一部分画面是重合的,因此,在拍摄完成之后对于全部相机拍摄的素材需要进行细致的后处理,以便将每一帧的画面修复成为一个完整的 360°画面,从而实现流畅的播放效果。观看者可以使用专用的 VR 眼镜进行观看,从而具有"身临其境"般的体验感受。

这种设备本身工作原理可以参考普通光学相机介绍,这里不再复述。

由于目前 VR 成像设备的成本比较高,且需要烦琐的后处理,因此,使用这种设备的消费级无人机大多应用于专业的商业航拍,如电影领域的航拍。对于很多个人消费者而言,这种拍摄体验目前还不是主流方向,但是随着技术的普及和推广,也许在不远的将来,VR成像设备就成了民用无人机的标准配置之一。

图 5-15　VR成像设备示意图

### 5.1.5　倾斜航测设备

和VR成像较为类似,在目前民用无人机航测领域中除了普通的光学摄影技术之外,还有一种倾斜式航测设备。这种航测设备本身也就是普通的光学相机,只不过采用倾斜式的工作方式,对地面目标进行多角度、全方位的光学摄影,之后的关键在于与之配套的后处理软件算法。该算法需要利用这些倾斜拍摄的素材对目标体的表面几何信息进行计算并加以还原,从而取得目标体的几何尺寸。不过这种技术还原得到的测量精度与拍摄距离、能见度、天气等有关,大体上距离越近,精度越高,反之,则越差。因此,采用这种方式对地面进行航测,往往需要近距离飞行,为了确保飞行轨迹稳定性,通常情况需要采用自动航迹规划方式进行飞行。

在目前的民用无人机平台中,采用这种倾斜航测设备主要以尺寸较大的工业级多旋翼为主,如成都锐铂无人机科技有限公司研发的"RIE睿翼"型倾斜航测多旋翼无人机产品(见图5-16),其配载的倾斜航测设备采用了4个倾斜式摄像头,构成了360°范围的全向航测能力,并且单独配置了一台垂直方向的摄像头(见图5-17),从而能够配合倾斜摄像头为图像处理算法提供更好的成像素材。

图 5-16　倾斜航测设备1

图 5-17　倾斜航测设备2

截至目前,配搭这种倾斜光学设备的民用无人机(主要是工业级无人机)在抗震救灾、地质勘探、基础设施野外测绘等工农业生产领域都有不错的表现,能够快速反应,完成目标区域的三维测绘作业(见图5-18)。

图 5-18　倾斜式航测效果图

# 5.2　合成孔径雷达成像设备

普通光学相机、微光夜视设备、红外热成像设备等光学成像设备无论彼此之间功能差异如何，其在工作原理上都表现出一个共同的特性——"被动式"，即都是通过被动地捕捉目标物体表面所反射的某种光波来形成一个特定的成像。正是这种被动式的原理特性，使得这一类成像设备对于工作环境有着较高的依赖性，比如距离、烟雾、云层、表面覆盖物等等，这些不利因素都会有效降低拍摄成像的质量。针对这种情况，一种全新的主动式成像技术出现了，这就是合成孔径雷达成像（Synthetic Aperture Radar，SAR）。

合成孔径雷达成像技术原理相比于之前的光学成像设备要复杂很多。假设一根天线在空中向地面一个目标发射定向无线电波，这个电波遇到目标当然就会被反射回来，被该天线接收；当这个天线在空中保持一个稳定的运动轨迹，那么就会不断地发射电磁波并接收反射波，这就如同在天空中张开了一个非常大的孔径天线，称之为合成孔径（这也是这种成像方式名称的由来）。依靠这种合成孔径雷达就可以从不同角度持续照射扫描目标表面以获得完整的几何信息，当无数各自载有部分目标信息的反射波被天线所接收时，由于这种电磁波本身物理特性具有多普勒效应，因此，需要使用专门的算法进行分析。这种与之配套的算法是整个雷达系统中关键的技术之一，需要对这一系列反射波进行频谱处理，具体过程相当烦琐和复杂，在经过处理之后，将会得到关于这一特定目标完整的影像信息（见图 5-19）。

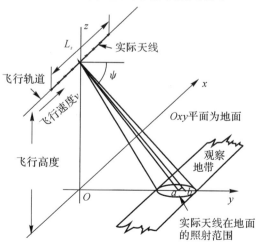

图 5-19　合成孔径雷达工作原理示意图

根据对不同目标的扫描方式,可以将合成孔径雷达成像分成聚束式扫描(针对一个点状目标进行持续扫描)、条带式扫描(针对一个带状目标进行扫描)以及普通扫描(针对一个大面积目标进行扫描)。

合成孔径雷达技术最早由美国在20世纪60年代提出并付诸实践,初期主要应用于军用侦察卫星,用于定期扫描地面目标并绘制完整的影像资料。之后随着合成孔径雷达技术的成熟和发展,这种设备开始大量应用于各种飞机平台,不但在军用领域,在很多民用领域,如地质、海洋、科学研究等方面都有着极佳的应用需求。截至目前,合成孔径雷达技术已经开始向小型化方面发展,在少数大型无人机产品中已经进行了实际部署,随着时间的推移,相信会在一些中小型工业级无人机平台中进行有效部署。

相比于之前的各种光学成像设备性能短板,合成孔径雷达成像具有极强的优势。合成孔径雷达成像由于采用主动式照射方式,在实际使用过程中具有极佳的环境适应性,无论是白天还是黑夜,还是云层、雾、雨等复杂气象,甚至是地表植被、人为伪装等,都可以进行穿透性照射,对背后真实目标进行成像(见图5-20);而且,合成孔径雷达由于采用波长较短的高频电磁波,因此对于目标细节特征捕捉能力比较强,整体成像的分辨率极高,不仅可以平面成像,还可以三维立体成像,其精度标准比现在民用无人机测绘领域中使用的光学倾斜摄影成像要高得多;此外,合成孔径雷达的作用距离可以非常远,甚至在外太空都可以对地面的一枚硬币进行高清晰成像,称得上是真正意义上的"千里眼"。

图5-20 光学成像(左)和合成孔径雷达成像(右)对比图

不过由于工作原理的特殊性,合成孔径雷达一般需要对目标进行倾斜式的扫描照射。因此在各种机载平台上,最常见的搭载方式就是在机身的一侧进行安装,且还需要面向地面保持一定的倾斜角。此外,还有在机头位置面向前方地面进行前视倾斜安装。这种安装特点也是从外表上辨别合成孔径雷达的一种方法。

## 5.3 液体喷洒设备

前文所述的光学成像设备或者SAR雷达成像设备都属于拍照成像一类,对于无人机而言,当然不可能仅仅只是用来进行空中拍摄。在农业领域早在20世纪50年代就在有人飞机上配置了专门的液体喷洒设备,结合低空飞行,可以为农业生产提供大面积高效的农药、化肥、种子等空中喷洒作业(见图5-21)。不过当时这种航空作业主要使用一些低速活塞式飞机,比如中国国产的运-5(这是一种单发活塞式双翼机,直到今天这种低速老式飞机仍在持续生产中),主要对集中分布超大面积的农场进行航空作业,而对于面积较小、分布略为分散的农田就不适合,因此,近50年来有人机的这种作业方式并没能够在国内各个省份全面普及。

图 5-21　运-5型飞机进行低空喷洒作业

在无人机大面积普及之后,一切都发生了本质性变化。在多旋翼工业级无人机产品中,通过配置液体喷洒设备之后,就可以发挥出工业级无人机轻便灵活、采购成本和使用维护成本都较为低廉的优势,针对小型农场,甚至个人农田都可以进行空中喷洒作业,成为当前我国农业生产高效性方面的一大特色。

这种喷洒设备组成结构较为简单,主要由药箱、电子压力泵、喷头、喷杆等部件构成。药箱多采用塑料注塑成型,针对农作物的具体病虫害防护技术要求向药箱注入经过稀释调配后的农药、化肥等,根据装药量可以分成10L,20L,30L,40L等规格,其中最为常见的就是10L款,可以装填近10kg的药液,能够为约300亩农田服务。电子压力泵(见图5-22)主要负责将药箱中的药液进行抽取,并对其进行加压输往喷头,其主要参数包括最大压力和最大流量。这种电子压力泵一般要和飞控机连接,从而实现自动控制或者人工遥控。

喷头是药液的喷洒出口,经过加压后的药液在这里以一定角度(大多数在90°~120°之间)扇形锥面喷洒向地面(见图5-23)。其主要参数包括喷头直径、压力和流量,喷头的最大流量和最大压力要能够与压力泵进行匹配,整体上要比压力泵的参数略高一些,保证安全性。

图 5-22　电子压力泵示意图　　　　　图 5-23　喷嘴示意图

喷头的安装位置对于药液喷洒效果影响比较大,对于采用多旋翼无人机为载体平台而言,上方的多旋翼旋转时产生的气流对药液喷洒情况会有比较高的干扰,如果不做细致化技术处理就会导致药液喷洒不均匀,影响农业生产效果。因此,目前市场上现有的喷头设置主要有两种方式:第一种直接设置在多旋翼中央电机的正下方,如大疆公司 MG-1,以这种方式作业时,螺旋桨所产生的螺旋形滑流反而对药液雾化起到一定的螺旋形扩散作用(见图5-24);第二种采用额外配置的喷杆,延伸出旋翼外侧,这种喷杆通常采用碳纤维管加工,喷杆上设置若干个喷头,通过塑料软管连通压力泵和喷头,这样形成喷洒功能(见图5-25)。不过尽管这样处理,但是在实际过程中,药液喷洒不均匀依然是无人机植保作业时比较令人头痛的一个问题,一旦遇到轻微侧风,就会影响药液喷洒效果。

图 5-24　大疆 MG-1 农业植保机　　　　图 5-25　配置喷杆的农业植保机

由于药液自身重量比较重,为了提高喷洒作业时飞行稳定性,喷洒设备所使用的多旋翼无人机平台一般以直径比较大的六旋翼和八旋翼为主,并且配置的都是 12 000~22 000mAh 大容量电池,即使这样,目前单机植保作业的时间都比较短,多数在 10~15min 之间,因此,在大面积集中作业时往往需要配置相当多的电池。由于植保飞行作业持续时间较长,为了降低无人机操作人员的工作强度,避免疲劳导致的飞行事故,很多植保无人机都配置了比较高端的航迹规划功能和高度、定位传感器(甚至还有配置 RTK 差分定位模块),能够精确控制控制植保无人机紧贴地面 2~3m 左右高度在喷洒作业区来回进行 S 形飞行作业,一些高端专业产品还配置了中断记忆功能,如果遇到药液用完或者电量耗尽等需要中断飞行情况,在补充药液和电池之后,可以自动飞向原中断点继续执行后续的飞行轨迹。从这一点可以看出,经过两三年时间的发展,植保无人机的功能已经比较成熟了。

除了采用多旋翼无人机之外,植保喷洒设备也会搭载在无人直升机上(见图5-26),一般安装在无人直升机下方起落架附近,工作模式和多旋翼无人机类似,不过相比于多旋翼无人机,无人直升机的操作就显得较为复杂。此外,无人直升机喷洒作业也同样需要面对喷洒不均匀的问题。

在目前的应用实践中,还未见有任何一种固定翼无人机搭载这种喷洒设备进行植保作业的案例,毕竟在地域广大的农村,固定翼无人机的起降是一个较为困难的事情,尽管目前已经出现了那种多旋翼和固定翼结合的复合式工业级无人机,可以进行垂直起降,但是这种无人机的成本比传统多旋翼无人机要高得多,已经不具备进行低成本农业领域植保作业的商业使用价值。

图 5 - 26　配置喷杆的植保无人直升机

# 思　考　题

1. 简述光学相机的主要性能参数及其意义,并调查对比三款规格相机性能。
2. 对比微光成像和红外成像技术的特点。
3. 调查并对比三款不同规格的液体喷洒设备性能特点。

# 第6章　无人机地面保障系统

目前无人机的起飞重量范围分布极其广泛,1 000kg 以上到 1kg 以下都有很多产品,这些产品的使用环境和用途都表现出异样化,在具体起飞方式上,有些采用常规轮式起降,有些采用滑轨弹射,有些还需要火箭助推,也有的直接就是手抛,还有更简单的是垂直起飞。同样的,在降落方式方面,这些无人机也表现出千奇百怪的降落方式,有传统的轮式滑跑降落,还有伞降、撞网、挂钩、气垫、深失速等等。总的来说,这些起降方式都是为了实现一些特定要求而采取的特殊技术方式。

随着无人机航空电子系统的技术升级,越来越多复杂电子设备安装在无人机机身内部,无人机使用之前都需要在地面状态下对各个电子设备进行检测和初始化,以确保飞行中全系统正常工作。而为了便于检测,一方面为无人机开设各种检测口盖,方便地面检测人员连接机载设备,另一方面,有些无人机采用了集中检测接口设计理念,将机载设备所有检测接口集中在一个检测口盖内,地面检测人员只要开一次口盖,就可以实现对所有机载设备的连接,简化了工作量。

目前,无论是军用无人机还是民用无人机,很多应用领域(如测绘、通信、安防、气象等)对无人机的航程、航时、搭载重量都有比较高的要求,这就导致了无人机的起飞重量有着日益增加的趋势。因此,地面进行机务准备工作时,单靠人力是无法完成正常作业的,很多时候都需要配置一些机械工程设备来确保吊装作业的完成。

所以,总的来看,无人机平台只是无人机系统中的一个重要组成部分,如果需要让无人机顺利飞行完成指定的任务,还需要一系列地面专用设备来提供专门的保障服务,这一套体系就是无人机地面保障系统。它通常包括无人机运输、发射保障设备,无人机控制站等。其中无人机控制站属于地面站范畴,因此,本章重点介绍无人机运输、发射的专用辅助装备,以及无人机机务相关知识,以便于读者朋友们了解无人机的正常作业过程。

## 6.1　运输与发射/起飞

无人机的起飞方式相比于有人机表现得较为繁复一些,对于很多固定翼无人机来说,主要有传统的滑跑起飞、弹射起飞、空投等;对于旋翼机来说,由于自身动力特点,一般都是自主垂直起飞。

目前很多固定翼无人机的翼展尺寸都比多旋翼无人机要大得多,因此,依靠个人的携带方式是行不通的,实际中一般需要配置专门的车辆进行运输。为了适应公路运输的特点,无人机在装车运输过程中往往需要进行拆卸作业,即将无人机"大卸八块",依据不同部件放置在不同的专用包装箱内,从而实现一部运输车辆可搭载多台无人机的能力。这种运输车辆通常会直接使用普通民用卡车,当然也有使用特殊类型的载重汽车。

与无人机运输车配套的还需要一种专门帮助无人机起飞的发射车,这是一种搭载着无人机地面发射辅助装置的专用车辆,依据不同的弹射起飞类型会配置各种弹射机构。当然,也有特例,比如以色列的"哈比"攻击型无人机,这种无人机的运输和发射车就是融合成一台载重卡车,所有无人机都是如同导弹一样装在发射箱中。

此外为了降低成本,通常会将其他辅助设备(如工具箱、检测设备、发电机等)和无人机一道装载在一部车辆中,从而形成无人机专用的运输/发射车辆(见图 6-1)。

图 6-1　无人机运输/发射车辆示意图

这种无人机运输/发射车辆一般采用 6×6 或者 6×4 这样的载重货车作为机动底盘,从而具有比较高的越野行驶性能,能够适应较为恶劣的道路路况。为了便于无人机的装载,一般会随车设置一部液压吊车,当然紧急情况之下,多人一起协作也可以完成无人机的装载作业。

如果是采用最传统的滑跑起飞方式,就需要一个专用跑道。这种方式下,无人机运输车只需要将无人机运送到机场的停机坪,采用吊车或者人工方式将包装箱卸下,就地组装,结果调试,并依据无人机动力类型,如果是油动发动机就要进行燃油调配和注入(使用专门的燃油泵),如果是电动机就要进行电池的充电和装载。之后,由专门的拖车或者采用人工方式将其拖入机场跑道。

如果是电动无人机就比较简单,地面操作人员通过无线电遥控启动发动机,即可进行滑跑飞行;如果是油动发动机,通常情况下由于没有配置启动电机,因此,在进入跑道之后还需要地面工作人员手持启动电机进行发动机启动操作,之后才能进行滑跑飞行。

与多旋翼垂直起降相比,固定翼的起飞方式较为麻烦一点,但是滑跑起飞已经是固定翼无人机中最简单的方式了。

对于很多固定翼无人机来说,以目前的情况来看很少能够使用标准混凝土跑道进行起飞作业的,因此,很多无人机公司设计出了专门的起飞辅助装置——弹射器。依据弹射器的动力来源进行划分,无人机弹射器主要有三种类型:机械式、气压弹射、火箭助推。

前两种在民用无人机领域使用得最为广泛,其中机械式弹射器主要使用橡胶自身的张力对无人机进行弹射作业,从而短时间内将无人机的速度加速到其最小飞行速度以上,实现不依赖跑道的起飞(见图 6-2)。这种方式的工作原理非常类似于古代的弓弩,人工释放发射(见图 6-3)。为了进行这种弹射,一般需要配置一个长长的弹射架(金属焊接支架),其长度和抬头迎角都需要经过发射仿真计算来确定。匹配的橡胶带由于材料本身的老化特性,使用一定次数之后就必须及时更换,否则会影响到正常弹射能力。

图 6-2　机械式弹射示意图 1　　　　　　图 6-3　机械式弹射示意图 2

　　这种弹射作业时,将无人机准确地放置在弹射架上的工作就完全依靠人力来完成。

　　为了弥补橡胶弹射的不足,在机械式弹射装置的基础上又推出了气压弹射器(见图 6-4、图 6-5)。这种弹射的动力源来自所配置的高压气缸中的高压气体,当高压气释放时,会推动弹射器上的活塞,沿着弹射器滑轨瞬间推动飞机快速加速,从而实现起飞作业。这种弹射器的结构要比机械式复杂得多,重量也比较重,因此,为了便于运输携带,通常为整个发射架设置了车轮,方便挂靠在运输车辆的后方进行牵引运输,这样一来,牵引车辆就可以专门用来担当运输车,携带更多的无人机。还有采用弹射架和运输车结合形式设计,一部车就实现了运输和发射两种功能(见图 6-6)。

图 6-4　气压弹射示意图 1　　　　　　图 6-5　气压弹射示意图 2

图 6-6　气压弹射发射车示意图

　　气压弹射使用寿命比橡胶要长得多,且弹射力量更大,可以用来弹射起飞重量更重的无人机。但是,缺点就是弹射作业前都需要进行充气作业,利用额外配置的压气机为高压气缸充入足量的高压气体(通常采用空气),这对于紧急情况下的使用非常不利,因此,往往会对其进行定期充气作业,使其具备随时弹射作业的能力。

　　如果需要对更大起飞重量的无人机进行弹射作业,那么通常就要使用到火箭助推弹射方式(见图 6-7)。顾名思义,这种弹射方式主要使用助推火箭对无人机进行加速,从而实现短时间的起飞。由于助推火箭会在短时间内燃烧化学助推剂,释放出巨大的推力,因此,采用这种弹射方式不仅需要配置专门的弹射架和配套的发射车辆,还需要对无人机本身的机体结构进行专门的改进,增强机体强度。否则,如果机体结构较弱,那么在接受火箭传递过来的推力时,就容易引发机体结构断裂的现象。

这种方式由于涉及危险品,因此操作过程各个环节必须严格遵守操作规则,做到细心操作,特别是对助推火箭的装配过程尤为如此。从助推火箭箭体的装配检查开始,涉及装配间隙调整,发生药包外观、药性、点火装置可靠性抽查等,所有的细节都是双人完成,其中一人进行监督。正是这种细心的工作才能够确保发射时一次成功。

图6-7　助推火箭弹射示意图

除此之外,当然还有一种更为"高大上"的弹射方式,那就是美国海军航母上的弹射器,包括蒸汽弹射和电磁弹射两种,目前 X-45 无人舰载机已经成功在航母上进行了弹射起飞作业,不过全球范围内只有美国一家拥有这种技术,有兴趣的读者可以自行了解一下相关资料,这里不再介绍。

总的来说,截至目前,弹射方式对于固定翼无人机而言还是比较重要的起飞方式,毕竟不依赖于跑道,这对于很多工业级无人机应用领域是非常有优势的地方。考虑到安全性和操作简易性,目前那种机械弹射方式相对应用得普遍一些。

## 6.2　无人机降落/回收

无人机降落方式或者说回收方式很多,根据公开技术文献和论文的归总情况来看,主要有滑跑降落、垂直降落、伞降、火箭反推、安全气囊、撞网、天钩、动力伞等诸多形式。

滑跑降落属于传统方式,和滑跑起飞一样依赖于跑道,不过这种方式无论是对无人机还是对地面辅助设备而言都是最简单的方式,不需要额外很多专门设备。

垂直降落主要是多旋翼无人机或者直升机,以及近两年新出现的固定翼和多旋翼复合机型等采用的降落方式,当然,这种方式属于飞行器降落方式中最简单、最不依赖场地的。

伞降是很多不依赖跑道的固定翼无人机最为常用的降落方式,通常和弹射起飞方式结合使用,从而形成完整的不依赖场地飞行和降落能力(见图6-8)。这种方式需要在无人机机体配置专门的降落伞系统和伞舱结构,伞舱舱门还要配置舵机进行开启动作。对于起飞重量比较小的固定无人机,降落伞有时会比较简单,通常采用尼龙材质的圆形伞或者十字形伞;对于起飞重量较大的固定翼无人机,降落伞本身就是一个复杂的系统,通常包括引导伞、主伞、伞绳、伞包、切割器等设备,当发动机关机之后,伞舱盖打开时,引导伞先飞出去并张开,依靠引导伞自身的拉力将主伞拉出张开,拉动无人机缓缓地降落。

采用伞降方式降落之后的无人机,需要立即切断伞绳,防止风力作用将无人机机体在地面上到处拖动,造成不必要的损伤。

火箭反推降落方式在无人机领域应用得比较少,多数以技术验证形式进行试验,主要在无人机机身两侧布置若干枚反推火箭,在无人机垂直下降过程中,根据高度表的测量数据实时监测,在其触地前瞬间启动火箭,依靠火箭短时间所释放出的反推力将无人机的落地速度降到安全值以下,从而实现降落。

安全气囊降落也是一种非常特殊的降落方式,主要在无人机机腹下方内嵌设置一个安全气囊,和汽车的安全气囊工作原理一样,采用化学药包方式,在短时间内进行化学反应释放出高压气体膨胀气囊,从而能够有效吸收碰撞带来的冲击载荷。不过和汽车不太一样的是,无人机的安全气囊需要在碰撞之前就被激发。

撞网回收是一种为美国海军舰艇使用和回收无人机作业而研发的一种回收方式,主要依靠在舰艇的直升机甲板上支撑起两个金属杆,两杆之间布置一张高强度尼龙网,无人机降落时对准其中间位置,并在降落过程中时刻调整保持航向。注意这种方式降落时无人机的发动机并没有关闭,而是一直处于工作状态,直到撞向回收网之后才关机。这种方式在海军舰艇上成功通过试验,但是并没有被美国海军以及其他各国海军采用,只是停留在原理性试验阶段,但是却意外地在陆地上进行了商业性应用,主要采用车辆部署方式展开(见图6-9),整个支架和撞网全部搭载在一部卡车上,从而实现对固定翼无人机的回收。

不过,虽然这种方式受限于回收网的面积和拉力只能回收小型固定翼无人机,但是,它其实也可以对多旋翼机进行回收,具体回收方式都是一样的。

图6-8 伞降回收示意图

图6-9 撞网回收示意图

天钩回收方式和撞网回收方式类似,最初也是应用于海军舰艇,但是还是显得比较另类,需要在地面支撑起一个比较高的支架,支架与地面之间提供一根钢丝绳;与此同时,无人机的机翼翼尖需要安装挂钩机构。当无人机降落时调整航向对准钢丝绳,接近的过程中通过翼尖挂钩牢牢地锁住钢丝绳,这样就能够瞬间完成降落(见图6-10、图6-11)。之后,还需要地面工作人员操作支架缓缓地将无人机吊落地面,为下一次任务进行新的准备。整个操作流程基本和撞网差不多,唯一的区别在于,天钩回收方式已经在美国海军舰艇上部署。正是其在军用领域的成功部署加速了这种方式在民用无人机领域的应用,截至目前,在一些工业级无人机产品中经常可以看到这种方式。

<table>
<tr><td>图 6-10　天钩回收示意图 1</td><td>图 6-11　天钩回收示意图 2</td></tr>
</table>

　　不过,对于采用这种方式降落的无人机,一般都是要采用后推式动力布局,即螺旋桨不能放在机头、机翼前端,只能是机身尾部,这样才能够在挂钩的过程中不产生干扰。此外,为了提高挂钩的准确性和可行性,实际挂钩并不是保证百分之百地从空中远处直接撞上钢丝绳,这样的概率太低了,为此很多采用这种方式的无人机一般机翼都会设计成一定的后掠角度,变成后掠机翼(需要注意的是,低速飞机采用后掠机翼从气动角度来看并不合适)。这样,当钢丝绳接触到机翼前缘时自动会滑向翼尖的挂钩,从而锁住机体。这两点是这种无人机的主要特点之一。

　　总的来看,在降落安全性和对机体损伤性方面,对于固定翼无人机而言,常规的滑跑起降是最可靠的降落方式,而伞降、撞网和天钩等特种方式都有不错的可靠性,但是受到降落伞、钩网等设备制约,无法进行中大型无人机的降落作业,其余的气囊、反推火箭等方式则属于非主流降落方式,在实际应用中极少。对于旋翼或者多旋翼无人机而言,当然起降方便本身就是其最大的优点,无须多言。

## 6.3　无人机机务

　　对于消费级无人机而言,一个人就可以完成所有的操作、使用和保养工作,但是对于工业级无人机或者军用级无人机而言,由于涉及的专业领域较多,往往需要配置一个完整的操作团队才能实现。根据无人机系统的操作性质来划分,无人机操作团队通常划分成机务、飞行操作、任务执行等三个不同的小组。由于飞行操作和任务执行具体情况需要针对不同的特种机型展开论述,因此本节不作介绍;而机务工作是几乎所有大、中、小型工业级无人机或更高级无人机都需要进行的工作,因此,本节作详细介绍。

　　依据无人机产品的复杂程度和技术配置要求,机务小组配置人员一般在 1～5 人之间,也有需要 5 人以上的情况。人员专业背景需要涉及机械、电子、自动化等领域,服务于不同型号无人机产品之前都要进行专业的培训和实际操作训练,考核合格方可进行上岗作业。

　　机务工作的大致阶段包括组装、调试、起飞前机务、起飞/发射机务、回收、维修保养六个部分。

1. 组装

无论是在野外环境还是机场跑道,大多数无人机出厂之后并不会向民航客机那样直接飞向某一个机场,因此,大多数无人机都是采用包装箱方式进行散件形式的整体公路运输(见图6-12、图6-13)。因此,机务小组学会驾驶技术,特别是可以驾驶中型载货卡车,那将是非常有利的一种技能。

图 6-12　无人机包装箱打开示意图

图 6-13　无人机散件示意图

在抵达任务执行地点之后,机务小组需要立即从运输车辆上进行卸载作业,之后打开包装箱,检查各个零部件的完整情况之后,就要立即动手进行组装作业。从机翼、机身到发动机等等,对于小型无人机还比较简单,如果是中大型无人机,装配过程就比较复杂,而且有些部件重量并不轻,大多数时候需要依靠人工方式进行装配作业。

2. 调试

无人机组装完毕之后,接下来机务小组就要对各个分系统设备进行检测和调试作业,主要涉及航电系统中各个电子设备,如陀螺仪、气压计、高度表、数据链、舵机、任务设备等等。这个阶段往往需要使用专门的检测仪器设备反复进行调试和对接,工作量较大,往往整个机务小组成员需要集体工作(见图6-14)。此外,对于采用油动发动机的无人机而言,这时还要进行燃油的加注;如果是电动无人机,这时需要进行电池的充电或者电池安装。

之后需要进行最为重要的全机通电检查,即所有的航电、导航系统都处于通电工作状态,用来检测整个系统是否处于正常工作状态。这一阶段无人机最大的特点就是所有的舱盖都是打开的,而且插满了各种电缆(见图 6-15)。在检查过程中,飞行操作和任务执行小组也要配合机务小组进行调试,如果发现可疑问题,必须解决,否则不可以进行下一步的工作。

图 6-14　地面调试机务 1

图 6-15　地面调试机务 2

#### 3.起飞前机务

顺利通过调试的无人机基本具备了起飞的能力,接下来需要进行起飞前的机务准备工作。

根据不同的任务情况,首先需要为无人机挂载不同的任务载荷,有的是武器,有的是光学摄影设备,有的是科研设备,等等。由于无人机机翼距离地面比较低,很多有人机上使用的专用设备往往无法使用,因此,几乎全靠机务小组人力完成设备安装(见图 6-16)。有些情况下,这些设备的重量并不轻,而且需要机务人员持续性肩扛手抬反复操作才能安装到位,这对于机务小组而言是一件非常辛苦的工作。

对于采用伞降的无人机,这一阶段还需要机务小组进行降落伞检查、伞衣折叠、打包等工作,并将打包之后的伞包正确装入伞舱。这个工作相当耗时,流程也很麻烦,通常需要小组成员彼此之间的默契配合才可以完成。

对于采用弹射发射方式的无人机,此时还需要将无人机安装到发射支架上(见图 6-17)。整个过程都需要机务小组各个成员的密切配合,按照操作流程来实行,稍有疏忽,就可能导致事故发生。如果是火箭助推方式,还要进行助推火箭的组装。

图 6-16　设备安装机务

图 6-17　无人机发射准备机务

之后,机务人员需要为无人机进行表面清洁工作,使用专用柔软材质的清洁布仔细擦拭机翼、机身、舵面等部件,并关闭所有机体检测舱盖,摘除空速管、任务设备等部件的保护罩、保护带。至此,整个无人机起飞前的机务基本完成。

接下来的工作就比较简单,对于采用滑跑方式起飞的无人机而言,就需要将无人机从停机坪推入跑道,除了像 RQ-4"全球鹰"那样的大型无人机会使用专用拖车以外,大多数无人机都是使用人力推进方式将其送入跑道(见图 6-18、图 6-19)。而对于采用弹射方式起飞的无人机就比较轻松了,如果使用发射车,那一般就是驾驶车辆抵达起飞点即可;如果是弹射支架方式,就可以拖动支架到指定位置。

图 6-18  起飞前机务 1

图 6-19  起飞前机务 2

4.起飞/发射机务

当无人机被移动到发射点或者是跑道的起飞点时,就已经进入到起飞状态了。这个时候,一方面,飞行控制和任务设备小组会在地面站远程完成无人机各个分系统状态飞行前最后一次检查。另一方面,如果是机械式弹射或者气压式弹射,机务人员工作就比较轻,完成对支架的调试和检测即可;而对于火箭助推方式弹射,则需要调整支架之后,进行助推火箭的安装,这个过程和之前的火箭组装过程一样,通常由一个人完成,另一个人监督。

一切就绪之后,就可以起飞了。

对于滑跑起飞的无人机,此时完全交由飞行控制和任务控制小组接手。

对于各种弹射起飞的无人机,此时还需要机务小组手动完成弹射的发射任务(见图 6-20)。需要特别注意的是,通常情况遵循的原则是谁检查的药包,谁来安装助推火箭,那么也是这个人负责发射,当然出了故障,也是这个人负责排障。

图 6-20  无人机发射

起飞之后,无人机在飞行期间的一切工作都和机务无关。有些无人机飞行时间比较短,机务小组需要一直原地等待其降落;有些无人机航时比较长,机务人员可以休息,但是飞行控制和任务控制小组就要持续处于高度集中的紧张工作状态,这也是一种比较疲劳的过程。而像"全球鹰"那样的长航时无人机,可能就要配置多个机组交替作业才能确保飞行的正常进行。

5. 回收

和起飞前紧张的机务准备不同,回收过程的机务准备相对能够"轻松"许多,因为很多回收状况的好坏其实和飞行控制小组的控制水平密切相关。

对于滑跑降落的无人机,降落过程全部由飞控小组控制,或者采用自动方式降落,这一过程机务不参与。

对于伞降、安全气囊、火箭反推等回收方式的无人机,降落过程也都不需要机务参与。

而对于撞网和天钩回收方式的无人机,机务小组需要根据飞行控制小组传来的指令,及时张开回收网或天钩,等待无人机"回家"。

无人机安全降落之后,机务工作又要再一次忙碌起来。

对于滑跑起降的无人机,机务小组需要将其拖入机库,并进行抽油作业(无人机油箱不能存放燃油过久,否则不利于保养)或者充电作业。

对于其他类型的无人机,机务小组的工作更为繁多一些,不但要照顾好无人机,还要收拾发射装置和回收装置,整理车辆、工具箱、检测仪器等,甚至还需要对无人机进行拆卸作业,重新将无人机大卸八块,装入包装箱。

一切工作完成之后,就可以撤离回收区。

6. 维修保养

无人机平时的维修保养工作相对于有人机要简单得多,大多数无人机的航电系统,包括电池都处于免维护状态,如定期检测没有发现问题,一般不需要进行特别的维护。而一切机体结构部件,特别是传动部件,如发动机、减速器、燃油系统等需要进行必要的维护和保养,一切细则需要遵循厂商提供的维修手册进行,这有点类似于汽车保养,无论飞行与否,都要定期进行必要的维护。

如果在使用过程中,特别是降落过程中发生了碰撞损毁现象,那么需要根据损伤情况进行有针对性的维修。通常情况下,损伤较为轻微,则由机务小组自行维修;如果损伤较重,一般都需要返厂维修;如果彻底损坏,则直接更换备件。记住,机务小组不是维修中心,也不是厂商的售后服务部,因此,没有必要具备强大的维修能力。

总的来说,机务小组的工作重点还是在于遵照操作手册按步骤保障无人机的飞行。不过对于绝大多数的工业级无人机或者军用无人机来说,机务工作较为辛苦,需要经常进行一定的体力劳动,并且涉及的工种特别多,倡导一人多能。但是,在无人机起飞的瞬间,往往也是机务小组收获最大的时刻,特别是亲自按下发射按钮将无人机送上蓝天,这种感觉其他人是体会不到的。

笔者 2008 年进入无人机行业时,就参加了为期 6 个月的机务工作。在这 6 个月期间,以总师助手的身份进入机务小组,除了配合总师进行项目管理工作之外,但凡机务涉及的工作内容基本上亲身经历过。记忆最为深刻的就是叠降落伞、吊装无人机、组装火箭和回收无人机。曾经花了一天时间,从早到晚,不断地叠降落伞、打包,然后拉着引导伞绳快速跑动,将降落伞打开,然后再叠再跑,反反复复,训练叠降落伞的能力。吊装无人机是很有意思的事情,操作液压吊车吊装无人机,要求稳稳地吊起再准确地放到支架上。组装火箭则是最让人紧张的事情,特别是将点火装置装入到药包里面的时候,真是提心吊胆的,小心翼翼唯恐出错。回收无人机最为开心,机务小组几个伙伴在一起,开着一辆大卡车,在开阔的野外,拉着无人机往机库回,虽然道路泥泞不堪,行驶过程颠簸起伏,但是,很开心。不过多年之后,昔日在荒郊野外曾经一起肩扛过无人机的一位机务小组成员在国外执行任务期间,不幸突发脑溢血,至今仍在卧床疗养。每当想起当年一起共事的时候,总是令人唏嘘不已!

不过,坦率地说,无人机机务工作也是最锻炼个人能力的岗位,所谓"百闻不如一见,百见不如一试",任何想以后从事无人机行业的人,最好能够在无人机机务工作中积累一定的工作经验,请相信我,这是非常有意义的一个过程。

# 思　考　题

1. 简述无人机地面保障系统构成。
2. 简述无人机主要的起飞方式及其特点。
3. 分析无人机现有的回收方式及其特点,并从机务角度来阐述其优缺点。
4. 阐述无人机地面起飞前准备机务过程。

# 第7章　旋翼无人机

旋翼无人机是相对于固定翼无人机而言的,其主要技术特点就是取消了固定翼,取而代之的是旋翼,一般采用垂直起降方式进行起飞和降落。这种无人机也就是通俗意义上所说的"无人直升机"。但是,需要指出的是,在航空工程领域,直升机是一个大概念,泛指一切可以垂直起降的飞行器,有些特殊的固定翼飞行器也具备这种飞行能力,而旋翼机才特指只用旋翼提供升力的飞行器,对于这一点,读者朋友们需要有所区别。

目前现有的旋翼无人机包括两大类,第一种源自有人机领域中的"直升机",主要特点就是采用单一主旋翼提供升力,或者采用共轴式双旋翼提供升力,目前在军用级和工业级无人机领域中,这类产品最为常见;第二种就是多旋翼的垂直起降无人机,这种无人机的主要特点就是采用3个以上(以4个最为常见)旋翼共同工作提供升力,目前主要应用于50kg以下的垂直起降无人机领域中,成为消费级的中坚产品。为了对这两类旋翼无人机进行全面的介绍,且保持各章节之间的完整性,本章主要介绍第一种形式的旋翼无人机,而第二种形式的旋翼无人机将在下一章中详细介绍。

此外,为了表述方便,下文中直接采用直升机这样的名词来表示旋翼无人机中的第一种类别,以便于与多旋翼无人机进行区别。

采用旋翼来提供升力克服地球引力的这种飞行器最早出现于20世纪30年代末,当时主要为了探索不依赖机场的飞行器新技术方向。而开创人类直升机领域的大师就是戈尔·伊万诺维奇·西科斯基(1889—1972)(见图7-1),这是一个苏联人,准确地说是一个乌克兰人,孩童时代就对当时最新潮的航空科技产生了浓厚兴趣,但遗憾的是,由于一次家庭意外导致双手被开水烫伤,落下终身残疾。可是,人生挫折并未消磨大师的志向,成年之后西科斯基对于航空飞行器特别是直升飞行器产生了浓厚的兴趣,在第一次世界大战期间就为苏联研发成功多款活塞式动力的运输机和世界上第一种四发轰炸机。1919年大师移民美国,1923年创建了西科斯基航空工程公司,1928年加入美国国籍,并将原公司改名为西科斯基飞机公司——一个富有传奇色彩的直升机公司诞生了。

1939年,西科斯基驾驶自己设计的VS300型旋翼机首飞成功(见图7-2),这种旋翼机采用驾驶舱前置、主旋翼居中、尾旋翼后置这样的总体布局,奠定了之后80多年的直升机领域乃至无人直升机的主流布局。

自20世纪60年代以来,西科斯基不断推出多款堪称经典的直升机产品,如CH-53"海上种马"重型直升机和UH-60"黑鹰"直升机(见图7-3、图7-4),美国总统的专用直升机"陆战队一号"选用的就是西科斯基公司的产品。

图 7-1　戈尔·伊万诺维奇·西科斯基

图 7-2　西科斯基 VS300 旋翼机首飞

图 7-3　CH-53"海上种马"重型直升机

图 7-4　UH-60"黑鹰"多用途直升机

　　大师有一句名言:"人类征服天空而发明的飞行器是最令人引为自豪的伟大成就,而这一成就起源于人类的一个梦想。这个梦想让人想象,最后通过人得以实现。"也许这就是大师一生的最好写照。

　　除了西科斯基公司之外,还有为数不多的几架同样著名的直升机制造商:美国的贝尔公司、休伊公司、波音公司、洛克希德·马丁公司,苏联卡莫夫设计局、米里设计局,欧洲直升机公司等。其中贝尔公司曾经生产过著名的 AH-1"眼镜蛇"武装直升机(见图 7-5),并与波音公司合作共同开发 V-22"鱼鹰"重型直升机(见图 7-6),休伊公司则研发出大名鼎鼎的

AH-64"阿帕奇"武装直升机(见图7-7),不过日后江河日下,先是被麦道公司收购,接着麦道又被波音公司收购,最后成为波音公司下属的子公司。苏联卡莫夫设计局主要研发共轴系列直升机,有比较著名的 Ka-27 多用途直升机(见图7-8)、Ka-52 武装直升机(见图7-9),而米里设计局则有种类相当多的著名直升机产品,如米-24 武装运输直升机(见图7-10)、米-28 武装直升机(见图7-11),以及极具苏式暴力美学特点的米-12 重型运输直升机(见图7-12),这是世界上起飞重量最重的直升机,比波音737 客机满载时还要重。

图 7-5　AH-1"眼镜蛇"武装直升机

图 7-6　V-22"鱼鹰"重型直升机

图 7-7　AH-64"阿帕奇"武装直升机

图 7-8　Ka-27 多用途直升机

图 7-9　Ka-52 武装直升机

图 7-10　米-24 武装运输直升机

图 7-11　米-28 武装直升机

图 7-12　米-12 重型运输直升机

　　中国的直升机事业起步较晚一些,制造商主要集中在中航工业集团公司旗下的哈尔滨飞机制造厂和江西景德镇602直升机研究所两家单位。20世纪50年代从仿制苏联米-4直升机开始起步,当时利用苏联提供的图纸进行全面国产化,推出直-5型直升机(见图7-13),不过受到当时国内航空整体技术水平的制约,直-5直升机直到1963年才完全定型达到设计指标,当时这种直升机采用的动力装置是活塞式发动机。之后哈尔滨飞机制造厂研发出中国第一种采用涡轴发动机动力的国产直升机直-6。遗憾的是,直-6直升机在造出几架样机之后项目就处于不断的波折干扰中,几年之后就被迫停止发展,取而代之地开始研发直-7重型直升机(见图7-15)。但是,以当时国内直升机研究水平和工艺水平,很多基础问题都没有得到解决,再加上处于"文革"期间,602所在开展直-7型直升机研制过程中困难重重,一方面为了保险起见借鉴了原先直-5、直-6型直升机的成熟技术,另一方面,也借鉴了国外同类产品的优点,算是一种追求技术先进性和技术成熟度之间的巧妙平衡。不过尽管设计人员全力以赴,也没有得到一个最佳解决方案,所制造出的机体结构存在着严重超重问题,即使配上发动机也不能实现预定指标,况且,发动机方面也出现了问题。因此,反复推倒修改之后,直-7还是被终止研发,该名称只能以概念图形式展现在我们面前。

图7-13　直-5运输直升机

图7-14　直-6运输直升机

图7-15　直-7运输直升机(概念图)

　　进入到20世纪80年代之后,得益于当时不断改善的中国和西方国家外交关系,国内成功引进了法国宇航公司的SA321"超黄蜂"直升机和相关技术,在景德镇成功仿制出"直-8型"直升机(见图7-16),前后供耗时18年之久。这是一款起飞重量达到13t级别的重型直升机,不但可以陆地起降,还可以在水面起降,其机身底部设计成船形,具有水密功能。这款直升机的研发成功,某种程度上算是直-7型直升机的一种延伸。在直-8直升机研发成功的基础上,国内哈尔滨飞机制造厂在引进法国SA365"海豚"多用途直升机的基础上仿制成功直-9型轻型多用途直升机(见图 7-17)。这两种型号直升机的成功仿制,极大地促进了国内直升机工业的技术和工艺水平。

20 世纪 90 年代,国内直升机工业基本上处于一种深度消化状态,主要产品就是直-8 和直-9 两款直升机的各种改进型号和深度国产化产品,虽然没有推出全新的产品,但是这一个 10 年的消化和吸收从现在的角度来看,显得异常重要。因为,在 2000 年之后,如同其他工业领域一样,国内直升机工业也表现出了与中国国力相当的厚积薄发现象,各种基础工艺、材料、设计技术能力储备基本完成,达到国际先进水平,2010 年之后陆续推出了两种重量级直升机产品——直-10 武装直升机(见图 7-18)和直-20 中型通用型直升机(见图 7-19),其中,直-10 武装直升机堪比美国 AH-64"阿帕奇"武装直升机,直-20 中型通用型直升机堪比美国 UH-60"黑鹰"直升机。放眼全球,目前为止能够独立自主研发"黑鹰"和"阿帕奇"这两种直升机的国家只剩下中国、美国和俄罗斯了,原先的英国、法国和德国已经彻底停滞了,转而直接购买美国同类产品。

总的来看,90 年的直升机发展历史,中国花费了不到 60 年就迎头赶上,这就是伟大的中国速度。

图 7-16 直-8 重型直升机

图 7-17 直-9 直升机

图 7-18 直-10 武装直升机

图 7-19 直-20 通用直升机

# 7.1 旋翼无人机概述

相比于载人直升机 1938 年就开始发展,无人直升机起步就比较晚了,大约是在 1978 年,加拿大航空公司(后隶属于今天著名航空企业加拿大庞巴迪公司)研发出了 CL-227"哨兵"无人直升机(见图 7-20),这是一款个头比较大的无人直升机,采用上下旋翼共轴设计,没有尾翼,整个机身如同一颗又肥又大的"花生",上部安装活塞式发动机和燃油箱,中间为飞控系统,下部配置任务设备,起落架采用固定式支架。整个旋翼的直径达到 2.8m,机身高度 1.6m,这个尺寸即使在今天的无人直升机领域也算是大个头标准。CL-227 可以搭载 45kg 的任务设备,续航时间高达 4h,单看这两项指标就已经超越了很多固定翼无人机。

图 7-20    加拿大 CL-227"哨兵"无人直升机

不过这一款无人直升机的研发成功并没有引起各国竞相效仿,当时关注的重点还是在固定翼无人机领域,以色列触发了这种研发浪潮,前文已有介绍,这里不再重复。从 20 世纪 80 年代到 2000 年,无人直升机领域的发展相比于固定翼是比较缓慢的。2000 年之后,在(固定翼)无人机浪潮的推动之下,以及局部反恐战争的需求刺激作用下,西方国家陆续推出了几款堪称标杆性的无人直升机。其中以奥地利 S-100 型无人直升机和美国 RQ-8B 无人直升机最为典型。

S-100 型无人直升机是奥地利西贝尔(Schiebel)飞机公司完全遵照军用标准进行设计的一款多用途无人直升机(见图 7-21)。西贝尔公司成立于 1951 年,之前投身于地雷探测技术研发,20 世纪 90 年代开始转型致力于无人直升机的研究,历经 10 多年多次改型终于推出了 S-100 型,该型号采用奥地利国内 Rotex 公司生产的 Rotex-914 系列配置涡轮增压器和减速器的活塞式发动机,全机使用复合材料,续航时间高达 6h 以上(配置外挂油箱可以达到 10h),具备在 6 级海况条件下正常垂直起降能力,旋翼直径 3.2m,最大起飞重量 220kg,任务载荷能力达到 90kg,升限达到 5 000m。整个 S-100 系统配置专门的飞控、导航、地面站设备,由于具备侦查、航拍、通信、测绘、地质考察、气象研究、科学实验等多样化的任务执行能力和可靠性,累计空中飞行时间超过十万小时,从其诞生之初,就受到世界各国的广泛关注。不但奥地利本国使用,还出口到欧洲其他国家,甚至连美国这样的航空强国都大批量采购装备其海军舰艇,可见这种产品的品质何其优秀。从 S-100 无人直升机的成功就可以感受到航空工程界的一句名言:"只要给我一台好的发动机,我就能造出一架优秀的飞机"。航空产业是工业领域的王冠,航空发动机产业却是这个王冠上的宝石,而且还是最大的那颗。所以说,S-100 的成功,就某种程度而言,其实就是 Rotex 发动机的成功。而且的确如此,目前 Rotex 发动机已经成为无人机领域、通用航空飞机领域的主流标杆动力产品。笔者在原先工作经历中曾经近距离接触过原装进口的 Rotex 系列发动机,细节方面做得相当到位,外观非常精致,工作起来噪声低、震动小,油耗也不高,真是一款好发动机。

图 7-21 奥地利 S-100 无人直升机

无人直升机领域的头把交椅意外地被奥地利一家名不见经传的小公司获取,对于航空界第一强国的美国而言无论如何都是一件令人尴尬的事情,况且,凭借美国国内航空工业的研发能力推出一款功能强大的无人直升机并不是一件难事。2007 年美国诺斯诺普·格鲁门公司就推出了一种全新的、具备压倒性优势的、堪称行业标杆的无人直升机产品——MQ-8B"火力侦察兵"无人直升机(见图 7-22)。诺斯诺普·格鲁门公司是世界第三大军火供应商(第一名是洛克希德·马丁公司,第二名是波音公司,都是美国公司),涉及卫星、飞机、船舶、核能、电子系统等,其著名产品有尼米兹级核动力航空母舰、弗吉尼亚级核动力攻击型潜艇、F-14 舰载战斗机、B-2 隐形战略轰炸机、F/A-18 舰载战斗机,当然还有大名鼎鼎的 RQ-4"全球鹰"无人机。

图 7-22 美国 MQ-8B"火力侦察兵"无人直升机

MQ-8B 采用了源自载人直升机通用机体结构设计,动力装置采用罗尔斯·罗伊斯公司的涡轴动力发动机,功率比 Rotex914 高出 4 倍,全机航电、导航系统源自格鲁门自家的"全球鹰"系统。经过一系列整合优化之后,相比于早期 RQ-8 基本型,"火力侦察兵"起飞重量提高到 1 400kg,任务设备载荷能力达到 320kg,升限提高到 6 100m,最大续航时间超过 8h,可以在300km 之外进行任务飞行,并将侦查数据通过高速数据链传输到控制中心,具备高度自动化飞控和导航能力。通过性能指标的横向比较就可以发现，MQ-8B的性能全面超越了S-100，除此之外，MQ-8B还具有一项S-100不具备的能力——攻击能力。"火力侦察兵"可以搭载多枚"地狱火"空地导弹和70mm口径火箭弹，实现"发现即攻击"的打击能力。MQ-8B无人直升机不仅装备美国海军，还同样装备了美国陆军。

　　除了美国和奥地利之外，传统直升机研发大国俄罗斯也在2000年之后推出几款无人直升机，如卡莫夫设计局的卡-137共轴式无人直升机（见图7-23），不过这种产品并没有像S-100那样取得市场认可，成为热销产品。

图7-23　俄罗斯卡-137无人直升机

　　在这种类似有人直升机外形的无人机大放异彩的同时，欧美这些国家也研发出了另一种比较有意思的无人直升机产品，这就是小型涵道风扇垂直起降无人机。其中最为经典的要数美国的RQ-16A（见图7-24）和英国的iSTAR（见图7-25）两款产品。

图7-24　美国RQ-16A无人机

图7-25　英国iSTAR无人机

RQ-16A"T-Hawk"无人机是美国霍尼韦尔公司 2005 年为美国陆军和海军陆战队研发的一种适用于基层战斗小组携带的便携型侦查无人机。这种无人机提供升力的旋翼内置于涵道内,通过发动机驱动桨叶旋转提供升力。飞行方向控制依靠涵道风扇下部的舵面叶片偏转来实现,涵道外部两侧为飞控、导航和任务设备。尽管该款无人机只有 11kg,却没有采用电动机动力,而是选择使用一台 3W 公司的 56cc 两冲程超小型活塞发动机,具备空中定点"凝视"功能,携带侦查相机时最长可以在空中悬停 40min,并能够及时将影像通过数据链传输给地面人员。RQ-16A 无人机曾经大量应用于阿富汗和伊拉克反恐战争一线部队,前后累计生产了近 3 000 架,成为连、排级战斗小分队的"空中猎鹰"。

iSTAR 无人机是英国宇航公司研发的小型无人机系统,和 RQ-16A 类似,都是采用涵道风扇方式实现垂直起降,只是 iSTAR 采用的是在涵道上方中央位置设置任务设备,前飞和悬停时的视角没有 RQ-16A 那样开阔。这款产品的产量比较少,只是少量装备英国军队,影响力有限。

总的来说,涵道风扇这种方式的无人机不是垂直起降无人机领域的主流装备,因为涵道的存在制约了桨叶直径,桨径无法加长,最大升力就无法提升,只能应用于起飞重量比较小的无人机中,因而搭载任务设备的能力就比较低。从无人直升机的发展趋势中就可以发现,提高无人直升机搭载能力、延长航时是未来的趋势,在这种趋势背景下越来越重的无人直升机才是未来的发展趋势。涵道风扇类型只是一种附属的分支而已。

与国外相比,国内无人直升机研发起步稍晚一点,准确地说是从 1995 年开始的,当时北京航空航天大学(以下简称北航)研发出一款共轴无人直升机 M-22"海鸥"(见图 7-26),外形体积比 CL-227 要小很多,和卡 137 无人机比较相像,最大起飞重量只有 50kg,最多只能提供 10kg 的任务载荷,最大续航时间在 2h 以内,控制半径只有 10km,算是一种微小型无人直升机。之后,北航在 M-22 的基础上发展出 M-28 型无人直升机(见图 7-27),这是一种采用标准的、有人共轴直升机的经典布局,体积巨大的中部机身,顶部配置共轴两对旋翼,机身尾部配置尾翼,采用滑橇式起落架。M-28 的性能指标比 M-22 几乎提高一个数量级,最大起飞重量达到 380kg,有效载荷能力达到 80kg,续航时间近 5h。从指标上看这是一款性能不错的无人直升机,且在研发过程中就和民航总局密切合作,引入了民用飞机适航标准,从而为其进军民用市场建立了关键的基础。

图 7-26　M-22 无人直升机

图 7-27　M-28 无人直升机

除了共轴式无人直升机领域,在单旋翼的无人直升机领域国内相关单位、企业也研发出了诸多产品,其中以 U-8 无人直升机(见图 7-28)和 V-750 无人直升机(见图 7-29)比较有代表性。

图 7-28 U-8 无人直升机　　　　　　　　图 7-29 V-750 无人直升机

U-8 无人直升机是中航工业直升机研究所(602)进入 2000 年之后研发的第一款无人直升机,采用了双叶螺旋桨动力方式,滑橇式起落架,后置尾翼的传统布局。最大起飞重量230kg,可以搭载 40kg 的任务载荷,任务半径 100km,最大续航时间 4h,除此之外,该型号最大亮点是具备高原起降的能力,因此,可以用于全国绝大部分地区的飞行任务,具有较好的环境适应能力。

V-750 截至目前应该是国内发展的起飞重量最大的无人直升机,这是由山东潍坊天翔航空工业有限公司等多家企业 2011 年联合研制的,其原型机直接采用了某型有人直升机的机体和动力系统,最大起飞重量 757kg,有效载荷能力 80kg,续航时间 4h,升限 3 000m。这种源自有人机的机体平台很大程度上制约了该型号的飞行性能,由于无法从源头上进行更细致的改进和优化,结构重量不可避免地出现了富余情况,这一点从航时、升限、载荷三项指标就可以得到体现,别忘了,220kg 重的 S-100 无人直升机可是具有近 90kg 有效载荷能力。

因此,从横向比较来看,在 100kg 以上级别的无人直升机领域,国内虽然已经形成了较为成熟的产品研发和生成能力,但是总体性能水平与世界一流水平仍有一定的差距,还需要一段时间努力奋斗迎头赶上。

在 100kg 以下级别的无人直升机领域,大多数产品都是由各类民营企业或者个人航模爱好者等提供的。这些产品一般采用油动动力为主,且以日本进口的航模活塞发动机为主,一般没有配置专门的飞控、导航、数据链、地面站系统,往往采用人工地面操作遥控器方式(见图7-30)。这些产品飞行性能,比如航时、航程和载荷能力相比于 S-100 型都比较低,主要应用于航拍、植保、测绘等民用领域。

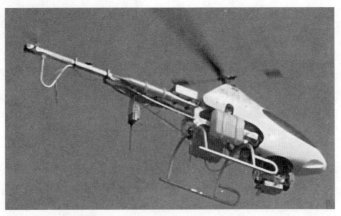

图 7-30 民用 100kg 以下无人直升机示意图

总的来说,就目前国内无人机市场来看,一方面无人直升机的需求比较小,其应用领域大多数其他类型无人机(固定翼或者多旋翼)都可以使用;另一方面,无人直升机的操作难度要比固定翼和多旋翼无人机难得多。操作人员的整体数量远远低于多旋翼,甚至是固定翼无人机。因此,无人直升机领域的未来发展还需要从业人员的努力奋斗。

## 7.2　旋翼无人机组成

无人直升机主要组成部分包括旋翼、尾翼、机身、发动机、航电系统、导航系统、数据链、地面站等,其中机身结构、发动机、航电、导航、数据链、地面站等和固定翼无人机并无本质区别,比如航电系统的陀螺仪、高度表等都可以彼此通用。这些分系统的原理、组成器件、性能等内容前面章节已经做了详细介绍,这里不再重复。本节主要重点介绍一下无人直升机的两个特殊部件——旋翼和尾翼。

### 7.2.1　旋翼

旋翼是直升机中最为核心的部件,通过高速旋转方式将发动机的功率转换成升力,这一点和固定翼的螺旋桨有相似之处。但是与固定翼飞行器不一样之处在于,直升机没有像固定翼那样拥有各种舵面,因此,旋翼不仅仅要给直升机提供克服重力的升力,还要通过对旋转面角度的操作来控制直升机的姿态,以便在空中进行前飞、侧飞、爬升、俯冲、悬停、倒飞等机动作。所以说,如果用固定翼上的部件来总结旋翼,旋翼就是螺旋桨、机翼、副翼、升降舵等合而为一的一种复合部件。

但是,采用旋翼这种方式对于直升机而言带来了一个固有问题——旋翼的旋转力矩如何平衡?固定翼螺旋桨的旋转力矩一般依靠垂尾上的方向舵来配平(当然双发螺旋桨就没有这个问题)。在直升机旋翼领域,对于这个固有技术问题的解决竟然演变成截然不同的 4 种设计风格。

第一种,单旋翼+尾旋翼的方式。这也是大多数有人直升机和无人直升机最主流的布局形式。在这种配置方式中,主旋翼负责提供升力,尾桨(尾部旋翼)则通过旋转产生一个垂直于尾翼平面的力,这个力作用在尾翼上将会产生一个抵消主旋翼扭矩的力矩,从而实现平衡,但是尾桨的旋转需要消耗一部分发动机功率。采用这种方式的经典机型如美国 AH - 64、中国直-9 机型,无人直升机中的美国 MQ -8B“火力侦察兵”、中国 V - 750 等产品。单旋翼和尾翼的方案,总体结构方面比较简单,可靠性较高。

第二种,采用共轴双旋翼的配置方式。在直升机机身主旋翼位置上下分别安装了规格一样的旋翼,但是结构方面进行特殊设计,从而让上下两套旋翼的旋转方向相反,这样就能够让主旋翼自身彼此互相抵消旋转力矩。在此基础上,为了提高直升机的航向稳定性和方向操作性,一般会额外配置一个类似固定翼飞机一样的尾翼。采用这种方式的直升机可以将整个机身设计得比较短小,但是机身高度要比第一种高一些。目前,世界范围内只有俄罗斯的卡莫夫设计局长期热衷于这种布局,并研发了一系列的共轴式有人直升机、无人直升机产品,如Ka - 27,Ka - 50,Ka - 137 等。

第三种,采用纵式双旋翼的布局方式。这种方式主要在直升机机身的前、后位置分别安装两个旋转方向相反的主旋翼,分别产生升力将机身拉起,同时各自的旋转力矩又能相互抵消平衡,所以,这种布局的直升机不需要尾翼。目前,采用这种布局的直升机产品主要集中在有人直升机领域,且产品型号比较少,主要以美国波音公司开发的 CH-47"支奴干"重型运输直升机最为典型(见图 7-31)。在无人直升机领域,还未见有使用这种旋翼的产品,毕竟目前无人直升机都是属于 1 000kg 以下级别,以搭载探测设备为主要用途,并不是以运输货物为主要目的。

图 7-31　美国波音公司 CH-47"支奴干"直升机

　　第四种,采用横向双旋翼的布局方式。这种布局原理和纵式双旋翼类似,升力由两个旋翼共同产生,彼此之间的旋转力矩互相平衡,从而不需要尾翼提供额外的平衡力矩。只不过横向双旋翼是在机身两侧位置分别布置主旋翼,且由于两侧布置旋翼需要,往往会设计一个较短的机翼,机翼两端挂载两台独立的发动机和旋翼。此外,为了增强航向稳定性,在机身尾部通常会设置和固定翼飞行器一样的垂尾。因此,总的来看,这种布局的直升机有点像是固定翼飞机和直升机的一种复合体,能够兼并吸收两种类型飞行器的优点,并且还具备垂直起降功能。

　　这种布局形式的有人直升机产品,用今天的通俗语言来形容都是属于"黑科技"级别。最为典型的就是苏联 20 世纪 70 年代开发的米-12"信鸽"直升机,具备超级载运能力(10t 的起吊能力),同时具备垂直起降能力。对于这种旋翼类型,只有苏联一家热衷于此,而且在米-12之后也停止该项技术的研发。无人机领域截至目前极其少见。

　　在 1990 年之后,美国国内航空企业陆续推出了 3 种前瞻性的旋翼产品。

　　第一种,交叉式双旋翼。美国卡曼航空宇航公司于 1991 年研制成功的一种全新旋翼直升机,代号"K-MAX"(见图 7-32)。这种直升机早期是有人驾驶的,后期进行自动化改型,变成一架全自动驾驶的无人直升机。在这种产品中,卡曼公司设计了交叉式旋翼,即机身顶部分别对称布置两对两叶桨叶,均由同一台涡轴发动机驱动,彼此之间设定一个倾斜角,这样两个桨叶尽管旋转平面存在交叉区域,但是可以通过转速控制,让两个桨叶按次序先后通过这一交叉重复区域,这就有效避免了桨叶碰撞风险。采取这种布局方式,一方面两个桨叶彼此抵消旋转力矩,另一方面,也是该产品最大的优势,这种旋翼不需要设置结构复杂的桨毂机构,从而提高可靠性,以及大幅降低机身结构重量(桨毂重量一般占到机身结构重量的 1/5)。

　　K-MAX 直升机主要用来空中吊挂运输作业,其空重只有 2 100kg,最大吊挂能力达到

2 700kg。因此,K - MAX 也是世界上目前为止吊运能力最强的无人直升机,同时也是唯一的一种交叉式旋翼无人机。

创造这一纪录的卡曼宇航公司之前相当长的时间里并不是一家专业的航空飞行器研发公司,而是生产其他一些电气设备。其创始人卡曼曾经在 1943 年观看过大师西科斯基亲自驾驶 VS - 300 表演,从此对直升机这个领域产生了极其浓厚的兴趣,在近 50 年之后,卡曼公司终于推出 K - MAX 这种创新型的标杆产品。看来,正如大师西科斯基所说的那样,梦想很重要。

图 7 - 32　美国卡曼公司 K - MAX 型无人直升机(注意右图驾驶室没有飞行员)

第二种,倾转旋翼。这是一种在横向双旋翼基础上改进得到的新产品,两侧布置的旋翼不仅能够自我平衡力矩,而且,当两个旋翼的发动机向前倾转 90°时,原先两个垂直的旋翼,就演变成固定翼飞机那样的前拉式螺旋桨,从而产生强大推力推动直升机向前飞行,此时,升力的主要产生依靠机体两侧宽而短的机翼。这种倾转旋翼的技术水平要求很高,目前只有美国波音公司研发的 V - 22“鱼鹰”运输直升机(见图 7 - 33)投入使用,该机的最大飞行速度突破 500km/h,这一指标几乎超过了所有服役的或者投入商业运营的直升机。

图 7 - 33　美国波音公司 V - 22“鱼鹰”倾转旋翼直升机

在无人机领域,美国另一家直升机研发公司贝尔公司 1993 年开发了一款名叫“鹰眼”的倾转旋翼无人直升机(见图 7 - 34)。从外观上来看,“鹰眼”很像一架迷你版的 V - 22,采用同样两侧布置双旋翼,并可以在飞行中向前倾转 90°。不过,“鹰眼”和 V - 22 的一个不同点在于,“鹰眼”只是在机身尾部配置了一台 420Hp 的活塞式发动机,其两侧旋翼内有传动机构连接发动机,实现旋翼的正常旋转。“鹰眼”起飞重量 1 300kg,最大载荷能力 136kg,速度也达到 380km/h,续航时间超过 5h。这些指标很多都超过了大多数固定翼无人机的性能。

第三种,高速旋翼系统。采用单旋翼或者是共轴双旋翼布局的直升机,受到旋翼气动特性的制约,武装直升机一般最大飞行速度在 300～400km/h 之间,运输直升机速度就稍低一些,对于一些无人直升机而言,最大速度范围一般在 300km/h 以内。为了提高这种类型直升机的飞行速度,美国西科斯基公司率先推出一种高速旋翼布局的技术验证机 X - 2 型直升机(见图

7-35),在这种验证机中,西科斯基公司采用了共轴式主旋翼,这样传统尾翼就可以被一个完全后推式螺旋桨代替,从而能够在飞行过程中为直升机提供较强的推力。经过测试,X-2验证机最大飞行速度达到了463km/h。国内中航工业也针对这一技术推出了一款名叫"绝影-8"型高速无人直升机方案模型(见图7-36),采用了机头配置前拉式螺旋桨推进方式,不过,截至目前,还未见实际样机试飞的公开报道。

图 7-34 美国贝尔公司"鹰眼"无人直升机

图 7-35 西科斯基 X-2 型技术验证机

图 7-36 中航工业"绝影-8"型无人直升机

无论是哪一种布局形式,旋翼的工作原理都是一样的,需要通过高速旋转产生气动力。旋翼的组成主要包括桨叶和桨毂两个部分。桨叶和前文所述的螺旋桨类似,规格参数中也包括桨叶翼型、桨叶扭转、桨叶外形、桨径、桨叶宽度等。直升机旋翼桨叶数一般以二叶、三叶、四叶居多,一般轻型直升机采用二叶或者三叶,起飞重量比较重的则采用三叶、四叶甚至还有五叶、六叶的。绝大多数无人直升机都是采用最简单的二叶桨,只有一些纵式共轴的旋翼机有时会采用三叶桨。

桨叶数量增加,类似于增加了机翼面积,从而提高了拉力和吸收功率,降低了桨盘载荷。旋翼桨叶外形大多采用矩形直桨叶,但是为了进一步提高效率、拉力以及降低旋转工作带来的气动噪声,很多产品都会进行非常细致化的修改,如桨尖切削、桨尖小翼等等。旋翼的翼型方面特点和螺旋桨类似,但是实际设计中会显得非常复杂,计算量和反复迭代的过程比较多,这一方面不是本书的重点,有兴趣的读者可以查阅一些相关文献和书籍。

旋翼的桨叶最初是采用木材进行加工的,比如国产直升机 Z-5,根据苏联图纸要求,20 世纪 50 年代为了确保旋翼的质量,曾经出动了上千人的林业工作者深入到全国各个省份原始森林中,搜寻那种树龄、硬度、含水率等符合要求的大树,整个仿制过程颇费周折。木材的硬度和刚度比较差,且容易变形,对环境的适应性差,使用寿命短,而且随着桨叶直径的进一步加大,很难从自然界获得合适的木材原料。因此,木质旋翼很快就被全金属的桨叶取代,这种金属桨叶的结构强度和刚度都比木质要高得多,疲劳寿命也比木材长。但是美中不足的是金属桨叶比较重,毕竟铝的密度是木材的近 4 倍,初期金属桨叶都是实心的,后来,为了减轻桨叶重量,采用冲压、锻造、铆接等复合工艺将金属桨叶加工成中空型,即外表面是光滑翼型形状,而内部中空,某些情况还会设置几根类似桁条、梁的加强结构。这种加工过程相当烦琐,也比较耗时,但所做的一切都是为了减轻结构重量。20 世纪 80 年代新型的全碳纤维复合材料桨叶替代了全金属桨叶,成为直升机领域旋翼的主流方式。这种碳纤维结构采用铺层固化加工方式,由模具控制外表面曲面精度,内部还可以做成中空形式,整体桨叶的强度、刚度、韧性、疲劳寿命等结构性能都接近金属桨叶,表面还可以根据特殊需要加铺"凯夫拉"高强度纤维层,以具备防弹功能。在实现这一系列优点的同时,碳纤维桨叶的重量还大幅下降,接近于木质螺旋桨。所以,截至目前,绝大多数直升机包括无人直升机都使用这种碳纤维复合材料旋翼。

相比于桨叶,桨毂应该是整个直升机平台中结构最为复杂的部件了。它处于发动机和桨叶之间,在整个飞行过程中始终处于旋转状态。在此基础上,一方面桨毂需要能够将发动机输出的轴功率传递给旋翼,另一方面桨毂还要能够随时根据驾驶员的需要调整整个旋翼的总距角,即旋翼旋转平面 3 个自由度的夹角和桨叶的桨距角同时都可以进行调整,以满足各种飞行动作的需要。因此,桨毂系统的可靠性关系到整个直升机的可靠性,为此,桨毂的机械结构相当复杂,液压管路、传动杆件等密密麻麻,导致整个桨毂重量近乎占到整个机身重量的 1/5,占全机起飞重量的近 1/10,所以,在确保可靠性的前提下简化桨毂结构、降低桨毂重量成为提升直升机性能的一种趋势。

截至目前,根据结构形式和工作原理来划分,桨毂主要有铰接式、无铰接式、万向接头式、柔性桨毂 4 种形式。

1. 铰接式桨毂

桨叶在实际旋转工作中主要有 3 个方向的自由度:水平方向、垂直方向和轴向(见图 7-37)。铰接式桨毂,顾名思义,就是在桨叶的每个自由度方向都设置一个铰接结构,从而实现桨叶在这个方向的运动。其中,水平方向由于桨叶在一圈之内旋转过程中,桨叶表面的气动力都是非定常的(即随着时间不断变化),其合力也就是各个桨叶产生的垂直桨叶的拉力也将表现出忽大忽小的现象,因为在这个方向会导致桨叶上下运动,这就是桨叶的"挥舞运动",因此,铰接式桨毂在这个方向上单独设置了一个铰链,称之为"水平铰"。

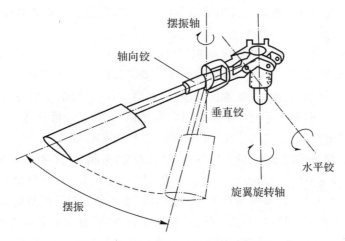

图 7 - 37    桨叶旋转 3 个自由度示意图

同样的道理,在之前章节中介绍翼型阻力时我们知道,桨叶翼型上的气动力不仅仅有垂直于翼型向上的升力(即拉力),也会产生一个沿着翼型弦线向后的阻力,和升力一样,桨叶翼型这种阻力也是非定常的气动力,每一圈、每一时刻、每一个位置产生的阻力都不一样,这种不断波动的阻力就会不断地带着桨叶向后运动,运动的幅度也是不断变化的,这就是所谓的"摆振运动",因此,这个方向上铰接式桨毂也单独设置了一个铰链,称之为"垂直铰",这种摆振运动对于桨叶是有害的,如果幅度过大,会导致桨叶的损毁,影响飞行安全,所以,垂直铰处往往会配置一个液压阻尼器,人为干扰控制降低其摆振幅度。

第三个方向,轴向运动应该是最好理解的一种桨叶运动形式,和螺旋桨一样,旋翼的桨叶也需要进行变距运动,因此,这里设置一个铰链,称之为"轴向铰",主要作用是在飞行过程中调节桨叶桨距角,以便提高桨叶效率。

通常情况从桨毂中轴线到桨叶方向,依次分布水平铰、垂直铰和轴向铰。这种设置方式总的来看非常像人类的肩关节。读者朋友们不妨站起身来,侧向伸直左手臂,如果左手臂上下挥舞,这就是"水平铰"在作用;如左手臂水平方向前后运动,这就是"垂直铰"在起作用,而且受到肩膀肌肉的拉伸制约,在上半身不动的情况下,左手臂向后方运动的幅度是有限的,这就好比阻尼器在起作用了,一旦没有肌肉的牵制,受到猛然外力作用时,左手臂向后方运动幅度过大,就会引起关节脱臼;如果此时左手臂伸直,手掌掌面由上翻到下,或者由下翻到上,这就相当于"轴向铰"的变距运动了。当然,实际直升机桨叶不能像人类手掌那样进行 180°的调整。

从这种铰接式工作原理来看,铰接式桨毂的机械结构是相当复杂的,重量也比较重,如果是三叶桨,就需要 9 个单独铰接,如果是五叶桨,那就需要 15 个单独铰接机构了,通常情况下单单一个桨毂零件数量就高达数百个之多。因此,这种桨毂通常都是用于 20 世纪五六十年代的大型直升机中,比如米-6 重型直升机(见图 7 - 38)、CH - 53 重型直升机等。无人直升机领域由于起步比较晚,况且都是小起飞重量,因此,基本上不使用也没法使用这种桨毂。

图 7-38　苏联米-6 重型无人直升机铰接式桨毂

**2.无铰接式桨毂**

为了进一步减轻重量,提高可靠性、使用寿命,降低维护难度,在铰接式桨毂的基础上将水平铰和垂直铰去掉,只保留变距作用的轴向铰(见图 7-39)。桨叶挥舞和摆振运动依靠两种新的方式来实现。

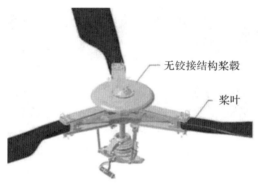

图 7-39　无铰接式桨毂示意图

第一种采用叠型钢片制作而成的桨毂,依靠其自身的弹性变形来实现桨叶的挥舞和摆振,这种方式又称为桨毂半刚性。采用这种方式的案例有美军的 AH-64"阿帕奇"武装直升机(见图 7-40)和英国"山猫"直升机(见图 7-41)。

图 7-40　AH-64 直升机无铰接式桨毂

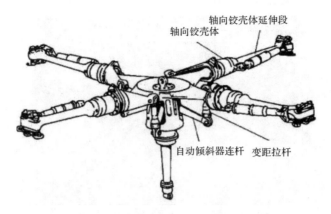

图 7-41 "山猫"直升机无铰接式桨毂

第二种则更为简单,对于挥舞运动和摆振运动,全部依靠桨叶根部自身的弹性变形,桨毂完全不负责任,自身保持刚性,这种方式又称为桨毂刚性。这种方式一般适用于碳纤维复合材料桨叶,比如德国 BO-105 直升机(见图 7-42)。

图 7-42 德国 BO-105 直升机无铰接式桨毂(桨毂刚性)

### 3.万向接头式桨毂

对于铰接式桨毂,另外一种改进方式就是采用了一个万向接头来代替原先的水平铰,并且取消了垂直铰当时保留的变距功能(见图 7-43)。这种模式下,桨叶在水平方向的摆振运动就会受到严格限制,属于一种刚性摆振,而上下挥舞运动可以通过万向接头自由进行,如同一个"跷跷板",此外桨叶变距不受限制。这种方式的产品以美国贝尔公司的贝尔-47 最为典型(见图 7-44)。

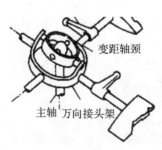

图 7-43 万向接头式桨毂示意图

图 7-44 贝尔-47 直升机

在万向接头式桨毂方面,出现了使用金属弹性轴承代替其中的万向接头(见图 7-45)的新趋势,这种新桨毂结构更为简单,寿命更长,目前 V-22"鱼鹰"直升机采用的就是这种桨毂。

4. 柔性桨毂

柔性桨毂是法国宇航公司在 20 世纪 70 年代末期研发出的一种全新型桨毂,这种桨毂由中央星型件、球面弹性轴承、黏弹性阻尼器、夹板和自润滑关节轴承等组成(见图 7-46)。由于结构呈现出星型外形,因此这种柔性桨毂又被称之为"星型柔性桨毂"。其原理主要利用金属材料的柔性变形实现桨叶 3 个方向的运动,由于没有设置任何一个铰接结构,因此结构相比于传统的铰接式桨毂大幅简化,从几百个零部件减少到只有 70 个,重量降低了近 50%。采用这种桨毂的典型产品有中国直-9 型直升机(见图 7-47)等。

图 7-45　弹性轴承万向接头式桨毂

在星型柔性桨毂的基础上,还有更为简单的球型柔性桨毂,桨毂零部件数量进一步下降到 50 个量级以下,有兴趣的读者朋友可以自行查阅一些资料,采用球型柔性桨毂的主要产品就是大名鼎鼎的 UH-60"黑鹰"直升机。

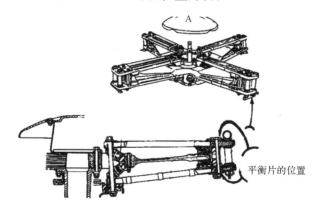

图 7-46　星型柔性桨毂示意图

平衡片的位置

图 7-47　直-9 直升机柔性桨毂

## 7.2.2　尾翼

如前文所述,对于采用共轴式旋翼方式的直升机,其旋翼力矩自我平衡,因此理论上不需要配置尾翼就可以进行飞行,但是,考虑到直升机天生具有比较弱的航向稳定性,即受到侧向突风干扰时会偏离航向,自我恢复能力较低。因此,共轴式直升机也配置了尾翼,不过这种尾翼只是一个垂直安定面和方向舵的组合体,有点类似固定翼尾翼中的垂尾(见图 7-48)。对于这种尾翼的原理,读者朋友们可以参考前文关于固定翼尾翼的介绍,这里不再重复。

对于大多数采用单旋翼的直升机,飞行过程中平衡主旋翼力矩是非常重要的问题,因此,单旋翼直升机一般都需要配置带尾桨的尾翼。这种尾翼通常包括一个垂直安定面、水平舵面和设置于垂直安定面一侧的尾桨(见图 7-49)。

图 7-48　共轴式旋翼直升机尾桨示意图

图 7-49　单旋翼直升机尾桨示意图

单旋翼直升机的旋转方向有逆时针和顺时针两类（见图 7-50），前者以美国产品居多，后者以中国、法国、俄罗斯居多，这对于性能并无本质性影响，更多的是一种设计风格表现。对于不同旋转方向的主旋翼，尾翼尾桨需要提供不同方向的平衡力矩。

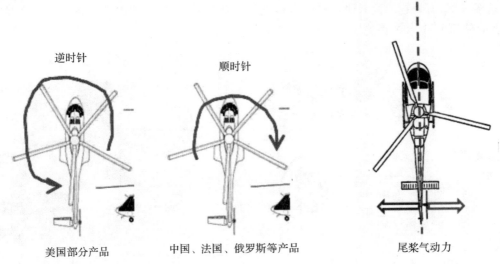

图 7-50　单旋翼尾桨分类示意图　　　　图 7-51　拉式与推式尾桨分类示意图

根据尾桨产生侧向气动拉力的方向，一般可以将尾翼尾桨分为拉式尾桨和推式尾桨（见图 7-51），从上往下看，如果尾桨拉力向右，则为拉式尾桨；反之则为推式尾桨。推式尾桨在实际使用中居多，不过两种方式并没有什么本质的优劣分别。

尾桨桨叶数量设置一般以两叶和四叶居多，四叶尾桨通常使用两对两叶桨组合方式，此外也有采用数量较多的涵道式尾桨。对于很多无人直升机而言，绝大多数都是最简单的两叶尾桨。从这一点可以看出，无人直升机相比于有人直升机的技术水平具有相当大的差距。尾桨的桨毂主要有 4 种：铰接式、万向接头式、无轴承式和涵道式等。

1. 铰接式尾桨

铰接式尾桨和铰接式旋翼采用类似的铰接机械结构（见图 7-52），但是有一个不同点在于，铰接式尾桨取消了垂直铰，只保留水平铰和轴向铰。这是因为尾桨的直径比较小，同样转速下尾桨的桨尖速度比较低，桨叶的摆振运动不明显，完全可以由其他两个铰接和桨叶自身变形承受，因此，为了减轻结构重量，将垂直铰取消。

这种尾桨通常配置于多叶尾桨,如五叶、六叶等,往往在重型直升机上较为常见,而在无人直升机领域极其少见。

图 7 - 52　铰接式尾桨示意图

**2. 万向接头式尾桨**

万向接头式尾桨采用万向轴承代替了水平铰和垂直铰的功能,从而大大简化了尾桨桨毂结构,这一点和采用万向接头的主旋翼类似。对于部分采用金属桨叶的尾桨,往往保留了轴向铰,以便于随时调节桨距角(见图 7 - 53);而对于采用复合材料桨叶的尾桨,直接将轴向铰也省略掉,转而依靠桨叶自身的弹性变形来适应不同的飞行状态(见图 7 - 54)。这种方式的尾桨在无人直升机领域同样少见。

图 7 - 53　万向接头式尾桨(双桨)

图 7 - 54　万向接头式尾桨(三叶桨)

**3. 无轴承式尾桨**

无轴承式尾桨是目前结构最为简单的尾桨形式,没有设置多余的机械轴承(见图 7 - 55),完全依靠桨叶自身弹性变形来适应各种飞行工况。在这种尾桨中,桨叶一般采用碳纤维复合材料加工,具备比较好的弹性能力。桨叶数目一般以两对四叶居多(见图 7 - 56)。

正是由于这种桨叶结构简单和重量最轻,且采用复合材料桨叶,因此,在无人直升机领域使用得较为广泛。而且在很多航模产品中,也会经常以两叶尾桨的形式使用。

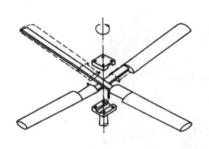

图 7-55　无轴承式尾桨示意图

图 7-56　无轴承式尾桨

#### 4.涵道式尾桨

涵道式尾桨在结构方面类似于涡扇发动机的压气机叶片(见图 7-57),桨叶几何尺寸比普通尾桨要小很多,桨叶数目则比较多,一般在 8 叶以上。这种尾桨的挥舞和摆振幅度都极小,因此不设置复杂的铰接结构,全部交由桨叶自身来平衡。此外,配属的涵道本身会由于特殊的气动结构帮助尾桨产生额外的气动力,因此,尾桨效率比较高。不过由于这种尾桨对设计技术和加工工艺方面要求比较高,多用于有人直升机(见图 7-58),在无人直升机领域比较少见。

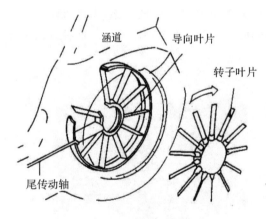

图 7-57　涵道式尾桨示意图

图 7-58　直-9直升机涵道式尾桨

除了上述几种典型尾桨形式,目前还出现了一种喷气气流尾桨系统,即取消传统的尾桨旋翼,采用高压气流向侧向喷射来平衡主旋翼的力矩。这种方式需要从发动机引气,并精确控制气量和喷射速度及方向,技术难度较高。对于目前多采用电动或者活塞式动力的无人直升机而言并不适合,有兴趣的读者可以了解一下 MD-900 型直升机,这里不再介绍。

## 7.3　旋翼无人机飞行操作原理

由于总体布局的特点,旋翼飞机的操作原理与固定翼飞机完全不一样,甚至表现得更为复杂,本节将简单介绍一下旋翼机的总距概念,以及旋翼机的垂直起降、悬停、前飞、侧飞、偏航等基本操作的飞行原理。

对于旋翼机来说,由于没有像固定翼那样的舵面设置,因此所有的飞行动作都是依靠主旋翼和尾桨两者之间的彼此配合来完成的。对于主旋翼而言,其中最为关键的就是桨叶桨距的调整。根据第 2 章中关于螺旋桨的介绍我们知道,桨叶和水平面的夹角类似于翼型的迎角,当这个夹角增加时,桨叶所产生的拉力就会增加(当然,此时吸收发动机的功率也要提高)。因此,在旋翼机中,将桨叶的桨距角就定义成为"总距",那么为了能够在旋翼高速旋转运动情况下时刻调整总距,就非常依赖于一种关键部件——自动倾斜器(见图 7 - 59 和图 7 - 60)。

图 7 - 59　自动倾斜器示意图

图 7 - 60　自动倾斜器实物图

自动倾斜器的设计极其巧妙,在旋翼主轴上套置了上下两个环形结构,两者之间通过轴承连接,其中上面的环形结构与旋翼桨叶轴向铰连接,当旋翼旋转时也跟着旋转;下面的环形结构则始终保持静止状态,并与操作机构连接。通过这种倾斜器就能够实现对主旋翼 6 个自由度方向的控制。

对于有人驾驶的旋翼机而言,驾驶室一般和普通固定翼飞机一样设置脚蹬杆(左右各一)、右手操作杆和左手操作杆(见图 7 - 61)。不过,右手操作杆的正式叫法为"周期操作杆",左手操作杆为"总距杆"。这两个操作杆就是和自动倾斜器相连接的,并通过它来操作主旋翼;而脚蹬杆则用来控制尾桨。

在无人直升机领域通常使用双十字杆遥控器进行操作(见图 7 - 62),其中左杆上下移动就相当于总距杆上下移动,左杆左右移动等同于脚蹬杆左右踩踏,右杆上下移动等同于周期操作杆前后移动,右杆左右移动等同于周期操作杆左右移动。

图 7 - 61　直升机驾驶方式

图 7 - 62　无人机遥控器示意图

当总距杆向上拉起时,自动倾斜器中的两个环形结构就会如同雨伞中的卡扣一样,沿着套杆向上移动,从而提高主旋翼桨叶的桨距角,旋翼总距因此而增加,整个旋翼的拉力就会提高;反之,总距杆下推时,自动倾斜器向下移动,降低了总距,旋翼拉力就会降低。在实际飞行中,如果这个拉力等于重力,旋翼机就会悬停;如果拉力超过重力,旋翼机就会爬升;如果拉力小于重力,旋翼机就会降落。从这个功能上看,总距杆非常类似固定翼飞机的油门杆。

当周期杆向前推动时,自动倾斜器就会一样向前倾斜,带动整个桨盘向前倾斜,不过这时,整个旋翼各个桨叶在旋转360°(一圈)之内,总会产生一个带有前倾角的拉力,而这一拉力在前方的分量就是旋翼机前飞的推力,从而确保旋翼机在保持重力平衡的情况下向前飞行。这种所产生的周期性力,也是将右手操作杆称之为"周期杆"的原因。

同样的,当周期杆向后方拉动,自动倾斜器向后倾斜,主旋翼就会周期性产生向后的拉力,使得旋翼机向后飞行。当周期杆向左侧倾斜时,自动倾斜器向左倾斜一定角度,主旋翼产生一个向左的侧向力;当周期杆向右侧倾斜时,自动倾斜器向右倾斜一定角度,主旋翼产生一个向左的侧向力。从而实现旋翼机侧向飞行。

脚蹬杆主要是用来控制尾桨所产生侧向推力大小的,主要通过调整尾桨桨距角或者尾桨转速来实现推力调节。当右脚踩下脚蹬杆时,尾桨会产生向左侧的推力,该力相对于重心的力矩将推动旋翼机产生向右的偏航运动。相反,左脚踩下脚蹬杆时,旋翼机产生向左的偏航运动。从这一点上看,脚蹬杆的功能和固定翼一样,类似于方向舵操作。

总的来看,旋翼机的操作方法和固定翼类似,但是需要注意其背后的实现原理则完全不同。

此外,对于其他布局类型的旋翼机,如纵式共轴双旋翼、纵式双旋翼、横向双旋翼等,其操作原理比单旋翼+尾桨布局还要复杂一些,但是其基本力学原理还是一样的。由于绝大多数无人直升机都是采用前面介绍的单旋翼操作模式,因此,关于其他布局的操作原理,本章不再详细介绍,有兴趣的读者朋友不妨自己分析或者查阅一些相关资料。

# 思 考 题

1. 自行搜集资料,简述国外旋翼无人机的发展历程。
2. 列举主要的旋翼无人机布局形式,并阐述其飞行特点。
5. 解释总距概念,并阐述自动倾斜器的工作原理。
6. 解释旋翼无人机的前飞、前飞加速的飞行原理。

# 第8章　多旋翼无人机

多旋翼无人机是近5年来才出现的一种无人机形式,由于在独特飞控算法的增稳控制介入下,克服了自身过于复杂的气动力和力矩操作原理,反而表现出一种"简易"的操作特性。正是得益于这种被计算机控制技术所简化的操作方法,多旋翼无人机面向民用领域进行了大范围的普及,几乎成为消费级无人机的代名词。

多旋翼无人机通常采用3个以上的旋翼来控制无人机机体,这一点有点类似于旋翼直升机中的纵式双旋翼或者横式双旋翼结构,整个机体的重力全部由这些旋翼产生的拉力来克服,各个旋翼自身产生力矩还是由彼此之间相互平衡。只不过,整个总体尺寸、动力形式、结构、航电等各个系统相比于有人机已经大幅简化,有些微小型多旋翼无人机甚至已经简化成一个可以离开地面飞行的玩具。

总的来说,多旋翼无人机和固定翼无人机、旋翼无人直升机一样,都包括机身、发动机、螺旋桨、飞控、导航、数据链路等重要部分。之前章节中关于机身结构、发动机、螺旋桨、飞控、数据链路等各个分系统的知识在多旋翼无人机领域一样适用,两者之间并无本质区别。因此,本章中不再重复介绍。

多旋翼无人机控制方式的特殊性,导致其机体结构和直升机、固定翼完全不一样,因此,本章将从发展过程、总体布局、设备布置、飞行原理等方面对多旋翼无人机进行介绍。为了让读者朋友们获得更形象的认识,笔者将使用一个三维数字模型进行详细讲解。此外,对于多旋翼无人机中最重要飞控系统单独作为一节,详细介绍其组成,并介绍目前主流的一些多旋翼飞控机产品特点。

## 8.1　多旋翼无人机概述

对于纯民用的多旋翼无人机,第一架量产型应该要属于深圳大疆公司第一代"精灵"无人机了(见图8-1),推出的时间是2013年1月。在这之前,绝大多数无人机都是固定翼或者单旋翼直升机形式,且很少应用于民用领域。"精灵"无人机采用轴对称式四旋翼设计,前飞方向为旋翼的对称面方向,机体中央内部设置飞控、GPS,其下方设置电池,在4个支架末端安装电动机和螺旋桨,支架内部设置电调,机身采用两个U字形的简易起落支架,支架采用塑料材质,支架内设置了数传天线。机身中央最下方配置任务设备——数码相机。大疆公司在"精灵"无人机上所体现出的这种简单且紧凑的布局风格,随着"精灵"系列无人机的热卖变成了消费级无人机行业中的"经典"风格。

在第一代"精灵"这种经典风格基础之上,大疆公司陆续推出了"精灵2""精灵3""精灵4"系列产品,每一款都包括各种不同配置和功能的细化型号,如"精灵3"系列就有"精灵"3A,3S,3P等规格。

在"精灵"系列无人机热销的背景下,多旋翼无人机产品出现了分化现象。其中,以大疆

"精灵"为典型代表的个人航拍无人机分化成两个不同方向。

第一是推出了更加小型化,或者说微型化的个人航拍无人机,这种无人机的尺寸要比"精灵"小得多,甚至有些产品的4个支架还可以折叠,非常便于个人消费者携带和使用,这一方向的典型代表就是大疆的"御"系列无人机(见图8-2)和零度公司的"DOBBY"无人机(见图8-3)。"DOBBY"无人机体积最为小巧,完全折叠之后如同小学生使用的

图8-1 大疆公司第一代"精灵"无人机

铅笔盒,可以直接插进口袋里,而且最为重要的一点是全机重量只有199g,以目前的无人机管制政策,"DOBBY"无人机无须实名注册,无须驾驶执照,使用较为方便。

图8-2 大疆"御"无人机

图8-3 零度"DOBBY"无人机

第二是为了携带更专业化的数码摄影器械,这种四旋翼航拍无人机在尺寸方面适度放大,成为一种专业级的航拍无人机,主要服务于商业级别航拍(如影视、宣传片)。这一方向的典型代表产品有大疆的"悟"系列无人机(见图8-4),其加大了机架尺寸,配置了功率更大的发动机,机身中安装了双余度的大容量电池,此外为了提供更开阔的拍摄视野,"悟"系列无人机的4个起落支架在飞行过程中都是可以自动收放的。而且,在整个使用过程中,操纵方式进行了修改,由原来"精灵"系列的单人操作模式变成了双人操作模式,即一个人负责操作无人机飞行,另一个人负责操作摄像设备,这样可以让专业摄影师全身心地进行摄影操作。这种产品的成本在2万~5万元之间,因此,已经超出了个人消费级无人机的范畴,算是工业级无人机中的航拍产品吧。

在消费级航拍无人机日益成熟的过程中,多旋翼无人机在技术集成领域表现出了两个截然不同的分化方向。

第一个方向,从大疆、零度、亿航等品牌无人机向低端分化,孕育出了五彩斑斓的多旋翼DIY市场。这种市场充斥着各种零部件供应商、代理商、小无人机公司、航模爱好者、无人机爱好者、科技创新类型教学实践基地等,各种名称都有,目前往往会和一些较为时髦的"创新""创客"等名词联系起来。

在这一个领域,目前多旋翼无人机所需要的各种部件,如机架、电动机、螺旋桨、电调、飞控、GPS、数传模块、图传模块、电池、分电板、接头、云台、遥控器、任务设备等,各种规格市面上都可以采购,图8-5所示为F450开放式支架。只要选择合适规格的产品,通过组装和软件调试就可以试飞了。总的来说,依据基本的无人机力学特性进行选型,按照各个部件的说明书进

行正确操作,让这种 DIY 无人机飞起来并不是一件难事,也有不少这一类产品在某些飞行性能方面会有超越品牌机的表现。但是这种整机产品依然属于一种 DEMO 级别,技术性能不稳定、可靠性低、人机工程化都缺失,距离形成真正意义上的工业化产品还有很长的路要走。在这种产品中独创性地形成了一种很有个性的产品——FPV(First Personal View,第一人称视角)系列无人机,这种无人机总体上仍然属于四旋翼无人机,但是将摄像头设置在机身前方,通过图传传输到操作者携带的 VR 眼镜中,这样就虚拟形成了如同操作者"坐在"无人机上操作一样,具有身临其境的感觉。

图 8-4　大疆"悟"无人机　　　　　　图 8-5　F450 开放式支架

　　从这个角度来看,这一类多旋翼无人机更像现在比较热门的"机器人",可以自由想象,然后自己动手创造。

　　第二个方向就显得比较专业一些,在大疆公司触发了消费级无人机市场之后,很多进入无人机市场的其他无人机公司一方面为了避免与大疆、零度等龙头消费级无人机公司竞争,另一方面为了开拓新的民用无人机应用市场,往往开始致力于工业级无人机的开发。而在工业级无人机应用领域开发过程中,植保应用是最早被激活也是应用得较为广泛的领域,之后触发的航空测绘领域发展也不错。植保行业主要需要无人机搭载农药和喷洒设备进行空中喷洒作业,这种任务模式相比于航拍而言对于无人机搭载能力提出了很高的要求,至少要达到 10kg级别的有效载荷能力,实际上目前已经形成了 10kg,20kg,30kg,40kg 等一系列搭载能力。由于植保作业并不追求过高的飞行速度,因此,多旋翼无人机产品再次被看中。

　　为了提高有效载荷能力,这种工业级多旋翼往往需要使用更多的电动机和螺旋桨,因此,这一类无人机往往更能够体现出"多旋翼"特点,通常以六轴(见图 8-6)和八轴(见图 8-7)的情况最为普遍。为了避免桨叶干扰,这些多旋翼无人机的直径相当大,大多在 600mm 以上,甚至还有超过 1 000mm 的。面对这样大的尺寸,很多机架都是可以折叠的(见图 8-8),以便于运输存放。那么,在这样的多旋翼领域,目前也形成了类似 DIY 一样的零部件供应体系。从机架到任务设备都形成了多规格、多性能的货架产品体系,整个零部件配套方面看上去如同一个"开源"的源代码,非常便于进行各种目的的组合换装(见图 8-9),即使个人或者小工作室也可以推出一架这种工业级多旋翼的整机。不过,需要注意的是,工业级配件要比前面所说的航拍 DIY 无人机配件贵得多,电池往往需要采用超大容量电池,一块就需要上千元,而有些航电产品可能有 10 倍以上的差价。

图 8-6　六轴多旋翼机架　　　　　　　图 8-7　八轴多旋翼机架

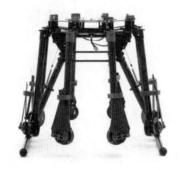 

图 8-8　八轴多旋翼机架折叠状态　　　　图 8-9　八轴多旋翼机架中央接口

　　但是，截至目前，这一领域的个人 DIY 制品市场占有率非常低，在主要植保作业区很少见到这一类产品。究其原因，问题还是出在性能和可靠性两个方面，农忙时期必须保证出勤飞行作业的工作强度，如果出现故障无法飞行，则必然和经济损失挂钩。此外，DIY 组装得到整机的成本并不比品牌机低很多，往往也就是 15%～20% 之间，因此，总的来看，工业级多旋翼无人机主流供应渠道还是在一些成规模的无人机公司，比如广州极飞公司、深圳大疆公司等。

　　随着这种工业级多旋翼在植保应用领域的日趋成熟，多旋翼无人机陆续进入了测绘、电网巡检领域，并且现在开始在安保、消防、地质勘探等领域进行开拓。

　　在工业级领域中，还有一种比较特殊的多旋翼无人机，这种特殊性集中体现在载重能力方面，往往都是 50kg 以上的载荷能力，甚至还有 100kg 级别，这就是目前的物流无人机和载人无人机。为了提供如此强的载荷能力，在四旋翼布局的基础上，通常需要使用纵式共轴旋翼，也就是说虽然是四旋翼，但是实际上却是 8 个螺旋桨在工作。这样不仅上下共轴的旋翼可以彼此抵消力矩，也可以产生比单旋翼更大的拉力。这种产品基本上都是一些较为成熟的民用无人机公司进行研发，其中物流无人机目前以各快递公司投资研发为主，其中比较典型的是京东物流无人机（见图 8-10）。而载人无人机就比较特殊，如果单纯性从是否载人角度来看，这种应该算是有人机了，但是从结构布局、航电系统等分系统方面来看，却又处处流淌着多旋翼无人机的血液。目前国内进行载人无人机开发的只有亿航公司一家，其开发的亿航 184（见图8-11）也是目前世界上唯一的载人无人机，因为乘客坐在亿航 184 中是不需要进行驾驶操作的，只需设定目的地，全程都是自动驾驶仪操控，也许正是这一点让我们将亿航 184 还归入无人机范畴吧。

不过截至目前,亿航184无人机并没有获得任何一个国家航空管理部门签发的"适航证",也就是说,从法律角度来看,这种载人无人机目前只能无人飞行。世界上只有阿联酋批准亿航184可以在其国内进行实验性飞行,具体情况目前并没有进一步的公开报道。

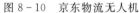

图8-10　京东物流无人机　　　　　　　图8-11　亿航184载人无人机

总的来说,尽管和固定翼相比,多旋翼无人机的飞行性能要低得多,但是,凭借不依赖机场跑道,可以在城市、郊区、野外任何场地垂直起飞和降落这样的优势让多旋翼无人机在民用无人机领域大放异彩。

## 8.2　多旋翼无人机总体构造

无论多旋翼无人机是四轴、六轴、八轴还是三轴、五轴,亦或者是品牌无人机、DIY无人机等某一种具体形式,在总体布局方面却表现出一种比较高的相似度。这种特点是很多固定翼无人机、旋翼无人直升机等所没有的。对于读者朋友们来说,其实这是一个好消息,可以管窥见豹,以点及面。为了更好地向读者朋友们介绍多旋翼无人机的总体技术特点,笔者将西安老鹰航空科技有限公司之前开发的一种长航时四旋翼无人机原理样机作为案例(见图8-12),这种型号的四旋翼无人机空机重量4 000g(含电池),空载状态下具备80min的航时,搭载600g重量的设备时具备60min的航时,最大可以搭载1 500g的任务设备并具备45min的航时。

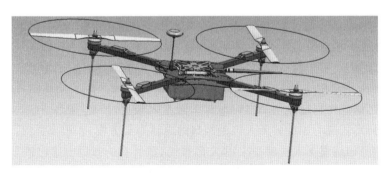

图8-12　西安老鹰航空某型无人机三维数字装配模型

下面,以这款四旋翼无人机为基础,具体介绍多旋翼无人机在总体布局、结构设置和设备布置方面的一些技术特点。

### 8.2.1 总体气动布局形式

多旋翼无人机的飞行速度比较低,绝大多数最大飞行速度都是在 60～70km/h 之间,机身本身不产生有效升力,仅仅是一些小量的飞行阻力,因此,整个机体在空气动力学方面的特性可以忽略。唯一需要关注的重点在于多旋翼中的螺旋桨。

多旋翼无人机一般采用轴对称总体布局形式,中央位置集中布置飞控、GPS、电池、任务设备等,四周均布设置发动机支架和螺旋桨。这种发动机支架的布置方式种类很多,三旋翼无人机常见的有 Y 字形,四旋翼无人机一般以 X、H、十字形为主,五旋翼、六旋翼、八旋翼等无人机一般都是环绕型均布,除此之外,一些更多旋翼的无人机布局形式基本上都是在六旋翼、八旋翼的基础上进行演化而来,即在一个支架上如同树枝分叉一样衍生出多个单独支架,从而满足大量旋翼和发动机的安装需求。

其中,三旋翼的 Y 字形布局形式中,由于旋翼数目为奇数,为了平衡旋翼旋转时的力矩,一般采用的策略是利用三旋翼之一的旋翼来平衡另外两个旋翼力矩(见图 8-13),两个旋翼旋转转速、方向一致,第三个旋翼方向与之相反。此外,为了更好地保持平衡关系,一般在第三个旋翼安装基座处设置转轴,并配置控制舵机,可以随时让这个旋翼绕转轴偏转一定角度,从而时刻调整力矩关系(见图 8-14)。所以,从这一点可以看出,三旋翼布局给控制方式和结构设置带来了诸多麻烦,因此,这种布局已经逐渐被淘汰,目前已经很少见。

图 8-13　三旋翼示意图　　　　　　　　　　　　图 8-14　三旋翼扭矩控制

四旋翼无人机的总体布局方式是目前最为经典的多旋翼方案,由于旋翼数目为偶数,力矩平衡一般采用对外平衡策略,即一对支架上的两个旋翼旋转方向是一样的,另一对支架两个旋翼旋转方向与之前的一对相反,每一对的力矩相互形成平衡关系。十字形四旋翼布局(见图 8-15)由于无人机无论是前飞、侧飞、倒飞都有一个支架会干扰到任务设备的视角,并且也不利于机架折叠收放,因此慢慢地成了非主流形式。而与之相比,X 形(见图 8-16)和 H 形(和 X 形类似)两种布局形式成为四旋翼无人机最经典的总体布局方案,在很多品牌无人机产品中得到体现。案例中的四旋翼无人机就是采用 X 形布局,在所有的布局方案中需要考虑一个非常重要的问题——螺旋桨之间的气动干扰。螺旋桨性能直接关系到多旋翼无人机的飞行性能,为了确保各个螺旋桨能够在一个相对独立的流场中工作就必须要确保螺旋桨之间的最小安全距离,一般而言通过调节支架的长度来保证各个桨叶之间距离在桨径的 15%～20% 左右。

在 X 形布局方案中,很多工业级无人机在保持四旋翼总体布局形式不变的前提下提高最大载荷能力,往往会采用共轴式四旋翼布局(见图 8-17)。在这种布局中,每一个支架外端上下共轴的两个旋翼彼此平衡,此外,为了保证平衡的有效性和可靠性,两对支架的对外平衡依然有效。升力方面,尽管采用了共轴双旋翼,同样转速情况下,升力并不会提高到单旋翼时的两倍,主要因为上面的旋翼破坏了下面旋翼的流场,一般情况下共轴式双旋翼的升力为单旋翼的 1.6 倍左右。对于这种布局的螺旋桨选择或者设计就相当麻烦,对团队的设计水平和能力有很高的要求。

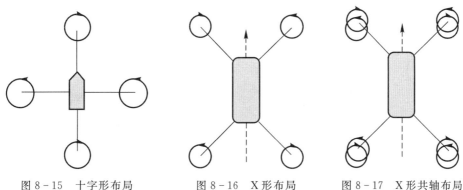

图 8-15　十字形布局　　　　图 8-16　X 形布局　　　　图 8-17　X 形共轴布局

对于旋翼数量更多的多旋翼无人机而言,总体布局设置就会表现出令人眼花缭乱的感觉。在这种"多旋翼"无人机中以六旋翼和八旋翼最为常见,成为很多工业级多旋翼无人机的经典布局方案。六旋翼由于数目较为特殊,一般会有两种类型的具体布局方式,第一种是正前方设置旋翼(见图 8-18),第二种是左右对称布置,前方开阔(见图 8-19),不过对于大多数六旋翼而言其实这两种布局并无本质上的优缺点。六旋翼在力矩平衡方面表现得如同两个 Y 字形三旋翼的复合体,即其中一组三旋翼的转速和方向一致,另外一组三旋翼则方向相反,但是转速一致,这样 6 个旋翼之间的力矩实现平衡,且各个旋翼上的拉力相等,从而保持水平的姿态。

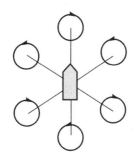　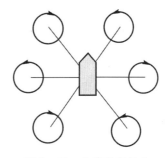

图 8-18　六旋翼布局 1　　　　图 8-19　六旋翼布局 2

八旋翼的布局其实和六旋翼比较类似,8 个旋翼在水平圆周面内以 45°均布(见图 8-20)。在具体的支架形式上,通常等同于两个四旋翼支架的复合叠加,这一点和六旋翼一样,有在正前方布置的,也有对称两侧布置的。除此之外,还有一种采用 4 个单独 Y 字形支架,每个支架外端支撑着两个电动机和螺旋桨(见图 8-21)。八旋翼之间的力矩平衡方式有很多,可以单独每对旋翼自我平衡,也可以对外平衡,具体方式这里就不一一列举了,读者朋友们可以参考三旋翼和四旋翼进行对照思考。

应特别强调的是,八旋翼相比于六旋翼、四旋翼、三旋翼等有一个最大的优点——在 1 个旋翼出现故障无法正常工作时,其余 7 个旋翼依然能够进行有效的力矩平衡和力学平衡,从而使无人机依然可以正常起飞和降落。以图 8-20 为例,如果最上方的圆圈螺旋桨(逆时针)突然失去动力停止转动,那么为了维持力矩平衡,剩下的三个螺旋桨(逆时针)就要增加转速,一方面弥补力矩损失,另一方面弥补升力损失。通过这种应急方法,总的来看,力矩、升力和重力两个方面都恢复了平衡,但是飞行姿态方面会向那个故障螺旋桨一侧倾斜,只不过由于旋翼数量较多,升力分布较为分散,因此,这种倾斜会很小,足够操作者将无人机安全降落。

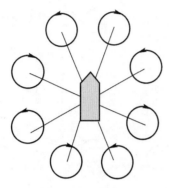

图 8-20 八轴布局 1

图 8-21 八轴布局 2

对于六旋翼、四旋翼或者三旋翼,如果一个旋翼或者发动机出现故障,那就无法像八旋翼那样继续维持平衡,不但无人机会自我旋转,而且还会瞬间丧失高度,快速下降,直至坠机。

除了八旋翼之外,还有少数多旋翼无人机使用 10 个、12 个、16 个等更多的旋翼布局,这些配置的发动机数量极其繁多。无论是有人机还是无人机,有一点是共同的,结构越复杂、发动机数量越多,安全性和可靠性就越低。在有人机领域,常见的发动机配置是单发、双发,只有在一些大型民用客机才使用四发,四发以上的有人机目前已经极少。

所以,截至目前,四轴、六轴、八轴是最为常见的多旋翼无人机布局形式。

### 8.2.2 机体结构形式特点

多旋翼无人机机体结构应该是飞行器领域中最为简单的,相比于固定翼机身那样复杂的框、桁条、梁等部件,多旋翼无人机机体结构大多以碳纤维板材、杆的形式组成。本节以西安老鹰航空公司的四旋翼原理样机为例,详细介绍多旋翼无人机的机身、支架、起落架等结构部件的构成特点。

首先介绍多旋翼的中央机身,这是多旋翼无人机重量最为集中的位置。因为四旋翼总体来看是一个轴对称体,重心理论上应该控制在对称点,当然实际工程中无法精确做到这一点,但是也要尽量朝着这个目标努力,剩下的误差交由飞控来配平。从侧面来看,多旋翼的机身呈现出明显的分层结构特点(见图 8-22 和图 8-23),各层之间采用碳纤维板材雕刻加工而成,板材的厚度可以根据需要进行选择或者定制加工,各个安装孔、减轻孔都可以在 CAD 软件中设计,并通过雕刻机加工实现,比较方便。

最上一层支撑板为航电设备安装区,主要集中安装 GPS 天线、GPS 支架、数传模块、数传天线、图传模块和天线(案例中未涉及,可以参考数传模块),其中 GPS 天线和数传天线一般需要隔开并保持距离,避免电磁干扰。中间层通常布置飞控机(白色方块),为了给飞控机提供一个更稳定的工作环境,在其与连接板固定位置往往需要配置减震橡胶球(图 8-22 中未显示)。

下一层主要安装固定 4 个碳纤维支架杆,这种杆材都是中空结构,内部空间可以为电动机、电调的电源线、数据线提供通道与飞控机相连接。这一层还需要固定分电板(一般在碳纤维板中央位置),用来将电池输入电流分成 4 个输出分别连接电动机,这个分电板通常需要电焊作业。在这一层的下方需要设置整个无人机中最重的部件——电池,一般采用刚性悬挂方式设置一个开放式电池舱,一些品牌无人机会在这里花精力设计成一个"即插即用式"独立模块。在其下方一般就属于开放式的任务设备挂载区了,对于航拍用途的无人机来说,需要悬挂数码相机和匹配的减震云台,对于其他用途的无人机,任务设备也一般悬挂在此,从这一点来说,多旋翼无人机的悬挂点其实只有这一处地方。特别是目前刚刚出现的物流无人机,其负责运输的快递箱就是悬挂在机身下方中央位置。

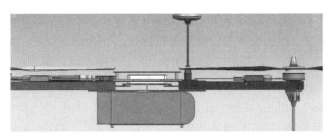

图 8 - 22　西安老鹰航空公司某型无人机侧向局部图 1

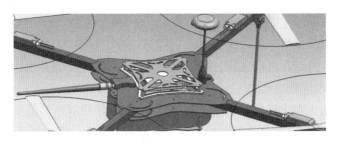

图 8 - 23　西安老鹰航空公司某型无人机侧向局部图 2

多旋翼无人机的支架通常都是采用整体成型的碳纤维杆材(见图 8 - 24),也有使用管材。其一端与中央机身固接,一端负责安装发动机基座,有些长度较长的支架会在机身连接处设置一个折叠结构,以便于地面维修、运输、储存时降低空间需求。有些多旋翼无人机机架会采用向下折叠方式进行收缩,一般都是人工方式进行折叠处理的。

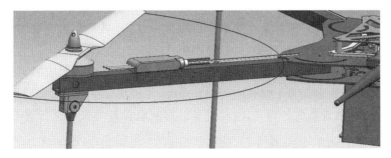

图 8 - 24　西安老鹰航空公司某型无人机支架局部图

除了发动机外,支架上还要设置电调。电调如果尺寸较小或者支架内部空间足够,可以安装在支架内部,不过这种情况就要考虑到飞行过程中电调散热问题,毕竟电调工作时通过的电流还是很大的,局部散热能力非常关键。

多旋翼无人机的起落器大多数时候表现的是一种起落支架,除了少数产品可以空中折叠以外,绝大多数无人机产品的这个起落支架都是固定的,设置位置通常在中央机身下方两侧,有的是 U 形,有的是上形,案例中采用的配置位置在发动机基座的下方,并且这种起落支架设计成了可折叠形式,当然只是在地面经过人工操作才可以折叠,空中状态依然是展开的。对于多旋翼无人机而言,这种起落支架的飞行阻力是比较高的,因此,如果想提高前飞速度,就要尽量采用空中可以折叠的起落架,或者将这种起落支架尽可能设计成细杆。

一些民用多旋翼无人机还会在支架上设置螺旋桨保护罩,这种保护罩通常都是一个扇形结构,以塑料材质为主,直接安装在发动机基座位置。

总体而言,多旋翼的结构形式相对比较简单,可以实现基本功能。在此基础上,很多产品还会统一设计流线型机壳,将整个中央机身和支架全部包裹起来,这样一来,不仅美观,也对航电设备起到更好的保护。但是,这种机壳往往都是复杂曲面,采用塑料或者碳纤维进行整体加工,工艺上需要事先进行模具加工,成本比较高。所以,大多数 DIY 或者是一些科研样机都是直接采用外露机体构架。

### 8.2.3　设备布置特点

尽管多旋翼无人机结构形式方面表现出一种"开放式"风格,人们能够对其进行很大自由度的改进、改装设计,但是在进行飞控、GPS、数传图传、电池等设备布置过程中需要特别注意一个问题,这就是重心问题。

重心问题其实是所有飞行器都必须关注的重要问题,即使对于多旋翼这样的特殊布局无人机而言,一样尤为重要。飞控计算机的算法一般都是默认重心在机体的中央位置,当然算法会考虑到重心不稳和偏离的问题,会在初步的试飞过程中不断累积有关飞行参数对重心进行实际计算和纠正,但是每一种算法纠正能力都有一定的范围,为了更好地避免试飞阶段出现类似的问题,需要在设备布置阶段就解决好重心问题。

有人机在总体设计阶段会有一个专门的设备布置小组来进行设备布置和重心调整的工作,无人机大多都是指定一个人来完成的,现在介绍一下具体的工作方法。

以四旋翼为例,需要先行指定一个设备安装清单(见表 8-1)。其中,4 个旋翼支架、电动机、螺旋桨等部件安装位置一般都是相对于中心对称一致的,只要不出现重大安装错误,一般情况下这些部件对重心的影响比较小,可以忽略不计。

另外,机身部件所使用的碳纤维层板本身如果是 CAD 激光雕刻而成的,且都是轴对称形状,那么它们的重心理论上都是汇聚在中心对称点上,工程实际中可以忽略不用计算。

对于案例表格中的设备部件而言,主要需要针对航电设备的安装进行重心校核。具体方法如下:

(1)使用已经校核过的电子秤逐个测量航电部件的自身重量,采用测量 3 次取平均值的方法,测量结果精确到 0.1g。

**表 8-1 西安老鹰航空科技有限公司 Eagle01 型无人机部件目录单**

| 型 号 | 西安老鹰航空科技有限公司 | | 拟 制 | |
|---|---|---|---|---|
| Eagle01 | Eagle01 型无人机三维数模目录单 | | 校对 | |
| | | | 审核 | |
| 分系统 | 图号 | 名称 | 数量 | 备注 |
| 机体平台 | Eagle-01-0201 | 上盖板 | 1 | |
| | Eagle-01-0202 | 橡皮支撑管 | 4 | |
| | Eagle-01-0203 | 上盖板槽 | 1 | |
| | Eagle-01-0204 | 飞控底座板 | 1 | |
| | Eagle-01-0205 | 上中央板 | 1 | |
| | Eagle-01-0206 | 下中央板 | 1 | |
| | Eagle-01-0207 | 电池支撑板 | 1 | |
| | Eagle-01-0208 | 减震支架板 | 2 | 左右对称 |
| | Eagle-01-0209 | 电机支架杆(600mm 轴距) | 4 | |
| | Eagle-01-0210 | 电池支撑板悬挂 | 4 | 标准件 |
| | Eagle-01-0211 | 垫片 | 4 | 标准件 |
| | Eagle-01-0212 | 电机支架杆(800mm 轴距) | 4 | |
| 起落架 | Eagle-01-0301 | 起落架安装垫片 | 4 | 标准件 |
| | Eagle-01-0302 | 起落架支座 | 4 | |
| | Eagle-01-0303 | 起落架支杆 | 4 | |
| 航电设备 | Eagle-01-0401 | Pixhawk P9X 飞控 | 1 | 成品 |
| | Eagle-01-0402 | 格式 22000mah15C6s 电池 | 1 | 成品 |
| | Eagle-01-0403 | 4008 电机 | 4 | 成品 |
| | Eagle-01-0404 | 螺旋桨 | 4 | 自研 |
| | Eagle-01-0405 | M8N GPS | 1 | 成品 |
| | Eagle-01-0406 | GPS 安装支架 | 1 | 成品 |
| | Eagle-01-0407 | 数传(433MHz)机载模块 | 1 | 成品 |
| | Eagle-01-0408 | 数传(433MHz)机载模块天线 | 1 | 成品 |
| | Eagle-01-0409 | 好盈乐天 40Apro 电调 | 4 | 成品 |
| | Eagle-01-0410 | 螺旋桨桨毂整流罩 | 4 | 自研 |
| 装配图 | Eagle-01-0000 | 总装图(600mm) | 1 | |
| | Eagle-01-0001 | 总装图(800mm) | 1 | |

(2)逐个测量计算航电部件自身的重心位置,单个部件的重心工程估算采用简单的几何中

心原则,以圆形体为例重心就是其圆心位置;以矩形体为例重心就是其对角线交汇处。厚度方面则采取水平一半的位置原则,从而可以大致估算出单个航电设备的重心位置。根据该航电设备的具体安装位置,并结合机体坐标系来确定该设备重心的 X,Y,Z 三个坐标值分量。

如果事先建立好了一个完整的三维虚拟装配数字模型(见图 8 - 25),那么这一过程就会非常简单,软件中会有专门的重心计算模块,按照使用方法一步一步执行即可,否则就要动手进行详细的计算。

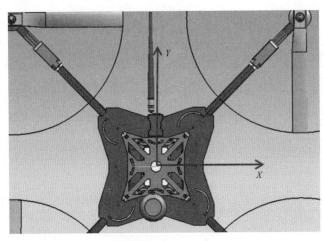

图 8 - 25　西安老鹰航空公司某型无人机俯视图局部

(笔者注:目前航空工程领域的主流三维模型设计软件是法国著名飞机制造商达索公司的CATIA,本书案例中的三维数字模型采用的是另一种主流建模软件 Unigraphics,这是由原来美国麦道飞机公司研发的,现在归属于德国西门子公司。两个软件功能方面有很多相似性。)

具体计算公式如下:

$$\bar{x} = \frac{\sum x_i m_i}{\sum m_i} \tag{8-1}$$

$$\bar{y} = \frac{\sum y_i m_i}{\sum m_i} \tag{8-2}$$

$$\bar{z} = \frac{\sum z_i m_i}{\sum m_i} \tag{8-3}$$

其中,$x_i,y_i,z_i$ 表示单个设备重心在某一个坐标方向上的位置量;$m_i$ 表示单个设备的质量;$\bar{x}$,$\bar{y},\bar{z}$ 表示整体重心坐标值。

如果发现 $\bar{x},\bar{y},\bar{z}$ 这 3 个值不为零,那就意味着重心偏离了几何中心点,就需要有针对性地调整某些航电设备的具体安装位置,然后重复进行上面的重心计算过程,反复进行迭代调试,最终确保重心位置接近几何中心点。在航电设备中,电池和任务设备对于重心的影响最为明显,其余的飞控、GPS 和数传模块等由于重量比较轻,且大多居于中心附近,因此影响较为有限。

如果其他机械结构部件、动力系统、任务设备等不是对称安装的,那么就需要使用这样的方法一并计算其对重心的影响,绝对不能忽视。

当反复调试重心之后,就确定了各个部件的最终安装位置。接下来就需要使用金属螺钉固接,或者采用扎带、胶结方式进行固定安装。日后如果有新设备安装或者对原设备进行调整,都需要进行同样的工作,以确保飞行安全。

## 8.3　多旋翼无人机飞行原理

多旋翼无人机与固定翼飞机飞行原理截然不同,主要依靠各个旋翼之间彼此配合来实现对飞行姿态的控制,本节将以目前最为常见的电动四旋翼无人机为案例来介绍多旋翼无人机的升力控制、起降、前飞、侧飞、旋转等基本飞行动作的原理。其他三旋翼、六旋翼、八旋翼等类型的多旋翼无人机飞行原理本质上与四旋翼大同小异,读者朋友们搞清楚了四旋翼无人机飞行原理之后,其他的都可以自行推导。

### 8.3.1　升力控制原理

在第 2 章螺旋桨部分已经介绍过,螺旋桨旋转而产生的拉力和螺旋桨转速之间呈现出一种近似于二次函数那样的曲线关系,如图 8-26 所示。拉力随着转速增加而增加,当转速上升到一个临界点时,螺旋桨拉力恰好等于该螺旋桨所承担的重力,那么此时无人机处于悬空状态;当螺旋桨转速进一步提高时,拉力则持续上升,这时无人机就会离开地面,垂直向上运动。因此,对于多旋翼无人机而言只需要控制好螺旋桨转速就可以实现对无人机升力的控制。

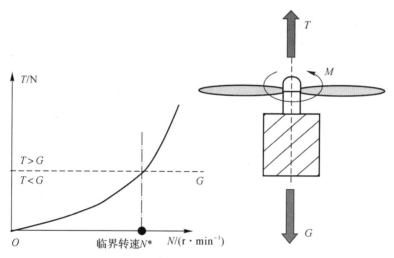

图 8-26　拉力和转速关系示意图

在物理学中,我们知道电动机的功率和转速也表现出一种近似二次函数(注意,只是近似)那样的曲线关系,也就是说控制功率也就相当于控制了转速(见图 8-27)。而电机功率可以简单地表示成 $P=UI$(这是直流电机功率计算公式,交流电机功率计算公式与直流电机不一样,略有区别),对于采用锂电池为动力的多旋翼无人机而言,输入的电压大多数情况下可以看成恒定的,那么简单推导之后,只要控制电流大小,也就实现了控制功率(见图 8-28)。

所以,在多旋翼无人机中,控制螺旋桨拉力是依靠控制电流大小来实现的,这种负责调节电流大小的装置就是之前介绍的电子调速器,一般简称"电调"。在实际电动无人机中,电调一方面负责将电池输出的直流电转化成交流电,另一方面就是接收飞控机的控制指令,对输出的电流大小进行调节。在这样的控制模式下,输入的电流值大,那么转速增加,拉力和扭矩就会增加;反之,转速、拉力和扭矩都会减小。

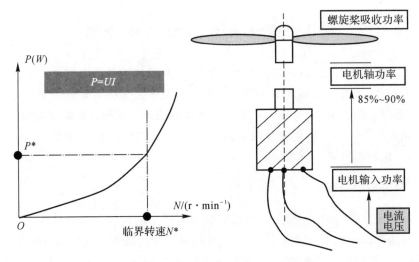

图 8-27　功率和转速关系示意图

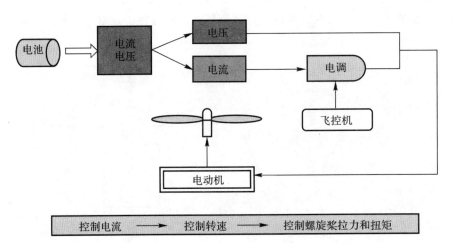

图 8-28　拉力控制原理示意图

当然,为了确保控制的精度和效率,电流和转速的控制关系,不同飞行状态下电流和拉力、扭矩的变化关系事先都应该通过计算或者试验方式确定,这样飞控计算机才可以在实际飞行中有效地进行实时解算和下达正确的指令。如果没有这样的关系基础,那无异于依靠纯人工方式进行飞行控制,对于多旋翼而言这是非常难以操作和平衡的。

顺便提及一下油动多旋翼的升力控制方式,相比于电动机,油动控制策略简单和直接一些,通常绝大部分多旋翼无人机使用的小活塞发动机都是自然吸气的,因此通过设置气门舵机来控制气门大小就可以控制发动机的功率,从而实现对螺旋桨转速、力矩和其产生拉力的控制。

### 8.3.2　垂直起降原理

如果将多旋翼无人机看成一个质点,利用中学阶段的力平衡原理,就可以知道处于平衡状态时需要满足两个平衡条件,即力的平衡和力矩的平衡。力的平衡要求四个旋翼产生的升力合力应该等于重力(见图 8-29);力矩平衡指的是,四个旋翼彼此的旋转力矩能够互相抵消,从而让机体保持姿态稳定(见图 8-30)。因此,四旋翼无人机平衡状态时,四个旋翼的转速必须一致,而且两两旋转方向相反。实际上,也就是四个电动机的输入电流大小一样,两两螺旋桨事先安装方向相反就可以实现。

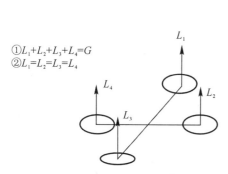

$$①L_1+L_2+L_3+L_4=G$$
$$②L_1=L_2=L_3=L_4$$

图 8-29　垂直起降力学平衡示意图

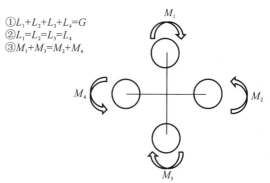

$$①L_1+L_2+L_3+L_4=G$$
$$②L_1=L_2=L_3=L_4$$
$$③M_1+M_3=M_2+M_4$$

图 8-30　垂直起降扭矩平衡示意图

当四旋翼无人机需要起飞时,飞控会让电调加大电流输出,四个旋翼的转速同时增加,增加的转速值一样,每个旋翼上的升力大小一样,其合力大于重力,就可以让无人机起飞或者上升。

相反,当四旋翼无人机需要降落时,飞控让电调降低电流输出,四个旋翼的转速同时减小,减小的转速值一样,每个旋翼的升力大小一样,其合力小于重力,就可以让无人机降落了。

在上升和下降的过程中,四个旋翼中两两力矩彼此抵消,才可以保证四旋翼无人机姿态的平稳。

需要注意的是,此时合力和重力差值大小就决定了起降速度大小,这个速度值专业术语就是"爬升率",以 m/s 为单位(见图 8-31)。爬升率的大小决定了该多旋翼无人机的垂直方向机动能力,如果在上升过程中,发动机功率输出达到极限值时,爬升率却为零,即表示此时无人机再也无法提升飞行高度了,这时的高度值其实就是多旋翼无人机的最大飞行高度,专业术语是"升限",以 m 为单位。

$$①L_1+L_2+L_3+L_4=G$$
$$②L_1=L_2=L_3=L_4$$
$$③M_1+M_3=M_2+M_4$$
$$④L_1+L_2+L_3+L_4>G \quad\text{——垂直上升}$$
$$⑤\frac{L_1+L_2+L_3+L_4}{m}-g>0 \quad\text{——垂直上升加速度}$$

爬升率(m/s)

图 8-31　垂直起降示意图

目前很多多旋翼无人机具备 5 000~5 500m 的飞行能力,但是这种飞行能力和传统固定翼飞机的意义是有区别的。通常情况之下,多旋翼无人机这一指标只是表示在海拔 5 000m 左右的高原地区仍然可以正常使用,并不是表示从平原地区起飞之后能够爬升到 5 000m 高度的能力,因为四旋翼无人机的爬升率一般在 5m/s,从海平面到 5 500m 高度,不考虑电池电量以及低温导致的问题,也需要将近 1 100s(18.3min),已经非常接近其最大续航时间(20~25min),也就意味着,即使飞上去了,也不能有效执行任务立即就要降落,而且降落的时候只能采取垂直落体方式向地面砸下去,明显这是不可能的。固定翼飞机的升限指标就是地地道道的爬升高度,从海平面起飞一定就要达到这一飞行高度,并且还要能够在这一高度执行任务,然后安全返航。这一点也体现出固定翼和多旋翼之间的性能差异。

### 8.3.3  前飞原理

四旋翼无人机的前飞相对于垂直起降而言更有一种过程感,具体而言分为两个步骤来实现。首先,当四旋翼无人机从悬停的稳定姿态调整为前飞状态,这时,后方的两个旋翼会突然增加转速(前方的两个旋翼转速保持原有状态),从而让无人机向前方倾斜一定角度(见图 8-32),物理学中的力学分量知识告诉我们,此时四个旋翼的升力合力会产生一个向前的分力,正是这个分力会让无人机向前移动。

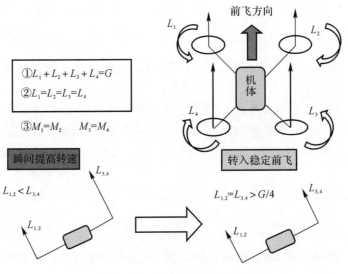

图 8-32  前飞原理示意图 1

其次,需要保持倾斜前飞的稳定姿态。因为在由稳定姿态刚刚进入到前倾状态时,合力在垂直方向的分力会比重力小,此时,就要增加油门(其实是增加电流),调整四个螺旋桨的转速,让其恢复到相等值(见图 8-33),毕竟此时合力的分力才是升力。

尽管前飞表现出过程感,但是在实际飞行操作中操作人员并不会感受到这种过程感,原因也很简单,飞控已经"悄悄地"完成了两个步骤的操作。

所以,从多旋翼无人机的前飞原理来看,前飞状态比悬停状态消耗的功率值要高。前飞速度的大小由功率和前倾角度来决定,在确保力学平衡前提下,增加电机功率和前倾角度,能够得到一个比较高的前飞加速度,这个值越高表示该无人机水平方向机动性能越好。当功率输出极限值情况下输出一个最高加速度值,前飞速度会不断提高,飞行的气动阻力也会上升,前飞的推力与之平衡时的速度值就是多旋翼无人机的最大前飞速度。目前,大多数多旋翼无人机的最大前飞速度一般在 70km/h 左右,曾有媒体报道国外的无人机爱好者操作微型 FPV(穿越机)测试出了近 200km/h 的时速,不过,并不意味着具有商业价值。

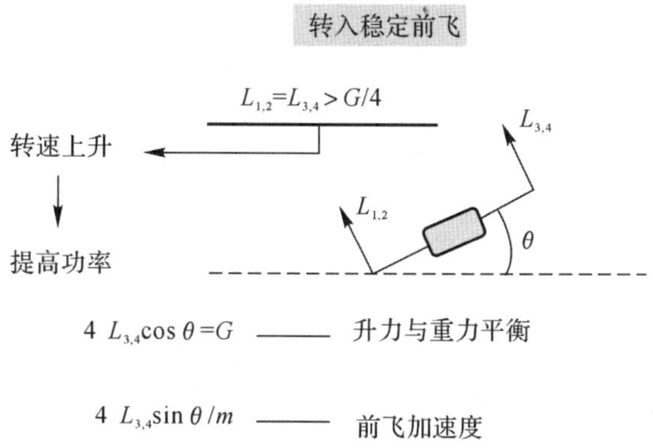

**转入稳定前飞**

$L_{1,2}=L_{3,4}>G/4$

转速上升

↓

提高功率

$L_{3,4}$

$L_{1,2}$

$\theta$

$4\,L_{3,4}\cos\theta=G$ —— 升力与重力平衡

$4\,L_{3,4}\sin\theta/m$ —— 前飞加速度

图 8-33　前飞原理示意图 2

### 8.3.4　侧飞原理

四旋翼无人机从悬停稳定姿态进入到侧飞的飞行原理和前飞状况非常类似,只不过将原来后方的旋翼换成了侧方两个旋翼(有的产品只调整一个侧方旋翼),通过先提高另一侧旋翼的转速来改变侧向姿态角,再调整整个旋翼的转速稳定住侧飞姿态,从而实现侧方飞行(见图 8-34)。

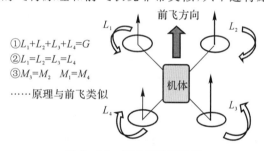

前飞方向

$L_1$　　$L_2$

①$L_1+L_2+L_3+L_4=G$
②$L_1=L_2=L_3=L_4$
③$M_3=M_2$　$M_1=M_4$
……原理与前飞类似

机体

$L_4$　　$L_3$

图 8-34　侧飞原理示意图

四旋翼的侧飞角度比较小,因此,通常情况下侧飞速度比前飞速度要小,也有利于操作人员操作。

这个过程中,各个旋翼上的力和力矩变化过程,以及对应的电流控制关系,读者朋友们可以参考前飞原理自行分析,这里不再重复。

### 8.3.5　偏航原理

四旋翼绕轴旋转来实现调整航向角的原理稍微有点复杂,因为涉及四个旋翼都要参与其中,在确保力平衡和力矩平衡的前提下调节航向角度。

以向左调整航向角度为例(即逆时针旋转),当从平衡状态开始旋转时,其中一对旋翼(其力矩方向正好是无人机需要旋转的方向)会增加转速,通过其不断增加的力矩来推动无人机逆时针旋转(见图 8-35)。但是,我们知道,转速增加后,这一对旋翼产生垂直向上的升力也增加了,为了避免无人机在旋转过程中还进行上升运动,另外一对旋翼就会适当降低转速,这样一方面所降低的升力幅度正好由原先增加转速的旋翼来弥补,总的升力不变,依然等于重力,确保无人机在绕垂直轴旋转过程中保持水平面稳定;另一方面,降低转速的旋翼其产生的力矩是顺时针方向,因此有利于无人机进行逆时针的旋转运动。

当航向角调整结束时,四个旋翼再恢复成原先平衡状态的转速值,从而仍然维持悬停状态。

### 8.3.6 突风稳定原理

除了悬停、前飞、侧飞等基本飞行动作之外，对于四旋翼无人机而言，突风扰动是最为常见的飞行状态，在这种不确定的自然风作用下，无人机的姿态会发生比较大的变化，往往会产生像落叶一样的飘忽现象，让我们来分析一下背后的力学原理。

①$L_1+L_2+L_3+L_4=G$
②$L_1=L_3<L_2=L_4$
③$M_4=M_2>M_1=M_3$
$M_1$
$M_2$
$M_3$
$M_4$

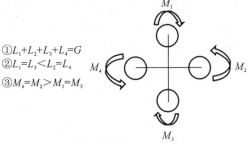

图 8－35　自旋转原理示意图

当遇到突风侵扰时，四旋翼无人机会顺着风向漂移并产生一个倾角（见图 8－36），这时，如果没有任何人工干预或者飞控介入，四个旋翼的转速都不会发生任何变化，力矩依然保持平衡，但是四个旋翼升力的合力就偏离了垂直方向。一方面，这个合力在水平方向的分力作用方向正好是逆风向的，这个力就是四旋翼无人机受到扰动之后的自我恢复力（也可以称之为向心力）。在这个恢复力作用下，无人机就会向原来的方向运动，但是由于惯性的存在，一般会超过原来的稳定位置，滑向另一侧，同样地，在向心力作用之下，无人机又会反向运动，从侧面看上去如同一个钟摆一样，来回晃动。

扰动状态
$L_{1,2}=L_{3,4}=G/4$
向心力
$L_{1,2}$
$L_{3,4}$
$L_{1,2}$
$L_{3,4}$
$\theta$
$4\ L_{3,4}\cos\theta<G$ ———— 升力低于重力
$4\ L_{3,4}\sin\theta$ ———— 向心力
$4\ L_{3,4}\sin\theta/m>0$ ———— 复位加速度

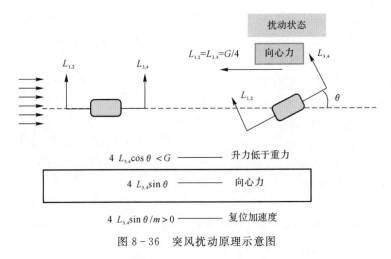

图 8－36　突风扰动原理示意图

另一方面，四个旋翼的合力在垂直方向的分量是用来克服重力的，但是此时这个分量是小于重力值的，因此，在无人机进行来来回回的“钟摆”运动时，其飞行高度是在不断下降的（见图 8－37）。

如果飞行高度足够，在不断的往复运动中无人机本身受到外界的摩擦阻力如同一个阻尼器一样，能够不断地减少摆振运动幅度，也许在下降到某一个高度时，摆振运动就停止了，这时无人机就自我恢复到新的平衡状态，这样的能力就是“收敛”的（而这种自我恢复的能力受其起飞重量、四个电动机力臂长度、电机功率、螺旋桨尺寸和最大拉力等诸多因素影响）；反之，就是“发散”的。

$L_{3,4}$
$L_{1,2}$

图 8－37　突风扰动下无人机轨迹示意图

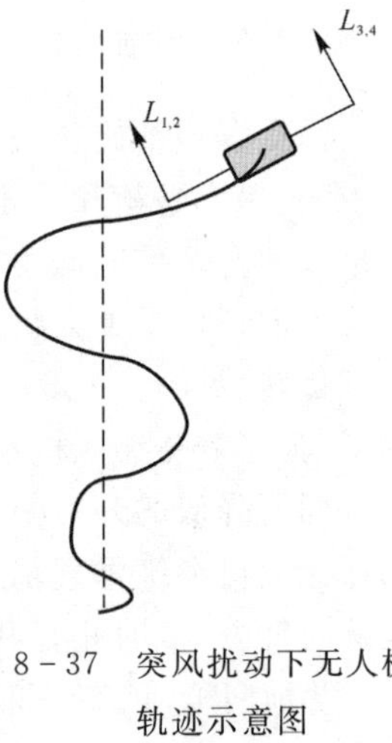

在现实无人机产品中，飞控机会根据内部陀螺仪测量的姿态数据第一时间向四个旋翼发动机下达抗突风的操作指令，根据突风扰

动产生的角度变化量来调整相应的发动机转速,提高恢复力和拉力,防止掉高度,并及时增强人工阻尼,有效遏制摆振现象。

而飞控对突风控制的能力也是衡量其自稳性能的重要指标之一,一般以响应时间来作为判断标准,响应时间越短,则稳定性就越高。为了实现这种目标,往往在算法阶段就要建立该无人机的飞行力学仿真模型加以模拟分析,确保算法的可靠性。一些著名品牌的产品在受到突风扰动时往往表现得很出色,几乎稳定不动;而一些小品牌的产品,特别是使用开源飞控DIY 的产品,往往抗突风扰动的能力就比较差。

对于纯人工操作的四旋翼无人机而言,在遇到突风扰动时,最好的办法就是第一时间发现第一时间加大油门避免掉高度,同时反向操作向原状态恢复,在恢复的过程中需要根据摆振姿态及时操作,产生一个人为的阻尼作用,尽早恢复到原来的状态。

## 8.4　多旋翼飞控系统

消费级和大部分工业级多旋翼无人机的飞控系统从硬件上看属于无人机领域中高度集成化的产品,通常情况下外在表现形式就是一个小方盒一样的飞控机,在飞控机的外部会提供若干标准化的数据接口、电源接口等。打开其外壳之后可以发现,在本书第 3 章中所介绍的飞控系统各个组成传感器部件,基本上都是以微电子元器件的方式被高度集成在一块电路板(见图8-38)中,比如陀螺仪、加速度计、气压高度表等,所以,只需要一块这样的飞控,连接好电源线和数据线之后,就基本组成了一个较为完整的"飞控系统"。除此之外,这种风格的飞控需要外部连接专门匹配的 GPS 接收器/发射器,也就是俗称的 GPS 模块,以及数据传输模块/图像传输模块。某些版本的飞控机可以附带连接光流传感器或者超声波传感器等特殊用途设备。不过这些附属设备同样属于轻、小型电子产品,接口形式和电压输入标准都已经和飞控的输出接口匹配一致,两者之间的安装和调试比较简单。

图 8-38　多旋翼飞控电路板示意图

### 8.4.1　多旋翼飞控系统特点

早期的这种多旋翼飞控产品的外部连接口直接设置在机壳的正上方,相关接口插线连接方式如图 8－39 所示。具体主要涉及所有的电调控制数据接口、飞行模式、电源输入、数传接口、遥控器接口及其他传感器、任务设备接口等，而各种舵机的接口一般固定翼无人机会预留，多旋翼无人机则不必涉及。不过，这种顶端接口连线方式往往在实际工程中会显得略微烦琐一些（见图 8－40），所有的数据线都需要在插头外端弯曲，非常容易引发接头松动；此外，由于飞控机处于整个多旋翼无人机设备的最上方，这样接口设置就需要配置较长的数据线。所以，截至目前，很多国内供应商已经在这种飞控机的基础上进行了改良，所有的接口都已经集成到其中一个侧面，这样在安装过程中就会比较方便。

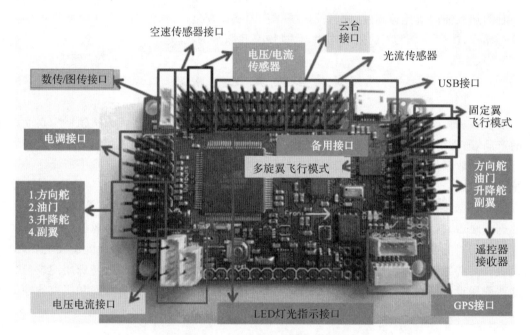

图 8－39　多旋翼飞控接口示意图

图 8－40　多旋翼飞控连接线外部示意图

　　不过需要注意一点，将飞控机和各种其他的设备连接线正确连接只是第一步的工作，此时的飞控机只是一个"纯"硬件而已，其内部并没有加载任何一条飞控算法。

　　因此，之后就需要往这个硬件注入人工编入的飞控算法，这个过程就是俗称的"加载固件"。当然，这种飞控算法都是现成的，不需要操作者一条一条编写（当然，读者朋友们也可以编写,不过需要花费相当长的时间)。

通常的方法就是通过台式计算机/笔记本电脑和飞控机之间用 USB 接口建立连接,计算机本身需要联网。打开飞控机指定的软件,如 Misson Planner 等,进入界面之后,软件会自动搜索飞控机,一旦找到并建立联系,接下来就可以为飞控机加载固件,通常有两种模式:手动模式和自动模式,一般选择手动模式进行操作。首先,软件会自动登录该飞控机品牌供应商的官方网站指定下载地址,进行相关软件的下载,并加载到飞控机。

飞控机固件加载完毕之后,由于飞控机中集成了很多惯性导航设备,如陀螺仪、磁力计等,根据之前章节对其原理的介绍,在使用之前必须对其进行校核。具体校核方法也比较简单,需要根据软件的提示,不断地将飞控机置于不同坐标系空间平面,以便于飞控机记录陀螺仪的初始数据。此外,还需要对遥控器的各个开关、操作杆动作量等进行校核,依据软件一步一步地来进行就可以了。

硬件校核完毕之后,就需要对飞控机进行两个方面内容的设置:飞行模式设置和失控保护模式设置(见图 8-41)。飞控算法中,飞行模式虽然一般会提供 10 个模式供选择,但是通常情况下只能选择使用其中的 6 个模式。

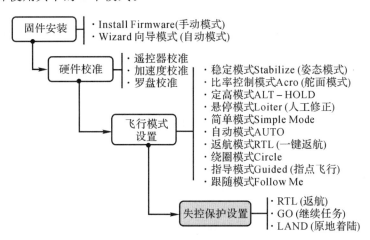

图 8-41　多旋翼飞控飞行模式示意图

这些飞行模式包括:

(1)稳定模式:飞控介入提供增稳控制的操作模式,能够时刻保持稳定性。

(2)比率控制模式:这就是所谓的纯操作模式,飞控完全不介入,全部依靠操作人员自己的手工操作,对于个人操作水平要求比较高。

(3)定高模式:启动这个模式,飞控会自动调整油门让无人机保持固定高度。但是关闭这一个功能时或者切换到其他模式时特别需要注意,如果原先油门是 40%,那么无人机会迅速掉高度;如果原先油门是 70%,那么无人机就会急速爬升。切换模式时需要特别小心。

(4)悬停模式:飞控依据气压传感器和 GPS 进行定点悬停,不过如果 GPS 信号不稳定,这种模式下的定点效果就比较差。

(5)简单模式:以起飞时机头指的方向为遥控器上前飞方向,飞控自动控制无人机的空中姿态,无须人工干预。

(6)自动模式:这就是无人机的航线规划功能,依据事先设定的航线,飞控机操作无人机自动飞行。

(7)返航模式:飞控机会操作无人机飞向预先设定的返航点,一般算法预设的安全飞行高度是15m,如果返航时高度比15m低,飞控机会控制无人机爬升到15m。接近返航点时,会先悬停几秒(可以设定时间长短),然后降落。

(8)绕圈模式:飞控机控制无人机让机头始终指向遥控器,并进行定点绕圈飞行。

(9)指导模式:这种模式有点类似军用级无人机的任务飞行指令,在飞行过程中,可以随时增加任务点(提供GPS坐标),并设定高度,飞控机就会操控无人机飞向指定的任务点。

(10)跟随模式:和绕圈模式有点类似,不同之处在于操作人员可以移动,并且无人机会跟随操作人员一起移动。

在这10种飞行模式中,简单模式和稳定模式是比较常见的操作模式,适合新手操作,悬停模式、自动模式、返航模式、指导模式等都对GPS信号要求比较高,一旦定位不准确,就会偏离预计飞行航线,使用时需要特别注意。难度最大的模式就是比率控制模式,飞控机完全处于"沉默"状态,这对于飞手操作技能是一种考验。

除了这10种常规飞行模式之外,飞控算法还提供了紧急情况下的失控保护模式,具体包括3种应急处理模式:

(1)返航模式:发生信号中断之后,飞控机会根据记录的起飞点位置操控无人机进行返航飞行。

(2)继续任务模式:这种模式就是无视信号中断的情况,飞控机继续操纵无人机向指定任务点飞行,这时完全依靠惯导系统进行导航。由3.2节对惯导系统的介绍可知,惯导导航的误差具有累积效应,惯导作用的时间越长,误差累积越大。因此,失去信号状态下,继续执行任务时需要考虑下一个飞行点的距离远近程度。当然,如果有光流传感器进行误差修正,效果就会更好一点,但是,对光流传感器也不能绝对信任,毕竟其作用范围和距离都有限制。

(3)降落模式:这种模式比较好理解,一旦失去信号,飞控机立即操作无人机原地进行降落,然后关机等待救援。

对于高性能的多旋翼无人机,可以设置返航模式或者继续任务模式作为应急模式,对于一些DIY模式的多旋翼无人机最好还是选择降落模式比较合适一些。

总的来说,飞行模式的选择,包括应急模式的选择都需要根据实际情况来设定,并没有一个固定、僵化的标准。但是,总的原则以安全飞行为第一。

### 8.4.2 常见多旋翼飞控产品

截至目前,多旋翼无人机飞控产品种类并不像其他部件那样市面上会有五花八门的规格和型号,但是已有的国内外若干型号飞控机已经形成一定的产业规模,广泛应用在各种消费级和工业级无人机平台中。国内的情况相比于国外,在民用无人机飞控领域反而表现得更有优势一些,因为国内有很多家公司都有其自己品牌的飞控产品。这对于很多无人机研发公司和个人爱好者,都是非常便利的,可以根据需要选购合适的多旋翼飞控产品。

如果用飞控最关键的算法来分类,那么目前国内能够买到的多旋翼飞控产品可以大致分成两大类。一类是以国外开源式飞控为基础的各种原装版产品和一些改良版产品,其中最著名的就是APM/Pixhawk系列飞控产品,这种产品一般价格比较低廉,提供较为丰富的接口和开源功能模块,是很多中小无人机制造商和大中专院校开发无人机产品的首选;二是以独立自主研发的飞控算法为核心的飞控产品,这些产品往往都是某些无人机公司的核心技术,不会提供源代码,但是仍然具有较好的开放式接口,属于"即插即用"型。相比于开源产品,自主研发产品具有优良的改进能力和稳定性、可靠性,价格方面要比开源飞控贵得多,一般在几千元到几万元之间。其中比较著名的就是大疆公司的 NAZA 系列、零度公司的 X4 系列、成都纵横公司的 AP/MP 系列等。

本节简单介绍几种比较常见的多旋翼无人机飞控产品,以便读者朋友们对多旋翼无人机飞控产品建立形象的认识。

1. APM/Pixhawk 系列

APM/Pixhawk 飞控产品是目前使用最为广泛的开源式无人机飞控,不但是多旋翼,其他的如固定翼、直升机、无人车、无人船等都可以使用。但是需要注意一点,这种开源式飞控产品主要应用在绝大部分的消费级和部分的工业级无人机领域,在高端无人机领域基本上不会使用这种飞控产品。

APM 飞控的开发最早可以追溯到 2007 年,克里斯·安德森利用乐高机器人配件进行无人机的开发时,编写了初步的控制算法代码,这一个代码就是 APM 系列飞控的最原始框架。在这基础上,克里斯·安德森和他人成立了 3D Robotics,这是一个开放式研发团队。之后从2007 年到 2010 年,不断有人对控制代码进行改进并推出了第一种成熟的开源式飞控产品APM1.0。这种开源式 APM1.0 飞控推出之后在很多无人化的平台上进行了广泛的测试和改良,2011 年又推出了 APM2.0 版本,2012 年 APM2.5 版本问世。APM2.5 版本应该是多旋翼无人机发展初期使用最广泛的,国内很多飞控产品供应商都是从仿制 APM2.5 开始飞控研发业务的。

在 APM2.5 版本的基础上,3D Robotics 陆续推出了 APM2.6,APM2.8 版本。在 2013年 3D Robotics 推出了全新的 Pixhawk 开源式飞控产品(见图 8-42)。截至目前,Pixhawk 已经推出了 4.5 版本,国内单价一般在 500 元以内,比较便宜。

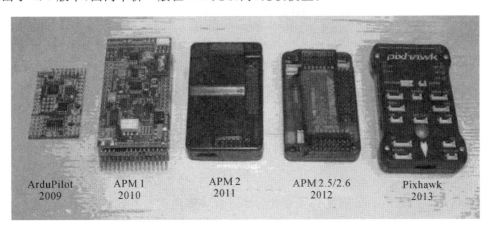

图 8-42　APM/Pixhawk 飞控产品发展历程图

如果需要了解 APM/Pixhawk 飞控的资料,可以自行在 APM/Pixhawk 的官方网站(http://ardupilot.org/)下载。该网站不仅提供源代码、软件说明书,还提供了配套的无人机地面站控制软件 Misson Planner 的下载和调试说明。对于 DIY 爱好者而言,APM/Pixhawk 飞控产品算是比较"友好"的,不过需要注意的是,说明文档都是英文的。

不过,从其研发历程来看,APM/Pixhawk从诞生之初其实就和机器人概念颇有渊源,从这个意义上来看,很多DIY组装的多旋翼无人机、无人车、无人船其实都是机器人的另一种形式,和航空产品还是有很大区别的。

2.大疆NAZA系列

与APM/Pixhawk飞控这种开源式研发理念不同,消费级无人机企业龙头深圳大疆公司面向众多的多旋翼研发型用户提供了一种更加集成化的飞控系统产品,这就是NAZA飞控,中文名为"哪吒"(见图8-43)。大疆的这种飞控产品涵盖了多旋翼无人机完整的电子部件组成,所有的测量传感器,如陀螺仪、光流传感器、气压传感器、磁力计等全部集成到主控制器内,此外还配置了GPS模块、多功能模块、调试模块以及各种专用规格的连接线,实现了打开包装即可进行装机,为很多无人机公司和研发团队省去了很多不必要的麻烦。

在软件方面,大疆也自主开发了专用的飞控算法,这一点是和APM/Pixhawk最大的区别,也是大疆本身的核心竞争力之一,该算法目前不提供源代码。正是凭借这套成功的飞控算法,无论是四旋翼还是六旋翼、八旋翼等,NAZA飞控对绝大多数布局形式的多旋翼都具有良好的适应性。此外,在地面站调试软件领域,NAZA也提供配套的大疆自主开发的全中文界面产品,其调试过程和操作方式要比APM/Pixhawk所使用的Mission Planner界面简洁得多,对于大多数国人而言,看到这种界面会有一种"亲切感"。

大疆NAZA飞控产品的价格在1 000元左右,除此之外还有A2,A3,N2等系列飞控产品,性能有不同程度的提升,当然价格也有相应的上升。

总体来看,大疆飞控的控制稳定性相当高,内部算法增加了特殊的抗干扰功能,也无须特别烦琐的调试工作,能够在"悄无声息"中使操作者更加稳定地操作飞行器。

图8-43 大疆NAZA"哪吒"飞控产品图

3.纵横公司MP/AP系列

如果认为APM/Pixhawk,NAZA等这种小方块一样的飞控机就是航空工程领域普遍的飞控产品,那就不对了。对于很多高端无人机而言,成都纵横公司研发的飞控机才是"真正意义上"的飞控机。该公司原本主要为固定翼无人机研发飞控产品,但也为多旋翼无人机提供专用级的飞控机,比如MP201M型和AP201M型飞控机(见图8-44、图8-45)。这两种飞控机都是采用有人机领域的航空电子产品研制规范标准进行研发的,外观和APM,NAZA飞控机完全不同,全部采用全金属外壳,不但有效屏蔽外界电磁信号的干扰,还可以在严酷环境中保持正常工作能力(工作温度-40~70℃)。

图 8-44　纵横 MP201M 飞控机　　　　图 8-45　纵横 AP201M 飞控机

硬件方面高度集成设计,对于无人机飞行而言所需要的传感器基本都配置了,并且采用了战术级别的惯性导航元器件,导航精度相当高,即使在失去 GPS 信号情况下,仍然具备精准飞行能力,10min 无 GPS 信号飞行误差小于 1km。数据传输距离超过 60km,并具备记录 8h 飞行数据能力。

此外,配置专用级别的 RTK 差分 GPS,正常信号情况下可以达到厘米级的定位精度。所提供的数据接口都是符合航空工程标准的,能够无障碍地与其他专业级别的设备进行连接。

这两款飞控机都有与之配套的地面站系统,这些地面站系统也都是纵横公司自主研发的,同样达到专业级标准。

内部加载的飞控代码也是纵横公司自主开发的自适应飞行控制算法,具有优秀的稳定飞行控制能力,并且在软件和硬件两个方面进行了双冗余度设计,增强了实际飞行的可靠性。据纵横公司网站公开数据显示,2016 年在其各种型号固定翼、多旋翼无人机飞行作业中,没有发生一起因为飞控系统故障导致的飞行故障,可见,这种产品的可靠性相当稳定。

纵横公司针对多旋翼研发的飞控机的重量要比 APM/Pixhawk,NAZA 等重一些,其中AP201 重量为 460g,MP201 重量为 350g。价格方面就比较贵一些,毕竟是专业级别的产品,AP201 和 MP201 的采购成本都要以万元为单位了。

无论是消费级还是工业级多旋翼无人机,航电系统的成本一般占到整个飞行器成本的1/5～1/4,因此,更多的时候需要在性能和成本之间进行有效权衡,不一定最贵的就最合适,一切以实际需求和成本的综合考虑来确定。

# 思　考　题

1. 简述多旋翼无人机的总体布局类型及其特点。
2. 简述四旋翼无人机的结构布置特点。
3. 解释四旋翼无人机的升力控制原理。
4. 解释四旋翼无人机的突风稳定控制原理及相应操作措施。
5. 对比分析常见三款多旋翼飞控机的性能参数。

# 第 9 章 无人飞艇

前面章节所介绍的航空器以及无人飞行器都是属于比空气密度大的一类，也是目前航空工程技术领域的主流产品，其摆脱重力束缚来源于空气动力学。但是，在人类航空发展史上，还有一种飞行器产品，其摆脱重力束缚不是来自于空气动力学而是空气静力学，这就是"飞艇"。

飞艇诞生的时间比莱特兄弟的"飞行者1号"要早得多，只不过在20世纪30年代之后就销声匿迹。70年之后，在无人驾驶技术的刺激下，这种颇具历史感的产品又一次走上历史舞台，只不过这一次已经换了名称，叫做"无人飞艇"。

本章将对其进行简单介绍，以便读者朋友们了解和认识。

## 9.1 飞艇发展历程

在人类探索飞行的历史进程中，飞艇应该是第一种比较成功的载人飞行器了。最原始的气球/热气球就是飞艇的雏形，都是属于依靠低密度气体提供空气浮力来飞行的产品。根据最经典的阿基米德定律，因为空气的平均分子量是28，只要找到一种气体的分子量比空气小，就可以提供有效浮力，与空气的分子量差距越大，提供浮力的能力就越强，而当时人类所能找到的最轻气体就是氢气（$H_2$，分子量只有2）。早在19世纪末（中国还处于乾隆时代），法国人罗伯特兄弟二人就制造出人类第一台有动力的飞艇，当时这种飞艇采用了氢气填充，外形不是今天所见到的"流线体"，而是像鱼一样。向前飞行的动力用今天的标准来审视，就显得非常的"搞笑"。罗伯特兄弟二人采用的就是划船用的桨，可能当时人们对于空气物理特性的理解就类似于水吧。但是，这样的桨竟然也让这艘飞艇升空之后具备了向前飞行的能力。不过在上升过程中，由于外界大气压随着高度下降，内部氢气开始膨胀，眼看就要出现飞艇破裂这样的事故，罗伯特情急之下用刀割破飞艇，这才逃过一劫。

从此之后，所有的飞艇都会安装排气装置。之后的罗伯特兄弟和法国一位名叫查理的教授合作，发明了一种"空气房"技术，即在飞艇气囊中央设置一个单独的气囊，这个气囊填充的是空气，周围气囊中才是氢气。当飞艇升空之后，如果外界气压降低，就会排出空气房中的空气以便氢气气囊膨胀，这样一来不仅能够确保浮力不下降，也能有效防止氢气气囊破裂。因此，从功能上讲，这个空气房有点类似于潜水艇的压水舱，都是用来调节压强和浮力的。这种较为巧妙的设计装置成为日后各种飞艇的标准配置。

不过，单从这一点我们就能发现，飞艇的安全性始终存在着致命的缺陷，一旦泄漏气体，浮力就会大幅下降，并且氢气极易燃烧。

之后随着工业革命的到来，很多创新技术陆续被研发出来，人类对于飞艇的改进也开始进入快车道。首先，将那种划水桨方式改成了螺旋桨形式；其次，在螺旋桨的驱动方式上，尝试着使用了蒸汽机、内燃机还有电动机。正是这种机械动力的投入使用，使得飞艇可以越造越大，从最初的不过 1 000kg 的浮力,此时已经提高到了一倍以上,具备搭载多名乘客的能力。

　　不过此时的任何一种飞艇都是属于前沿科技的创新实验产品,大多都是处于"能飞"的状态,但只能在空中随风逐流,无法人工进行控制。直到 1884 年,法兰西共和国的两位陆军军官路纳德和克里布设计了第一艘能够进行人工操作的飞艇——"法兰西"号(见图 9-1),这架飞艇长 51m,采用电动机驱动螺旋桨动力方式,在氢气气囊的浮力下升空之后,可以改变电动机角度方向,从而可以调整飞艇的前飞方向。抵达目的地之后,通过放气来降低高度,最后向地面投放缆绳,依靠地面人员的拖拽来调节最终的降落。这种降落模式非常类似当时的船舶靠岸作业,不过,也是因为这种方式的简单可靠,成为日后很多飞艇的标准降落作业模式。

图 9-1　"法兰西"号飞艇

图 9-2　菲迪南德·格拉夫·齐柏林

　　尽管飞艇诞生在法国,然而,真正让飞艇在人类航空史上大放异彩的却是德国的一名贵族退役将军——菲迪南德·格拉夫·齐柏林(见图 9-2)。齐柏林在其军旅生涯中一直对于飞艇这种新科技持续关注,退役以后,在 1900 年自费召集技术团队研制一种全新的大型飞艇。这种飞艇最大起飞重量高达 12t,采用了硬质骨架设计,即采用类似鱼类骨架那样的结构布局,腹部设置一条贯穿前后的金属大梁,每个横向截面上设置结构加强框,整个气囊外部使用防水帆布从而能够保证良好的外形(见图 9-3);内部采用了类似于船舶领域隔水舱那样的设计理念设置了 17 个独立的气囊结构,各个气囊填充氢气。这样,任何一个气囊破损都不会导致浮力大幅下降而影响飞行安全。

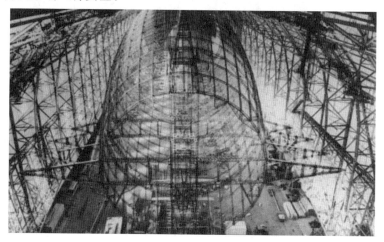

图 9-3　硬式飞艇内部结构

在齐柏林所主导研发的这种"硬式"飞艇相比于之前法国人制造的那种"软式"飞艇而言,飞行安全性和性能方面都大幅提高。在此基础上,1910年,齐柏林成立了人类第一家航空公司——德拉格航空公司,采用这种硬壳式飞艇Lz-7号(见图9-4)在德国城市法兰克福和杜塞尔之间(180km航程,全是山区地形)进行商业运输,最大载客量24名乘客,飞行速度70km/h,这在当时已经算是最快速度的交通方式。

图9-4 Lz-7号大型飞艇

在齐柏林去世之后,1927年,齐柏林的合作者艾肯纳博士在Lz-7飞艇的基础上研制了一种超大型飞艇。该飞艇长237m,采用硬式结构设计,自重高达118t,可以载重53t,配置了5台柴油发动机驱动螺旋桨来推进飞行和控制方向,最大飞行速度高达193km/h。为了纪念昔日的好友,艾肯纳博士将其命名为"齐柏林"飞艇(见图9-5)。从此,"齐柏林"三个字几乎成为了飞艇的代名词。

图9-5 "齐柏林"号超大型飞艇

这种超大型齐柏林飞艇试飞成功之后,曾经进行过一次非常成功的环球飞行,历时21天

7 小时 3 分,成为当时最先进的交通运输工具。在环球飞行过程中,"齐柏林"号中途还抵达过中国。正是通过这种独特的营销方式,刺激了当时的飞艇航空运输业高速发展。不仅仅是德国,当时的美国、英国、苏联,甚至日本都积极研发相应的飞艇,并投入到商业运输中。

而"齐柏林"飞艇商业领域的成功,也造就了另一家著名的公司,这就是为"齐柏林"飞艇提供发动机的制造商。当时不过是一家刚刚成立不久的小公司,日后不断成长壮大,这就是著名的"迈巴赫"公司,现在专门生产高级跑车。

1927 年到 1937 年这短短的 10 年堪称飞艇的"黄金十年"。

1936 年纳粹德国统治时期,德国研制了世界上最大的飞艇,并将其命名为"兴登堡号"(见图 9 - 6)。这款超级飞艇长度 245m,最大直径 41m,可以搭载 72 名乘客从德国跨越大西洋飞往美国(见图 9 - 7),中间不停留,最大飞行速度 135km/h,全程耗时 2～3 天。为了适应 2～3 天的飞行旅行,"兴登堡号"飞艇配置了豪华餐厅、卧室、卫生间等设施(见图 9 - 8、图 9 - 9)。不过,在 1937 年 5 月 6 日,当"兴登堡号"飞艇飞抵美国新泽西州莱克湖海军航空总站准备降落时,突然飞艇起火,大火瞬间引燃了气囊中的氢气,245m 长的飞艇瞬间就变成火球,飞艇内部所有机组成员和乘客全部遇难(见图 9 - 10)。

事后调查事故原因,说法有很多种,最有说服力的就是静电,即由于机体与空气摩擦产生静电大量积累,且得不到有效释放,当时"兴登堡号"已经在天空飞行了 3 天多时间,比预期时间延长了 12h,当静电突破临界值时就产生了电火花,从而引燃了气囊中的氢气,最后导致悲剧发生。

延伸而论,即使在今天,很多固定翼飞机的轮胎上面都铺设了金属丝,在其降落触地的一瞬间,就会将机体表面的静电传输到大地,从而保证飞行安全。日后,如果读者朋友们遇到直升机救援,当直升机上扔下缆绳时,在其未触地之前最好不要接触,防止静电击伤人体。

1937 年的这一悲剧不但彻底结束了齐柏林飞艇的历史,也结束了飞艇的历史。从此之后,飞艇彻底退出了历史舞台,取而代之的是飞机。

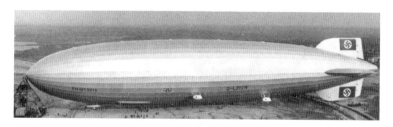

图 9 - 6　"兴登堡号"超级飞艇

图 9 - 7　兴登堡号飞艇抵达纽约

图 9 - 8　兴登堡号飞艇内部

图 9-9    兴登堡号飞艇内部餐厅

图 9-10    兴登堡号飞艇失事

在飞艇沉静近 70 年后,随着航空科技进步特别是无人驾驶技术的发展,飞艇再一次飞向天空,不过这时已经变成了"无人飞艇"。和大多数有人飞机相比,飞艇尽管体积庞大,飞行速度比较慢,几乎属于"老爷车"级别,但是飞艇也有其独特的优点,比如飞艇的造价比同类载重的飞机要低得多。这一优点往往被民用领域看中,用来进行广告投放、空中航拍和测绘方面的用途(见图 9-11)。简单来说,这种用途的飞艇,更多时候像一个可以飞行控制的大气球,且实际中,很多民用飞艇制造商往往采用最方便的非硬式气囊结构,直接充气就可以保持外形和浮力,成本比较低廉。

而现代航空领域关注重点是飞艇的滞空时间优势,一般而论,飞艇的飞行时间很长,超过 24h 都是很轻松的事情,一些采用太阳能的无人飞艇甚至具备理论上的无限期滞空能力和高空飞行能力。因此,正是在这种超级长航时特点的吸引之下,各种高端的无人飞艇开始陆续出现在人们的视线中,并且还给这种飞艇取了一个更为高大上的名称——"临近空间飞行器"(见图 9-12)。这一类产品多用于军用领域或者边防安全等非传统领域。

图 9-11    现代飞艇广告投放

图 9-12    现代高空无人飞艇

现代飞艇在外观上和 70 年前的飞艇并无本质区别,但是在飞艇材料和电子控制系统方面都已经有质的飞越。在最为重要的安全性方面,现代飞艇已经完全放弃使用氢气,转而使用更加安全的氦气。此外,更为稳妥的是,现代飞艇基本上极少进行载人飞行,因为在载人飞行方面,飞艇和现代客机或者直升机相比没有任何优势。所以,70 年前的那种灾难不会在今天的飞艇上重演。

## 9.2    飞艇总体构造

无论是过去的载人飞艇还是现在的无人飞艇,其机体构造和同时代的其他飞行器相比总体上会显得简单一些,主要包括气囊、动力装置、尾部装置、吊舱、起落架和羁留装置等。当然,对于硬式飞艇而言,机体结构较为复杂,有点类似固定翼飞机的机身结构,现代飞艇很少采用这种比较笨重的硬式结构,因此,这里不再介绍,有兴趣的读者可以借鉴第1章中关于机身结构的介绍。

本节主要介绍一下现代飞艇/无人飞艇的总体结构特点。受到现代科技的有力支持,如今的飞艇相比于过去产品,在外形上就表现出多样性。最基本的外形就是单一流线体,尾部设置尾翼,中央腹部设置吊舱;在此基础上还有一些特殊的变体,如飞碟形状、鱼类形状等。除此之外,还有一些双体结构(见图9-13),即两个单流线体横向组合而成,甚至还有三个组成一个整体结构(见图9-14)。

图9-13 无人飞艇外形1

图9-14 无人飞艇外形2

无论飞艇外观如何变化,其内部结构都是大体相同的,下面就以简单的单一流线体类型飞艇为例介绍其各个部分的功能和特点。

1. 气囊

气囊是飞艇中最为核心的部件,整个飞艇的升力全靠气囊提供。早期飞艇一般只有一个气囊,经过实践证明单一气囊的安全性和可靠性是比较低的。之后出现的飞艇,特别是硬式飞艇,往往采用两个以上,甚至更多的独立气囊设计,用来提高浮力的冗余度以及在不同高度层时调节各个气囊的压力。

在现代飞艇中一般情况下会同时设置两个气囊,都充入氦气,其中一个称之为"主气囊",一个称之为"副气囊"。主气囊体积最大,负责提供飞艇的升力;副气囊体积较小,功能类似前文所说的"空气房",主要作用是调节气压,当然也能提供一部分浮力,甚至还可以提供一定的飞艇姿态调节能力。

飞艇气囊的材料现代可选的种类比较多,一般以重量轻、密闭性好、抗老化性强的化工合成纤维制作。对于一些低成本的非硬式飞艇来说,通常采用成本较低的材料,如PVC(聚氯乙烯),这种材料在生活中也比较常见,总体性能指标对于飞艇而言比较一般,唯一优势就是成本比较低,采购渠道比较多。有时候为了加强强度往往将PVC和纺布结合使用,重量为略微增加。在一些体积较大、飞行性能较高,甚至要搭载重要设备的飞艇领域,气囊一般使用TPU(热塑性聚氨酯弹性橡胶)薄膜。这种材料的韧性、抗拉强度等机械性能比较高,且具有优良的抗老化性、抗腐蚀性、气密性,除此之外,这种材料还具有抗燃性,在−50~120℃之间均能保持稳定性能,唯一的缺点就是价格比PVC要高很多。对于一些高端中大型飞艇,气囊材料首选就是PVF(聚氟乙烯),这种材料的力学特性和化学性能比PVC、TPU都要优秀得多,20年户外长期使用都不会出现老化现象,表面光滑度高且不易黏附灰尘等,当然,成本方面就异常昂贵,民用无人飞艇极少采用这种材料。少数特殊用途的飞艇还会使用金属铝箔加工艇身气囊,这种结构的受力,隔离可见光、紫外线和红外线等作用比化工合成材料要好得多,但是重量方面就显得略重。

2.尾部装置

飞艇的尾部通常像固定翼飞机那样设置尾翼,有些还会在尾翼中央位置设置一台后推式的发动机和螺旋桨。飞艇尾翼的类型主要有十字型、Y型和X型(见图9-15),其中现代飞艇中,十字型尾翼使用得较少,后两种使用得较多一些。

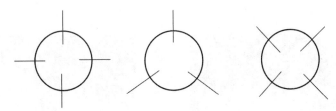

图9-15　无人飞艇尾部结构类型

对于低速飞艇,特别是小型无人飞艇,为了简单起见尾翼通常和飞艇气囊做成一体,成为一个充气的软体尾翼,尾翼上并没有任何舵面,这种尾翼主要用来提供航向稳定性。

对于大多数飞艇而言,尾翼一般都会设置单独的舵面(见图9-16),以十字型尾翼为例,水平尾翼舵面就起到升降舵的作用,垂直尾翼舵面机相当于方向舵,从而在飞行过程中更好地控制庞大臃肿的机身。

图9-16　无人飞艇尾部带舵面尾翼

3.动力装置

截至目前,飞艇的动力装置依然停留在非喷气式阶段,毕竟飞艇不需要高速飞行,况且肥大的艇身阻力极高,也不可能进行高速飞行。因此,飞艇通常采用电动机或者是活塞式发动机驱动螺旋桨方式来为其庞大机身提供前飞推力。为了适应飞艇较低的飞行速度,并为了提高螺旋桨的效率,一般采用大直径小桨距螺旋桨来适应低转速下的旋转模式,这一点和大多数固定翼无人机是有区别的。在实际使用中,大多数民用飞行器为了简易操作经常使用电动机,而高级飞艇,如高空长航时飞艇,由于通常会采用太阳能辅助能源装置,因此,也会和低端飞艇一样采用电动机作为动力装置。飞艇的这种螺旋桨驱动往往会配合涵道外壳来使用,当然也有一些低端产品,这个涵道也省略掉了。

在飞艇的整个飞行使用过程中,发动机不仅仅要提供前飞的动力,更多的时候还要提供控制飞艇的操作动力。因此,对于一些中小型飞艇而言,通常在艇身下方左右对称设置两台发动机或者在中轴线位置设置一台发动机,发动机可以在水平面内进行大角度的转向,甚至是180°范围的调整(见图 9 - 17),因为起降阶段飞行速度比较低,尾翼上的舵面没有任何气动效率,所以,这样利用发动机就可以从起飞到降落整个过程中调整艇身姿态和提供额外升力。一些大型飞艇,往往将发动机设置在机尾或者是艇身两侧位置(见图 9 - 18),并提供垂直平面范围内 360°的机动调整能力,因而具有更好的姿态控制能力。

图 9 - 17　无人飞艇动力装置进行姿态控制 1　　　　图 9 - 18　无人飞艇动力装置进行姿态控制 2

**4. 吊舱**

飞艇的吊舱是飞艇内在价值的唯一体现,如果没有吊舱,一个只能空中飞行的飞艇就会变成一个大号的玩具而已,没有任何使用意义。这个吊舱主要是用来搭载任务设备或者是搭载乘客,这也是飞艇中重量最为集中的地方。由于飞艇仅仅配置了简单功能的尾翼且速度比较慢,整个飞艇舵面配平能力非常低,因此,飞艇吊舱多数需要配置在飞艇重心处,对于很多中小型飞艇而言,一般都是在机身腹部中央略微靠前位置。

对于很多小型的无人飞艇来说,吊舱往往和动力装置集成在一块(见图 9 - 19、图9 - 20),这样有利于重心控制。这种类型的吊舱都会显得比较简单,大多都是构架式结构设计,两侧布置发动机和螺旋桨,中间布置油箱、航电和任务载荷(如数码相机)。

图 9 - 19　无人飞艇吊舱 1　　　　　　　　图 9 - 20　无人飞艇吊舱 2

对于一些特殊用途的无人飞艇来说,为了提高执行任务的能力,一般只是将任务设备安装在吊舱中,而动力装置采取另外布置,如图 9 - 21 所示。美军在其无人飞艇下方设置了光电吊舱、电源、数据链、航电飞控设备,为了给光电吊舱提供一个更宽广无障碍的视角以及减少震动干扰而将发动机和螺旋桨都设置在艇身两侧。

在中大型载人飞艇应用方面,为了给乘客提供一种更安全、舒适、安静的乘坐环境,一般采用全封闭的吊舱结构(见图9-22)。这种类型的吊舱有点类似于现代直升机机身结构,流线型外形,四周玻璃化封闭座舱提供开阔的视野,并能够适应于1 000~3 000m高度飞行条件。不过和过去的那种"兴登堡号"超级飞艇不同,现代载人飞艇一般都是用于短途飞行,所以,吊舱一般都是小型化设计的,仅提供一些基本的座位而已,不会设置餐厅、卧室、卫生间等复杂且没必要的舱室。此外,为了降低重量,这种吊舱的材质往往以玻璃钢、碳纤维等复合材料整体加工而成。

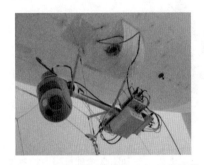

图9-21 美国小型军用无人飞艇吊舱

图9-22 载人飞艇吊舱

5.羁留装置

由于飞艇艇身体积庞大,在进行起降作业时极易受到侧向风扰动产生机体漂移现象,为了确保飞艇机体安全,通常需要利用地面设施对其进行固定。通常情况下,对于微小型飞艇而言,一般降落之后地面工作人员凭借个人自身体重或者使用沙袋就可以固定住飞艇,并且这一类飞艇绝大多数都是软体飞艇,艇身就是一个气囊,降落之后就会进行放气处理,然后进行折叠存放处理就可以了。而对于绝大多数的中大型飞艇来说,艇身气囊较多,体积较大,结构较为复杂,所填充的氦气不会轻易地释放。因此,在地面羁留状态时,通常需要将飞艇与地面羁留设备进行连接,从而保持其稳定性。

根据运动自由度的关系,一般飞艇主要的羁留点在艇身最前端位置,这里通常会设置一个羁留扣一样的艇锥,并且为了加强这一羁留扣的结构强度,会在艇身前端设置由若干金属加强条组成的撑条(见图9-23)。地面上一般会设置固定支架,支架顶端会有钩环与艇锥固定,这一个钩环具有全向360°活动的能力。而且为了使用方便,有时候地面支架直接设置在车辆底盘上,以便于在户外作业时可以根据飞艇降落位置及时调整(见图9-24)。

图9-23 艇锥羁留1

图9-24 艇锥羁留2

除了艇锥羁留外,在艇身两侧、吊舱以及尾部都会额外设置羁留口,以便与地面连接,这些点的羁留和艇锥连接不同,通常采用最简单的尼龙绳就可以了(见图9-25)。

6.起落架

飞艇/无人飞艇也像有人机那样设置了起落架,不过主要是用于降落和起飞时支撑一下艇身而已,这一点和有人机有本质不同。根据飞艇的用途和体积重量来区分,飞艇起落架主要安装在吊舱下方,这是飞艇的主起落架。大多数飞艇都是只有主起落架,少量大型飞艇会在艇身尾部下方设置一个可以全向活动的副起落架,用来地面羁留时调整艇身方向。

图9-25 艇身羁留

对于民用的小型飞艇,最常见的起落架其实就是吊舱下方的两个滑橇式支架,还有的更简单,就是使用四旋翼无人机那样的四个碳纤维杆支撑艇身。而大多数中小型飞艇使用最多的就是单轮起落架,即在吊舱下方设置一个起落架(见图9-26),毕竟地面停放作业时固定艇身主要还是依靠羁留装置缆绳。如果艇身较长,则会前后中央线布置一主一副两个起落架(见图9-27)。如果艇身下方吊舱比较长,一般在吊舱下方设置两个起落架,并结合艇身尾部的副起落架为整个艇身提供简单的支撑作用(见图9-28)。

图9-26 单轮起落架

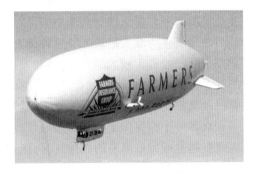

图9-27 前后双起落架

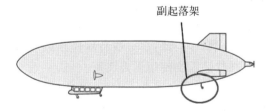

图9-28 多轮起落架

在飞艇的机载设备系统中,飞控系统、导航系统、数据链等基本上都是沿用有人机/无人机现成的产品,其工作原理和性能都是一致的,并无任何特殊性。唯一需要注意的是飞艇需要时刻监控气囊压力,并根据飞行状况及时进行排气作业,所以,气囊会设置一系列的电子阀门,并由飞控计算机控制,其控制原理和控制舵机都是类似的,这里不再复述。

# 9.3 无人飞艇应用前景

现代飞艇的应用领域相比于早期的飞艇已经有一定程度的拓展和延伸,但是和70多年前的"火热"相比,今天的飞艇应用市场还是显得有些单调和乏味。

在大型飞艇领域(基本上都是无人飞艇),目前主要专注的应用点就是超长航时的滞空能力,一些国家主要使用这种产品搭载高端通信设施或者雷达设备在敏感区域上空2万米以上高度层进行作业,其功能相当于一颗在大气层内飞行的"准卫星"。在这种领域,虽然目前美国、俄罗斯、欧洲等国家已经推出了各自的型号产品,但是很难进行大规模的批量生产,更多的时候都是一种小规模的验证性使用或者是试探性部署。究其原因,问题还是出在飞艇本身性能上面。一方面,这种飞艇的生产成本并不便宜,由于体积庞大,其加工配套设施要求非常专业,比普通的无人机要复杂得多;另一方面,尽管能够长时间滞空,并且使用太阳能能源,但是航时仍然是有限制的,无法像卫星那样在太空中部署几年时间;最后,飞行性能太低级,速度和操控性都比无人机要差很多,通常情况下只能定点部署。因此,总的来看,高空飞艇综合性价比不但不如传统的卫星,也比不上现在的无人机。

在一些中大型飞艇领域,这些飞艇一般具备载人的吊舱,最常见的用途就是搭载少量乘客进行短程的飞行,属于一种旅游性质的航空飞行。这种任务对飞行高度、飞行速度方面要求不高。因此,这种飞艇经常在一些旅游景区进行商业使用,并且由于艇身面积较大,往往会喷涂一些公司的商业广告来增加利润空间。

但是飞艇作为载人运输工具这种理念,在70年前就已经被各国航空工业淘汰,尽管当前飞艇安全性已经有了较大提升,有些载人飞艇甚至取得了"适航证",但是仍然改变不了这种历史趋势。论载客能力,不如波音、空客;论起降便利性,也不如直升机;论安全性,更比不上任何一款民航飞机;剩下的只有那种"复古"般的猎奇感。

在众多的小型民用无人飞艇领域,市场应用表现比前两种要显得更为多样性一些。这些无人飞艇通常采用最简易的软体气囊,体积较小,成本控制比较到位,服务价格也比较有吸引力,因此,这种类型的无人飞艇多用于户外传媒广告展示、航拍、测绘等领域。但是,随着多旋翼无人机的普及,利用飞艇进行航拍和测绘的情况越来越少,除非一些特殊情况,比如需要搭载体积更大、重量更重的设备时,才可能考虑使用飞艇。

和绝大多数的民用多旋翼无人机相比,无人飞艇具备的最大优势就是飞行时间相对而言比较长,且可以携带更多的任务载荷,因此,在一些特殊应用领域,比如电网架线、电缆铺设和一些大型工程建设施工领域往往还需要使用无人飞艇。

总的来说,新技术让传统飞艇又一次焕发出生机,但是在目前无人机技术日趋成熟的背景下,无人飞艇只能在夹缝中寻找属于自己的一片天地。

## 思 考 题

1. 简述飞艇的飞行原理和操作原理。
2. 总结飞艇的总体布局类型,并分析其特点。
3. 总结飞艇内部气囊内部气体介质的种类及其优劣性。

# 第 10 章　民用无人机运行监管法规

在民用无人机市场发展之初,国家相关部门(主要是中国民航总局以及下属的中国无人机协会)其实就已经陆续制定了一些关于无人机运行的通用条款和准则。

这些通则条款主要包括《一般运行和飞行规则》(CCAR-91-R2)、《民用无人机驾驶员管理暂行规定》和《轻小无人机运行规定(试行)》。

这些条款基本上参考了国家民航总局对商用飞机飞行和飞行员管理的有关规定,并根据民用无人机使用的特点进行了有针对性的修改,以便更好地促进民用无人机行业的健康发展。

但是,随着我国民用无人机的迅速普及,无人机从业人员驾驶技术水平、飞行安全意识、民用无人机企业安全管理制度等各方面都存在着诸多漏洞,整体表现出良莠不齐的现象,屡屡发生不利于安全飞行、安全生产的事件。因此,国家相关监管部门在 2017 年就民用无人机的生产、销售、使用、培训、监管等各环节出台了一系列更加严格的管理规定,主要包括无人机实名备案制度、无人机驾驶员考试制度、飞行预先申报批准制度等三个方面。

## 10.1　实名备案制度

自 2015 年民用无人机行业快速成长,拥有民用无人机的个人和企业日益增多。这虽然有利于无人机在各个行业领域的应用,但是,也暴露出了一些非常严重的飞行安全问题。比如 2017 年 1 月 15 日,杭州萧山国际机场一架民航机在进入降落航道时发现被一架航拍无人机跟拍,正常民航飞行受到无人机的安全干扰。

2017 年 4 月 17 日,成都双流国际机场附近出现的无人机入侵干扰民航机安全起降的严重事件,导致数十架民航机备降重庆和贵阳机场。4 月 18 日,成都双流国际机场附近再次出现无人机入侵干扰事件,导致数架民航机再次备降贵阳机场。

针对所发生的一系列无人机乱飞违法事件,国家相关部门联合制定了关于无人机行业的监管制度,其中,中国民航总局在 2017 年 6 月 1 日正式公布了《民用无人驾驶航空器实名制登记管理规定》,即日起对于起飞重量超过 250g 的无人飞行器执行实名登记备案制度,所有国内民用无人机所有者(无论是个人还是企业)都要在 2017 年 8 月 31 日前完成登记备案,备案登记网站为 http://uas.caac.gov.cn(见图 10-1)。

实名登记过程中,用户需要登记个人的姓名、性别、年龄、身份证、联系方式、住址、工作单位等一系列个人信息,此外,还需要登记所拥有的无人机相关信息,如品牌、型号、飞行性能等一系列参数。完成登记备案之后,备案系统会提供一个唯一的二维码,用户需要下载并打印此二维码,并将其粘贴在所登记备案的无人机机体表面。

企业用户登记备案类似,需要登记工商执照、法人、地址、联系方式等相关信息。

图 10-1 民用无人机登记备案网站界面

除了民航总局对民用无人机有备案要求之外,地方公安局为了加强对民用无人机违法违规现象的治理,专门在各分局成立了"低慢小"无人飞行器管理办公室,明确要求无人机所有者在户籍所在地或者常住地辖区派出所进行无人机实名登记备案,另外,辖区内的无人机生产或者销售企业也要在派出所进行备案。本书以西安地区为例,提供派出所要求备案时所填写的登记表格,主要有四种:

(1)"低慢小"航空器操作人员登记表;

(2)"低慢小"航空器登记表;

(3)"低慢小"航空器生产销售企业登记表;

(4)无人驾驶航空器行业协会和俱乐部登记表。

这四种表格见表 10-1~表 10-4。

个人用户填写前两个表格,企业用户填写前三个表格,协会或者俱乐部需要填报第四个表格。

所有无人机拥有者都需要在民航系统和公安系统同时进行实名登记备案,因为这是日后进行无人机飞行计划申报工作的前提和基础。

## 表 10 – 1　西安市"低慢小"航空器操作人员登记表

填表日期：＿＿＿＿年＿＿月＿＿日　　　　　　　　　　　　　编号：＿＿＿＿＿＿

| 姓　　名 | | 性　　别 | | 照片<br><br>（二寸免冠照） |
|---|---|---|---|---|
| 工作单位 | | | | |
| 家庭住址 | | | | |
| 身份证号码 | | | | |
| 联系电话 | | | | |
| 持有何种飞行证照及年审情况 | 证件号码：＿＿＿＿＿＿＿＿＿＿＿＿＿＿＿<br><br>准驾类型：＿＿＿＿＿＿＿＿＿＿＿＿＿＿＿<br><br>签发机关：＿＿＿＿＿＿＿＿＿＿＿＿＿＿＿<br><br>有效时限：＿＿＿＿＿＿＿＿＿＿＿＿＿＿＿ | | | |
| 是否拥有飞行器 | 是□　　　否□ | | | |
| 备注 | | | | |

填报单位：＿＿＿＿＿分、县局＿＿＿＿＿派出所　　　　　　　填报人：＿＿＿＿＿＿＿

录入系统时间：＿＿＿＿＿年＿＿月＿＿日

## 表 10 - 2 西安市"低慢小"航空器登记表

填表日期：_____年___月___日                                                编号：_____

| 品牌型号 | | | | | | 购置时间 | |
|---|---|---|---|---|---|---|---|
| 飞行器 类型 | 动力三角翼□　　　空飘气球□　　　　滑翔机□　　　滑翔伞□　　　动力伞□<br>热气球□　　旋翼无人机□　　固定翼无人机□　　无人飞艇□　　　　其他□ | | | | | | |
| 主要用 途及外 挂设备 | | | | | | | |
| 飞行器 主要飞 行参数 | 飞行器重量：_____kg；最大载重：_____kg；飞行半径：_____m；<br>续航时间：_____；外形尺寸：_____；地面站：_____。 | | | | | | |
| 飞行器产权关系 | 单位 | 名称 | | | 地址 | | |
| | | 工商执照编号或组织结构代码证编号 | | | | | |
| | | 负责人姓名 | | | 手机：　　　　　固定电话： | | |
| | 个人 | 姓名 | | 性别 | 住址 | | |
| | | 身份证号码 | | | 联系电话 | | |
| 飞行器 照片 | （正面照） | | | （45°侧面照） | | | |

填报单位：_____分、县局_____派出所　　　　　填报人：_____

录入系统时间：_____年___月___日

## 表 10 - 3 西安市"低慢小"航空器生产销售企业登记表

填表日期：_____年___月___日                                     编号：_____

| 生产销售企业名称 | | 法人代表 | |
|---|---|---|---|
| 注册地址 | | 注册日期 | |
| 联系人及联系电话 | | 电子邮箱 | |
| 生产销售的机型 | 品牌型号 | 基本参数<br>（飞行器种类、续航时间、飞行器重量、<br>飞行半径、主要功能、飞行器尺寸） | |
| | | | |
| | | | |
| | | | |
| 已售数量及销售实名制登记情况 | | | |
| 备注 | | | |

填报单位：_____分、县局_____派出所                     填报人：_____

### 表 10－4 西安市无人驾驶航空器行业协会及俱乐部登记表

填表日期：_____年___月___日                                编号：_____

| 协会或俱乐部名称 | | 负责人 | |
|---|---|---|---|
| 办公地址 | | | |
| 发证部门 | | 编号 | |
| 联系人及联系电话 | | 审验日期 | |
| 拥有会员数量及人员情况 | | | 附会员名单及联系电话 |
| 主要从事的飞行活动及日常管理办法 | | | |
| 备注 | | | |

填报单位：_____分、县局_____派出所                    填报人：_____

# 10.2　驾驶员执照考试制度

截至 2017 年,国内有三种相对独立的无人机驾驶员资格认证体系:

(1)AOPA 考试体系;

(2)ASFC 考试体系;

(3)UTC 考试体系。

前两种是行业协会行为,第三种是企业行为。三种考试体系各有特点,本书为了让读者对此有更好的了解,对这三种体系逐一介绍。

### 10.2.1　AOPA 考试体系

图 10-2　AOPA 协会标识

AOPA 指的是中国航空器拥有者及驾驶员协会(Aircraft Owners and Pilots Association of China),是中国政府(含香港、澳门、台湾地区)在国际航空器拥有者及驾驶员协会(IAOPA)的唯一合法代表,是一个以全国航空器拥有者、驾驶员为主体的自愿结成的全国性、行业性社会团体、非营利性社会组织,其标识见图10-2。AOPA 内设立有专门的中国无人机协会,面向民用无人机领域的企业、组织和个人提供相关行业服务。严格意义上说,AOPA 是一个非盈利的事业团体。

AOPA 及其下属的无人机协会直接隶属于中国民航总局,受中国民航总局的管理与领导。需要注意一点,AOPA 的会员并不都是无人机行业的企业或者从业人员,其实,有相当一部分都是民航系统的飞行员和通航行业的公司和飞行员。

民航总局为了便于无人机行业发展,将无人机驾驶员的考试、管理、监督等工作权限交给了 AOPA 负责,这就形成了目前无人机行业内的驾驶员考证体系之一的 AOPA 体系。在 2010 年之前,全国范围内参加 AOPA 无人机驾驶证考试的人数非常少。在无人机驾驶证考试发展过程中,2015 年是一个分水岭,从这一年开始,参加考试的人数高速增长。根据国家统计局的年鉴数据显示,从 2015 年开始,每年通过考试人数由最初的不足 2 000 人,快速增长为 7 000 多人,近 3 倍之多(见图 10-3),AOPA 成为目前国内无人机驾驶证报考人数最多、发证人数最多的一种考试体系。

AOPA 无人机驾驶证资格考试最大的特点就是在无人机驾驶员的管理、培训、发证等诸多方面,都参考了民航总局对于商业飞机飞行员考试管理模式,只不过很多条款进行了一定的简化和改良。但是,民用无人机行业本身就是一个新兴事物,各方面都处于初步阶段,并没有成熟的模式可以借鉴,目前 AOPA 的驾驶员培训还是有所缺陷,并不能很好地适应民用无人机行业发展。但总的来看,从民航总局传承下来的管理模式有一个非常好的优点,就是对飞行安全管理比较看重,特别是对空域管制方面有着一贯以来的从严要求传统,这一点同样沿袭到 AOPA 对无人机驾驶员培训考核标准中。

所以,在 AOPA 考试体系中分成了三大部分——笔试、实操、口试。笔试采用计算机考试方式考核学员的理论知识(选择题方式);实操考核的是学员实际操作无人机完成规定动作的水平;口试采用考官当场出题,学员当场笔试答题方式,考试内容主要是关于实际应用方面的问题。

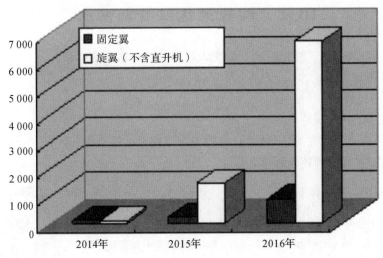

图 10 - 3  2014—2016 年通过 AOPA 考试人数统计

AOPA 协会在考证培训领域采取了完全向市场放开的方式,只要具备一定的条件并经过协会授权的公司都可以面向社会开展考证培训业务。截至 2017 年,全国估计有近 200 家培训机构。这些机构的运营模式相当复杂,有的是直接得到协会的授权独立运营,有的是成为别的公司的代理商或者授权培训机构,有的是和公办、民办学校合作搞学历教育和考证培训二合一,等等,但是都有一个共同点,就是都看好培训市场。

但实际情况并不乐观,因为报考人数并未像预期那样火爆。

原因很简单,那就是价格。

AOPA 无人机驾驶证主要分成多旋翼、固定翼、直升机三大类(还有飞艇等其他类别),其中多旋翼报考人数最多,固定翼和直升机就比较少,本书以多旋翼无人机驾驶证为例,详细介绍一下考证情况。

AOPA 多旋翼驾驶证件分成三个级别:驾驶员、机长、教练员。2017 年 6 月后最新的政策是改称为"视距内驾驶员、超视距驾驶员、教练"三个等级。

目前的 AOPA 培训方式都是脱产培训,周期 20 天。5 天的理论培训,15 天的实际飞行训练。每个阶段结束之后就进行考试,只有通过考试之后才可以进入到下一阶段的训练。通过率方面,根据协会统计数据,笔试平均通过率 60%～65%,飞行操作平均通过率 65%～70%。所以,这样的考试算是一种技能型考核,比目前汽车驾照考试通过率还要高一点。

AOPA 各培训机构的驾驶员培训价格中间价一般在维持在 10 800～13 800 元之间,加上学员在脱产期间的住宿、餐饮等其他费用,一般考试培训费用维持在 15 000～20 000 元之间。

从 2017 年 7 月份开始,AOPA 考试的难度开始增加,考题的综合程度相比于以往显得稍微复杂,需要学员加强对无人机的全面认识和学习。总的来看,增强训练难度也是一种趋势,这将有利于学员在以后的实际飞行应用中安全操作。

### 10.2.2  ASFC 考试体系

ASFC 是中国航空运动协会的英文缩写(见图 10 - 4),该协会是我国在国际航空运动协会

(英文缩写 FAI,见图 10-5)的唯一合法代表,行政上隶属于国家体育总局。ASFC 在全国各个省、自治区、直辖市等均设立有省一级的航空模型运动协会,而在一部分地级市、区、县等会设立一些当地协会,每个地区情况并不一样。

图 10-4　中国航空运动协会标识

图 10-5　国际航空运动协会标识

　　ASFC 本身主要工作是面向青少年和成年的航模爱好者开展航模比赛运动,毕竟这是一个体育运动组织,一切工作以体育比赛为核心。近年来 ASFC 和国家教育部、中科院合作面向全国高校(主要是本科生)开展了科研类的航空航天模型锦标赛(简称 CADC,见图 10-6),比赛项目的科技含量比传统航模比赛要高一些。总的来说,ASFC 系统相关项目的核心依然是体育项目,这一点和 AOPA 的航空驾驶训练标准是不一样的。

　　对于当前的无人机驾驶培训领域,ASFC 依据自身特点面向固定翼航模、直升机航模和多旋翼航模提供了一种运动员资格证,这就是所谓的 ASFC 无人机考试体系的由来。本书还是以多旋翼为例详细介绍一下这种考试体系的情况。在 ASFC 体系中,有一种 Y-1 级多旋翼运动员资格证,考核项目相对于 AOPA 体系就比较简单,主要以现场实操考试为主。考试内容与 AOPA 差别较大,AOPA 实操考试注重学员在遵守民航驾驶通则的前提下对商业无人机操作水平熟练度的考核,而 ASFC 侧重于对于参试人员在"纯人工"情况下操作无人机的水平,具体

图 10-6　科研类航空航天模型锦标赛标识

就是,参试人员需要操作一台没有 GPS 信号、没有飞控介入提供增稳辅助的多旋翼无人机进行起飞、定点降落等一系列的科目,所操控的无人机必须成功降落在一个直径 1m 的圆内(无人机任何部件落在圈内都算通过)。虽然看上去简单,但是实际上因为没有飞控介入增强无人机的稳定性,多旋翼无人机飞行时外飘现象很常见,对学员的人工操作能力要求反而更高,ASFC 的通过率与 AOPA 相差不多,一般也是在 60%～70%之间。

　　考试费用方面,ASFC 考试费用不过 550 元/人(其中 500 元为考试费,50 元为 ASFC 一年的个人会员费),相比于 AOPA 算是相当便宜。以各省航空协会为单位,每年都会有三四次集中考试,如果人数比较多,还可以向省一级协会申请集中考试,组织上比较灵活。而且,就目前市场来看,并没有什么专门的培训机构从事 ASFC 资格培训,其实很多报名参加 ASFC 考试的都是自学为主,因此,从这一点上来讲,参加 ASFC 考试更倾向于是一种个人兴趣行为。

### 10.2.3 UTC 考试体系

UTC 慧飞考试(见图 10-7)和前文所述的 AOPA,ASFC 两种考试完全不同,因为 UTC 是深圳大疆公司自行提出的一种操作性考试,究其本质,只是一种企业行为,是企业产品售后服务的一种升级版本,从设立之初至今,并未受到国家任何一个飞行/空域监管部门的认可。

UTC 颁发的合格证件会以中国成人教育协会航空服务教育培训专业委员会和中国航空运输协会通用航空分会联合方式进行授予。其中,中国成人教育协会航空服务教育培训专业委员会是中国民航大学等 12 家航空院校、企业发起的社会团体,2014 年才成立;中国航空运输协会通用航空分会是 2006 年成立的社会团体,是中国航空运输协会的分支机构。从这一点就可以看出,UTC 的"层次"比 AOPA 和 ASFC 低。

**UTC**™ 慧飞™无人机应用技术培训中心
UNMANNED AERIAL SYSTEMS TRAINING CENTER

图 10-7  UTC 慧飞标识

在建立之初,UTC 慧飞体系依靠于深圳大疆公司遍布全国的代理商建立起很多分校,主要面向大疆客户提供大疆各型无人机产品的操作培训,涉及航拍、植保、电力巡检等应用方向,属于一种产品应用型培训。培训分成理论和实际操作两部分,培训周期非常短,考试通过之后向学员颁发的是慧飞自己的培训合格证。UTC 慧飞考试通过率在 96% 以上,有效期为 1 年,到期之后需要再次审核,颁发新证无须重考。

培训费用方面,UTC 慧飞正好介于 AOPA 和 ASFC 两者之间,以航拍培训为例,慧飞培训费用为 2 800 元,女性学员还提供五折优惠,主要使用大疆系列航拍无人机进行使用操作教学,并提供摄影理论方面的课程,培训周期 4 天,课程比较容易。

因此,通过简单的横向比较,就会发现大疆 UTC 慧飞培训侧重点在于如何使用大疆无人机,本质上还是一种售后服务体系的升级与延伸。所以,这种培训比较适合于日后专门使用大疆无人机产品进行应用操作的从业人员。

### 10.2.4 现有考试体系比较

为了更全面地了解这 3 种不同的考试体系,本书从考试特点和考试通过之后所取得证件的使用便利性两个角度来进行一个横向比较。

培训特点方面,用一个(也许不是很准确的)关键词来总结就可以了,AOPA 考试体系的特点是"驾驶",ASFC 体系的特点是"比赛",UTC 体系的特点就是"使用"。三者孰优孰劣,其实并不存在一个标准答案,就看读者朋友自己去评价了。

证件使用便利性方面就有点不同了,首先明确一点,大多数参加这三类考试的学员都是属于即将从事或者已经在从事无人机行业应用的无人机操作人员(俗称"飞手"),因此,证件的核心作用就应该是为了便于今后工作需要。

民用无人机的飞行先决条件就是空域使用许可,目前,我国空域管理部门是空军和民航总局,那么对于向这两个部门进行空域使用申请时就必须提供操作人员的资质证明。对于这种无人机驾驶资质证明,目前并没有一个国家统一的标准证件。就当前的三种证件而言,AOPA

证件(尤其是机长证)的认可度相对而言是最高的,在申请空域时还是能得到主管单位的认可;ASFC 证件在一些体育性质活动申请时可以使用,而对于大多数无人机商业活动而言就没什么作用;UTC 证件的认可度比 AOPA 证件要低得多,但某些特定时候还可以使用,毕竟 UTC 更像是一种企业认可的证件。

在目前的无人机飞行管制背景下,对于个人飞行而言,纯属兴趣爱好,如果在政府划定的安全区域飞行,无须申报,那么任何证件,甚至没有证件都是可行的。如果经常操作大疆公司的无人机,不妨接受 UTC 培训;如果是为了参加一些航模运动比赛,那么 ASFC 证就比较合适;如果是为了进行商业活动,比如航拍业务,那么 AOPA 证件就显得更为合适一些。

对于公司而言,一般都是进行的商业飞行活动,航拍、测绘、植保等领域,那么涉及安全飞行,AOPA 是最佳选择。但是由于 AOPA 的费用过高,在实际中,很多公司为了控制成本费用,一般会以拥有少数 AOPA 证飞手＋多数其他证件飞手相结合的方式来进行人力资源优化配置,所以,这个时候对 ASFC 和 UTC 都会表现出一定的需求。

这就体现出行业证件管理的一种矛盾吧,也许即将公布的无人机管理改革方案会有效地解决这一问题。

## 10.3　无人机飞行预先申报批准制度

2017 年 6 月之前,民用无人机的飞行较为"自由",个人或者公司进行的无人机飞行活动非常频繁,完全没有受到有效监管。在城市人流密集区、车站,甚至机场这样的区域都会有无人机在飞行。日益增多的民用无人机飞行干扰事件让国家监管层加大了监管力度,并于 2017 年 6 月相继出台了管理措施和法规,明确提出"中国境内所有无人机的飞行必须进行预先申报,经过批准方可实施"。

为了更全面地介绍这种飞行批准制度,本书将从空域管制、禁飞区、申报作业等三个方面详细阐述。

### 10.3.1　空域管制

空域,是指一个国家在其领空中划分出来的,用于特性飞行需求(如航空运输、飞行训练等)的空间。我国从新中国成立之初至今对全国空域实施严格管控,国家所有空域归中国人民解放军空军管理,民航飞行空域管理由中国民航总局下属的空中交通管制局负责。具体到地方,不同省份、自治区、直辖市等空域由归属的战区空军负责,如陕西省空域管理由中部战区空军负责。地方民航空域、航线等管理由所在地区的空中交通管制局负责。我国空域管制体系如图 10-8 所示。

民航总局空中交通管制局面向全国设置了 7 个地区空管局,具体包括:中南空管局,驻地广州;华东空管局,驻地上海;华北空管局,驻地北京;西北空管局,驻地西安;东北空管局,驻地沈阳;西南空管局,驻地成都;新疆空管局,驻地乌鲁木齐。

地区空管局在不同的民航机场、航路中还会设置不同的空管分局/空管站,以便于对民航飞机飞行的监控和管理。

我国空域整体划分成三大类:管制空域、非管制空域、特殊空域。

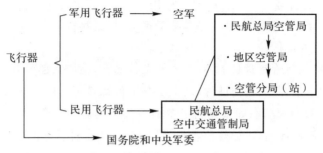

图 10-8　我国空域管制体系

管制空域中又分成四种:

(1)高空管制空域(6 300m 以上),主要为民航客机巡航飞行使用。

(2)中低空管制空域(6 300m 至最低高度层),主要为通航飞行器飞行使用。

(3)进近管制空域,民航飞机由航路进入机场的空域,此阶段飞行由进近管制室负责管制。

(4)塔台管制空域,机场塔台负责管制机场附近区域的空域。

需要注意的是,对于无人机而言,所有管制空域如果没有相关部门的批准,严禁任何个人和公司操作无人机进入管制空域,否则需要承担相应的民事或刑事责任。

非管制空域主要是指民航空中交通管制局不提供管制服务的空域,大多数无人机都是在这一种空域中进行飞行,在这一类空域飞行原则上归空军管理。

特殊空域,主要是指为进行军事、科研等特殊用途划定的空域,这些空域未经允许,严禁民航机、无人机等飞行器进入。

### 10.3.2　禁飞区制度

目前民用无人机主要应用在航拍、植保、测绘、安防、物流等若干领域,其中植保、测绘领域多在偏僻的农村、郊区,远离城市人口密集区,飞行过程较为安全,不会对公共设施和他人人身安全产生威胁。安防领域主要采用定点使用,或者由公安机关使用,使用过程较为规范。物流领域无人机目前有两种运营方式,一是在交通不便、人烟稀少的山区使用,二是在城市周边批准的固定路线使用,因此安全保障性较高。唯独航拍领域,无人机飞行较为自由,在城市密集区、车站、景区,甚至在机场都出现了个人操作无人机进行近距离航拍的情况,严重威胁公共安全。

因此,2017 年 5 月 18 日中国民航总局公布了《全国民用机场保护区域坐标》文件(具体文件可以在 http://www.aischina.com/ObstacleNews.aspx 网址下载,格式为 Excel),将全国155 个民航机场附近保护空域进行了精确标定,具体区域如图 10-9 所示。

以机场跑道为核心点,两侧各 7 070m,跑道中心两端 17.5km,12 个边界点组成了一个"大白兔奶糖"一样的保护区域,保护区域内严禁任何无人机进入。如果要进行无人机飞行作业,事先必须向机场所在地的民航空管局或空管中心申报,获得批准之后,才可以进行。

根据这一最新政策,笔者利用 Google 地图对咸阳国际机场的保护区域进行了精确标定,如图 10 - 10 中轮廓线内部区域。

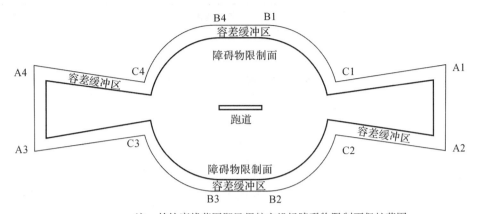

注：外轮廓线范围即民用航空机场障碍物限制面保护范围

图 10 - 9　我国民用机场保护区域坐标范围

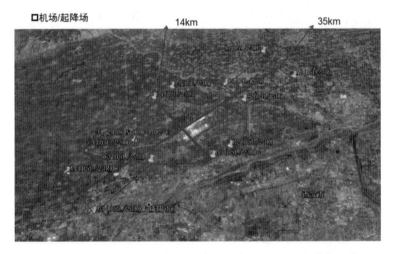

图 10 - 10　西安咸阳机场保护区域坐标范围(以 05L 跑道为基准)

　　另外,针对军用机场也会做类似的保护区域划分,具体根据政府部门公告为准。

　　除了机场,各地党政机关、军事设施、火车站、汽车站、重要设施(如桥梁、铁路、隧道)等上空及周围区域均为禁飞区,严禁未经政府许可的无人机私自进入。

　　此外,一些城市对辖区也做了无人机禁飞区详细的规定,有些城市禁飞区面积较大,比如北京,整个五环内全部为无人机禁飞区。还有些城市,也设立大范围的禁飞区,但是在禁飞区中还划出了若干块可以自由飞行的区域,比如西安市。2017 年 6 月 30 日,陕西人民政府公布了《无人驾驶航空器可飞空域划设方案》,明确了陕西省各个城市禁飞区范围,以及所划定的可以飞行空域范围(见表 10 - 5)。对于西安市下属的所有区县均为禁飞区(涵盖了党政机关、车站、景区等),但单独提供了三处区域作为无人机"自由飞行"区域,在此区域进行无人机飞行(指定高度以下),无论个人还是公司无须申报批准,可以自行飞行。

#### 表 10 - 5　陕西省各城市无人机可飞区域

| 地　市 | 名　称 | 空域范围 | 高度限制 |
|---|---|---|---|
| 西安市 | 清凉山森林公园 | （N34°10′16″E108°55′23″，N34°10′28″E108°56′04″，N34°11′03″E108°56′04″，N34°11′03″E108°55′23″）四点连线范围内 | 真高 100m（含）以下 |
| | 杜陵遗址生态公园 | （N34°10′29″E109°00′45″，N34°10′30″E109°01′26″，N34°11′04″E109°01′25″，N34°11′03″E109°00′44″）四点连线范围内 | 真高 100m（含）以下 |
| | 沣河湿地公园 | （N34°13′16″E108°43′40″，N34°13′18″E108°44′12″，N34°14′27″E108°44′08″，N34°14′27″E108°43′37″）四点连线范围内 | 真高 80m（含）以下 |
| 宝鸡市 | 九龙山公园 | 以（N34°21′23″E107°06′32″）点为中心半径 500m 范围内 | 真高 100m（含）以下 |
| | 渭河生态公园 | 以（N34°21′32″E107°15′03″）点为中心半径 500m 范围内 | 真高 100m（含）以下 |
| 汉中市 | 汉山广场 | 以（N32°59′06″E106°57′05″）点为中心半径 500m 范围内 | 真高 100m（含）以下 |
| | 兴元湖公园 | 以（N33°06′54″E107°01′18″）点为中心半径 500m 范围内 | 真高 100m（含）以下 |
| 咸阳市 | 隋泰陵湿地公园 | 以（N34°17′34″E108°02′04″）点为中心半径 500m 范围内 | 真高 80m（含）以下 |
| | 沣河森林公园 | 以（N34°19′42″E108°45′19″）点为中心半径 500m 范围内 | 真高 80m（含）以下 |
| 渭南市 | 东部生态公园 | 以（N34°30′27″E109°33′15″）点为中心半径 500m 范围内 | 真高 80m（含）以下 |
| | 华阴城市文化公园 | 以（N34°33′50″E110°05′28″）点为中心半径 500m 范围内 | 真高 120m（含）以下 |
| 铜川市 | 王益区人民公园 | 以（N35°04′27″E109°05′38″）点为中心半径 500m 范围内 | 真高 100m（含）以下 |
| | 印台区重兴公园 | 以（N35°07′27″E109°06′18″）点为中心半径 500m 范围内 | 真高 100m（含）以下 |
| 延安市 | 西北公园 | 以（N36°37′10″E109°26′09″）点为中心半径 500m 范围内 | 真高 80m（含）以下 |
| | 圣地河谷公园 | 以（N36°39′47″E109°26′47″）点为中心半径 500m 范围内 | 真高 80m（含）以下 |

续表

| 地　市 | 名　　称 | 空域范围 | 高度限制 |
|---|---|---|---|
| 榆林市 | 东沙生态公园 | 以（N38°19′04″E109°46′48″）点为中心半径 500m 范围内 | 真高 80m（含）以下 |
| | 沙河公园 | 以（N38°15′31″E109°45′10″）点为中心半径 500m 范围内 | 真高 80m（含）以下 |
| 安康市 | 汉江公园 | 以（N32°42′32″E109°02′25″）点为中心半径 500m 范围内 | 真高 80m（含）以下 |
| | 安澜公园 | 以（N32°42′07″E109°01′14″）点为中心半径 500m 范围内 | 真高 80m（含）以下 |
| 商洛市 | 华阳园 | 以（N33°53′12″E109°55′20″）点为中心半径 500m 范围内 | 真高 80m（含）以下 |
| | 丹江公园 | 以（N33°51′59″E109°56′31″）点为中心半径 500m 范围内 | 真高 80m（含）以下 |

在此三个区域外的空域（包括禁飞区）进行飞行，必须事先获得监管部门批准方可实施。

为了便于对禁飞区进行保护和管理，截至目前相关部门开始利用"电子围栏"技术在重点保护区域构建一道无形的无线电电磁干扰墙，防范非法无人机进入。此外，也有部分执法机构开始使用无人机干扰器进行主动性防御，一旦发现非法违规飞行的无人机，即可实施定向无线电干扰，将其"击落"或"迫降"。

总而言之，任何民用无人机的操作人员都应该时刻建立合法合规飞行的理念，遵守一切管理法规，共同维护空域安全。

### 10.3.3　无人机作业申报制度

民用无人机飞行作业预先申报是加强无人机监管的核心。所有民用无人机执行任何目的的飞行计划，原则上必须上报所在地的空军和民航总局下属的地方空管分局其中之一，获得批准之后，方可实施飞行计划的内容。

为了便于个人飞行和航模运动的开展，室内进行的航模飞行、在有防护网措施的场地进行封闭式飞行、在政府指定区域进行的飞行目前无须申报，可以自行飞行。

各省市在 2017 年下半年陆续出台各自的民用无人机飞行申报管理办法，本书以陕西省西安市为例，进行具体说明。

西安市 2017 年 6 月已经划定了三块开放可飞区域，在此三个区域内（区域类，高度限制内）进行的个人各种飞行无须申报。

在此三个区域外的西安市辖区范围内计划进行相关无人机飞行作业，则必须事先履行申报审批手续。根据 2017 年 7 月 26 日公布的审批细则，该申报以书面形式为主，内容主要包括单位名称、航空器型号、数量、使用的机场或临时起降点坐标、任务性质和内容、预计飞行区域（坐标）、飞行高度、飞行日期、预计飞行开始时间、预计飞行结束时间、应急备降机场和起降点坐标、联系方式等详细信息（见表 10 - 6、表 10 - 7）。

### 表 10-6 通用航空临时飞行空域申请表

| | | | | |
|---|---|---|---|---|
| 飞行单位 | | | 单位地址 | |
| 飞行人员姓名 | | 身份证号 | 联系方式 | |
| | | 执照编号 | | |
| 航空器种类 | | 型号 | 数量 | |
| 飞行任务类型 | | 飞行地点 | | |
| 飞行时间 | | 飞行高度 | | |
| 飞行范围 | 例如:以 XXXX 地方(北纬 37 度 42 分 05 秒,东经 106 度 33 分 01 秒)为临时起降点半径 60 m 范围内飞行。 | | | |
| 飞行单位意见 | 　　我单位将严格按照批准的飞行范围、高度、时限组织飞行。飞行实施前完成对飞行人员安全教育和航空器的安全检查,并对飞行实施过程中的安全及其他附带责任负责。<br><br>　　　　　　　　　　　　　　　　　负责人<br>　　　　　　　　　　　　　　　　　签字(盖章)<br><br>　　　　　　　　　　　　　　　二○一　　年　　月　　日 | | | |
| 任务部门意见 | 　　我单位委托(XXX 飞行单位)完成(XXX)任务,同意申请临时飞行空域。<br><br>　　联系人:　　　联系方式:　　　　(盖章)<br>　　　　　　　　　　　　　　　二○一　　年　　月　　日 | | | |
| 说明 | 　　1.此表作为通用航空活动临时飞行空域申请证明材料由航空管制单位备案,请飞行单位、任务单位填写,并对填写内容准确性负责。<br>　　2.飞行单位完成航空测量任务,需提供中部战区任务批件;完成空中拍摄任务,飞行单位需提供航拍数据保密承诺书。<br>　　3.飞行人员执照复印件作为必要附件一并提交。 | | | |

### 表 10－7　通用航空临时飞行空域回执单

| 飞行单位 | | | 备案编号 | | |
|---|---|---|---|---|---|
| 飞行人员姓名 | | 身份证号 | | 联系方式 | |
| | | 执照编号 | | | |
| 航空器种类 | | 型号 | | 数量 | |
| 飞行任务类型 | | | 飞行地点 | | |
| 飞行时间 | | | 飞行高度 | | |
| 飞行范围 | 例如:以 XXXX 地方(北纬 37 度 42 分 05 秒,东经 106 度 33 分 01 秒)为临时起降点半径 60 m 范围内飞行。 | | | | |
| 航管部门意见 | 1.严格按照批准的飞行范围、高度、时限组织飞行,禁止未经批准擅自飞行。<br>2.严禁进入重要目标及军事管理区域上空。<br>3.飞行实施过程中的安全及其他附带责任由飞行单位自行负责。<br>联系电话:029－84797797<br><br>签字(盖章)<br>二〇一 　年 　月 　日 | | | | |
| 说明 | 1.飞行前 1 小时联系航空管制部门,获得许可后方可组织飞行。<br>2.飞行单位及时向航空管制部门报告起飞、降落时刻。<br>3.遇有飞行突发特殊情况及时报告航空管制部门。<br>4.此回执单由飞行单位留存,作为合法合规飞行的依据,由飞行单位到当地公安部门备案。公安部门、民航监管部门可通过联系电话向我部查证核实。 | | | | |

以上书面申报必须在预定飞行前一日 15:00 前完成。

西安地区飞行计划申报受理部门为 94188 部队和民航西北空管局,书面申报只需向其中一个部门申报即可。根据规定,94188 部队和民航西北空管局在接到书面申请材料后必须在材料中的申报飞行前一个小时做出最后的回复,如果不予批准,需要说明原因。

陕西省政府通告提供了具体的联系方式:

94188 部队联系方式:029－84797797

民航西北空管局飞行计划受理电话:029－88798281

此外,陕西省政府通告中还提供了两个监督电话:

空军服务监督电话:010－66987538

中部战区空军服务监督电话:010－66911316

因此,民用无人机进行飞行前,务必根据飞行性质和飞行区域遵照政府相关规定进行申报。

国内其他省、自治区、直辖市等在无人机空域临时使用申报管理方面的政策和实施细则方面目前并不一致,部分省份管理方法上更为人性化,比如成都地区专门设置了类似政务大厅那样的无人机飞行服务管理中心,方便个人和企业申报;而大部分地区在管理方面还是存在着一定的滞后性,随着时间的推移,应该会得到改善。总的来说,当地的无人机作业空域申报还是要事先咨询当地主管部门,遵照当地管理规定进行申报作业。

毕竟,所有飞行都要遵循安全合规。

注意:由于成书时间的原因,此章节内容所涉及的相关监管法规条款一切以政府有关部门最新公布的法规为准。

# 思 考 题

1. 简述实名制备案制度的操作流程。
2. 总结当前无人机驾驶员三大培训体系的特点。
3. 简述无人机作业申报制度流程及其特点。

# 第 11 章　民用无人机市场

相比于其他传统行业,民用无人机应用领域是一种非常标准的新兴市场。在 2015 年之前,几乎没有民用无人机市场这种概念,民用无人机应用市场基本上处于一种非常冷静状态,一方面没有什么比较实用、价格合理的民用无人机产品投放市场,另一方面,其他传统行业对于一些民用无人机的认知也比较陌生,更无法建立起在本行业应用无人机的意识。总的来看,这一时期的民用无人机市场处于"供求两低"的状态。

在 2015 年之后,深圳大疆创新科技有限公司瞄准个人消费者推出创新型设计的四旋翼航拍无人机,这种小型航拍无人机投放市场之后,凭借简易化的操作、清晰流畅的航拍影像,以及较低的价格很快赢得众多消费者的青睐。从行业分析的角度来看,正是深圳大疆公司在商业上的成功激活了民用无人机市场,形成供求两旺的局面。

从 2015 年之后,全国范围陆续孕育出了亿航、零度、易瓦特、纵横、极飞、鹰之眼等众多无人机整机供应商,也陆续引领一些原有其他行业企业转型,为这种多旋翼无人机提供专用的遥控器、飞控、GPS 接收器、数传、图传、机身构架、电机、电调、螺旋桨、电池、起落架等一系列零部件产品,形成了非常全面的民用无人机产品配套产业链。

从 2016 年开始,以 AOPA 为代表的无人机驾驶员培训机构也伴随行业发展而快速成长,短短一两年间就在国内形成 AOPA 体系内近百家无人机驾驶员培训结构,从而延伸了民用无人机产业的上游产业链。

此外,正是基于国内无人机产品产业链的完善和成熟,吸引了众多年轻人投入无人机行业,一些无人机应用型公司、个人工作室等相继成立,并利用这种多旋翼系列的无人机成功渗入一些传统行业,比如农业病虫害防护领域、测绘领域、摄影领域、安防领域等等。而且随着时间的推移,无人机深入的广度还会持续扩大。

但是,尽管国内民用无人机产业和市场发展非常迅速,并且今天国内无人机市场的成熟度已经高于国外市场,然而,在其背后我们仍然需要冷静思考。首先,无人机不是万能装备产品,并不是每个行业都适合使用无人机,不但要从技术角度分析,更要从经济性角度进行深入的分析,一定要寻找到最佳的切入点,开发出有针对性的产品,才可以取得较好的市场发展空间。其次,在民用无人机的核心技术,如飞控算法、定位导航技术、动力系统、电调技术、电池技术等方面,国内无人机公司还有一定差距,仍需要创新和专业精神,攻破这些技术壁垒,增强以技术为核心的竞争力,在不远的将来,更加自豪地成为全球无人机产业典范,形成民用无人机领域的"中国创造"。

## 11.1　民用无人机生产商

从 2006 年开始至今,中国国内成立了相当多的无人机公司,保守估计这一数字应该在500 家以上。产品种类从军用级无人机到消费级无人机都有不少公司涉及,所推出的产品也是五花八门,有兴趣的读者只要参加任何一种规模的科技展或者通航类展览就可以对这种规模建立起最直观的感受。但是绝大多数无人机制造商受到资金、市场、技术、团队等因素的制约,往往都是表现出一种"默默无闻"的状态,可见,要想在任何一个行业里取得成功都不是一件轻而易举的事情,发展的过程都是充满着艰辛和磨难的。

截至 2017 年,原先在消费级无人机领域的"三驾马车"——大疆、零度、亿航,已经悄然之间转变成为大疆公司一家独大的行业格局,而在工业级无人机市场仍然处于一种百花齐放百家争鸣的扁平化竞争格局,还没有一家公司能达到大疆公司在消费级无人机领域那样的地位。不过,在工业级无人机市场也有其很有趣的一面,少数做得不错的公司往往都推出了别具一格的工业级无人机产品,比如亿航公司的"184"系列,纵横公司的"CW-1"等。

为了让读者朋友们深入了解无人机研发公司的状况,本书选择介绍三家具有代表性的无人机公司——大疆、亿航、纵横。需要特别强调的是,下面的内容所基于的资料全部来自于公开的新闻媒体报道,其目的只是为了全面客观地介绍无人机公司发展的艰难历程和取得的成就,并不对任何一家企业和个人做出任何带有负面性的评价。

### 1. 大疆公司

大疆公司的全称是深圳市大疆创新科技有限公司(简称 DJI),创立于 2006 年。创始人是汪滔,1980 年出生,浙江杭州人,大学毕业后进入香港科技大学攻读硕士,学习电子工程专业。得益于少年时代对于机械和电子产品的兴趣,在香港求学期间汪滔在导师李泽湘的指导之下确立了机器人领域为其研究方向,并且积极组织一个研究团队参加了 RoboMasters 机器人比赛,在创立大疆公司之前汪滔已经拿到了第三名的成绩。汪滔的导师李泽湘其实也是一位具有投资人眼光的复合型学者,其门下学生很多日后都成为目前国内机器人领域很有影响力的人物。因此,在他的影响之下,2006 年汪滔从香港科技大学毕业之后回到深圳开始了自己的创业之路。

当时的条件总的来说比一些从零起步的创业者要稍微好一些。汪滔在香港求学期间也积累了一定的资金,而且参加比赛也获得了一笔奖金,况且,他的家境也还算是殷实。在这一阶段,大疆开始招兵买马,陆续形成了一个大疆初期的核心团队(见图 11-1,该图从右至左分别为汪滔、陈金颖、卢致辉、陈楚强。其中,卢致辉年纪最小,是哈尔滨工业大学刚毕业的本科生,因为现有的工作太无趣选择加盟大疆,陈金颖和陈楚强也是离职之后加盟大疆的,其中陈楚强的离职方式更为激进,曾经交付了 3 万元的违约金才得以离开原来的公司,因此陈楚强得到一个绰号"陈三万")。从 2006—2008 年的两年时间里,大疆主攻的方向不是多旋翼无人机,而是直升机,在这一方向大疆一直都是磕磕碰碰,并没有获得理想的商业回报,公司一直处于亏损状态,因此,员工的流失率很高,只有这三个人一直没有离开。

2008 年,风投资金的介入打破了这种局面。也许是股权分配方面的原因,也许是对公司未来发展方向产生的担忧,也许是产品定位的分析,也许是……

结果却是这三个人陆续选择了离开大疆,其中卢致辉最先离开,陈楚强紧随其后,两人先是去了艾特航空,做出了国内第一个电力巡检无人机。之后又加盟一电科技,2009 年花费三个月时间搞出了一款多旋翼航拍无人机(这是国内第一台多旋翼航拍无人机),但是一电科技不同意投钱开发这种消费级无人机的小玩意。一怒之下,卢致辉和陈楚强离开一电科技,这一次两人分道扬镳,卢致辉创立了科比特公司,依然做消费级无人机,陈楚强则成立了头家技术公司,改行做卫星通信设备,彻底离开了无人机行业。

图 11-1　大疆公司初期的核心团队

三人之中陈金颖是最后离开大疆的,创立了云雀科技,主要做 FPV 穿越机的产品开发,但是一直发展不利,2015 年彻底注销公司转而加盟卢致辉的科比特公司。

而失去初期核心技术团队之后的汪滔并没有陷入困境,因为持续稳定的外部资金注入为其带来了坚定的实力支撑,其导师也为其输送了很多优秀的学生。在这种支持之下,2011 年大疆正式确定多旋翼航拍无人机的研发方向,并且一直以一种"不着急"的心态来做研发,这种慢工出细活的做法当然是科技工作者最梦寐以求的工作状态,但是,现实生活中往往没法拥有,毕竟需要解决吃饭问题。但是,大疆坚持这种风格。

从 2009 年开始,大疆开始致力于多旋翼无人机的飞控产品开发,并成功完成了大疆自有知识产权的多旋翼飞控算法,之后独立研发螺旋桨、机架、自稳云台等各种配件,有点像是搭积木一样,最后在 2013 年 1 月才正式推出大疆公司的第一台整机产品——"精灵"航拍无人机,凭借其稳定和优异的飞行操作性能,这个精灵开始激活整个民用无人机市场,之后陆续推出"精灵 2""精灵 3""精灵 4""御"系列、"悟"系列,以及"禅思"系列镜头等高度创新性产品,每一款产品几乎都成为行业内的标杆性产品,引得很多无人机公司竞相模仿。正是凭借产品的出色性能,大疆公司的销量几乎以每年 2~3 倍的速度快速递增,截至 2016 年大疆已经销售出 40 万台各类无人机产品,其中,不但热销于国内市场,还畅销于欧美市场,稳居消费级无人机全球第一名的宝座。

大疆无人机产品时刻保持创新理念,紧跟全世界范围内的各种创新技术甚至是理念,只要觉得不错,可能就会投入资金进行开发和集成。大疆公司的研发部门更多的时候像是无数个创客实验室的大本营,在这里有着充沛的资金、人力资源、硬件设施。因此,大疆无人机上推出的很多新功能都是民用无人机领域的风向标,让其他公司不断地跟随和模仿。这种风格在无人机领域很少见,在机器人研发领域反而是一种常见的做法。

也许正如汪滔(见图 11-2)自己所说的,DJI 其实是一家机器人公司。

2. 亿航公司

亿航公司全称是广州亿航智能技术有限公司(简称 EHANG),成立于 2014 年 8 月 8 日,创始人是胡华智,标准的 70 后。和大疆汪滔一离开学校就进入到无人机领域不太一样,胡华智从清华大学计算机专业毕业之后主要从事的是指挥调度系统软硬件开发,也算是一位科技创新者吧。由于从小就是一位航模爱好者,对于航模和飞行比较感兴趣,因此在积累了一定资金之后于 2014 年才正式成立了亿航公司。在进入时间节点上来看,胡华智要比汪滔晚了 8 年。毕竟 2014 年多旋翼航拍无人机市场已经被大疆所激活,因此,得益于这种市场背景,亿航公司相对容易地获得了当时国内顶尖风投机构的大笔资金注入,在此基础之上,亿航同样有针对性地推出了个人多旋翼无人机 Ghost 系列,其实 Ghost 的中文含义为"幽灵",和大疆的精灵有点类似。

图 11-2  大疆公司创始人汪滔

在 2015 年民用无人机最火热的阶段,亿航公司凭借 Ghost 系列无人机产品和大疆、零度三家公司平分了国内消费级无人机市场这块大蛋糕,成为当时民用无人机界的"三驾马车"。

不过好景不长,在接下来的 2016 年里,大疆公司凭借陆续推出的精灵 3、精灵 4、御和悟系列,并加上更激进的营销方式,不断地提升国内市场份额。以及国内更多的资金和团队投身于民用无人机领域,成立了大大小小各类公司,向市场投放了五花八门的产品。在这种竞争压力不断加大的背景之下,亿航公司的发展受到一定挫折,曾经改变方向推出"天鹰"系列工业级无人机,但是仍然不是很理想,导致在 2016 年年底开始进行一轮裁员(当时零度也是如此)。

不过,和大疆专注于消费级无人机领域的深耕发展策略不同,胡华智的亿航选择了一条极富有胆量的创新之路,这就是 2016 年亿航在美国正式推出的新一代产品——亿航 184,其外观仍然停留在多旋翼范畴,只不过亿航 184 是载人的无人机。可能依据无人机的定义,亿航 184 已经不能算是无人机了,但是其各个部件却始终流淌着无人机的血液。

胡华智(见图 11-3)的亿航一直都有一种情怀——"让人类像鸟儿一样自由飞翔",在开发亿航 184 的过程中,亿航为了飞行安全投入资金开发了一套全新的自动驾驶系统,以及中心化的飞行轨迹管理系统。不过截至目前,作为一种以载人为目的的飞行器而言,无论是在美国还是在中国,亿航 184 都没有获得最为关键的许可证——适航证。美国联邦航空管理局(FAA)不但拒绝颁发适航证,甚至连载人试飞许可都没有发放,因此,亿航 184 最初想在美国市场试水的计划严重受挫。没有拿到 FAA 的适航证,就意味着不可能进入欧洲、加拿大、澳大利亚等西方市场;没有拿到国内民航总局的适航证,就禁止在国内进行销售和商业飞行,这对于亿航公司而言是一种很令人难过的结果。

图 11-3　亿航公司创始人胡华智和亿航 184 载人无人机

值得庆幸的是,2017 年阿联酋接受了亿航 184,允许亿航公司在其境内进行载人飞行试飞和商业运营。截至目前,还不清楚亿航 184 进展如何,但是作为一款开拓性的载人无人机,注定其未来还要面临诸多挑战,不但是来自技术的,也来自法规方面的,更多的是来自所有普通人的传统认知。

3. 纵横公司

纵横公司全称是成都纵横自动化技术有限公司(简称 JOUAV),成立于 2010 年。创始人是任斌,也是一位 70 后,未创业之前曾经是一名军人,专业背景应该是控制系统方向。相比于汪滔和胡华智两位"体制外"的创业者,任斌接受过十多年的航空工业工程化专业训练和熏陶,这种人生背景也促使后来的纵横公司走出了一条更加专业化的无人机发展之路。

与大疆和亿航一开始就关注于无人机整机研发的策略不同,纵横公司最初的产品是飞控机,主要是为固定翼无人机提供军用级和工业级的飞控产品(见图 11-4)。这些飞控机与消费级多旋翼无人机所使用的小型飞控机最大的不同在于,无论是硬件还是飞控算法软件,从设计之初就严格遵守航标和国军标的设计规范,具有高度的可靠性和冗余度安全性,因此,性能相当稳定,当然价格自然要比几百元到几千元的消费级贵得多。

在面向国内很多航空主机单位取得不错的销售业绩之后,纵横公司又陆续推出面向多旋翼、直升机的飞控机,以及配套的地面站系统,当然这种系统也是遵照国军标和航标规范来进行设计的。正是在这些关键性的航电系统取得一定成绩之后,2015 年纵横成立了无人机子公司(全称是四川纵横无人机技术有限公司),并于 2016 年推出了堪称行业标杆性的产品——CW-10"大鹏"垂直起降固定翼无人机,正式进军工业级无人机市场。凭借固定翼长航时、大载荷、多旋翼垂直起降以及纵横公司独特的高可靠性航电系统,CW-10 推出之后大受欢迎,并引起行业类其他无人机公司的竞相模仿。CW 系列产品全年销售达到 400 台,并且没有出现一次飞行故障是由航电系统原因导致的。

截至目前,纵横公司已经先后推出了 CW-10,CW-20,CW-30 系列垂直起降固定翼工业级无人机,其中 CW-30 已经具备飞行 8h,载荷 6kg 这样的优秀性能。在工业级无人机市场,厚积薄发的纵横公司已经开始表现出一种强劲的发展潜力。

总的来说,在消费级、工业级这样的民用无人机领域,目前国内无人机制造商有很多,各自都有独到的生存技巧和发展战略,很难比较其优劣高低,不过,无人机领域毕竟是一种科技型产业,任何一家公司要想在无人机市场中站稳脚跟并且能够傲视群雄,就必须拥有能够打动市场和客户的核心技术,否则,凭借简单组装和大规模低成本生产的老套路是无法取胜的。

但愿不远的将来,能有更多的国内无人机公司走向全球,成为世界范围内著名的无人机公司。

图 11 - 4　纵横公司的飞控机产品

## 11.2　民用无人机应用领域现状

民用无人机市场在 2013 年之前基本处于一种"沉静"状态,除了一些传统军用领域无人机制造商在某些特殊的民用领域进行过有限的尝试性应用之外,大多数民用行业对无人机都是停留在陌生的概念阶段。在 2013 年之后,随着多旋翼消费级无人机的普及,越来越多的民用领域向无人机开放,并且陆续形成了比较成熟的无人机民用应用领域,其中以航拍、植保、测绘应用程度最高,此外,截至目前民用无人机在消防、安保、气象、海事等部门也开始进行了渗入,可以肯定随着时间的催化,会涌现出越来越多的民用无人机应用领域。

本节将对目前的民用无人机应用领域进行逐一介绍,以便读者朋友们对无人机应用领域建立起广泛的认识。

### 11.2.1　航拍市场

无人机航拍市场是最早启动的,也是目前民用无人机最为成熟、最为核心的应用领域。客观地说,这种成就某种程度上还是要得益于深圳大疆公司的努力。

2013 年大疆推出的首款"精灵"个人航拍无人机,凭借几千元的售价、简化的操作方式、优良的自稳控制能力以及专业的数字镜头,吸引了很多摄影爱好者由此进入到航拍领域。两年之后,"精灵"系列航拍无人机不断推陈出新,在大疆公司专业市场营销催化下,2015 年顺利激发了中国民用无人机市场,越来越多的人进入到无人机应用领域,当然此时的无人机应用领域其实只有航拍市场。

无人机航拍市场的从业人员相比于工业、金融、IT 等其他传统行业而言表现得最为分散,在早期阶段大多都是以个人为单位进行的航拍活动。这些航拍飞手的来源主要有两大类:第一,早期由专业的摄影师、摄影爱好者尝试使用航拍无人机之后,慢慢地掌握航拍技术,演变成为专业的航拍飞手;第二,则是一些无人机爱好者、航模爱好者通过学习无人机操作技术之后,进入到航拍领域,成为航拍飞手。前者由于之前的工作经验,对于摄影理论、光影艺术、后期制作等方面具有比较好的知识沉淀和经验积累,在掌握无人机飞行控制能力之后,通常比较容易拍出(或者说用"制作"更为妥当一些)具有艺术美感的图片或视频作品。后者对于无人机飞行操作比较擅长,但是对于光影艺术的认知还是有所不足,因此,所拍摄出的图片、视频等素材良莠不齐,艺术水平差距比较大。

在航拍应用市场化早期阶段,大致在 2014—2015 年之间,由于这种航拍图片和视频属于"新鲜事物",因此,物以稀为贵。传统的婚纱摄影、户外广告、大型活动、影视拍摄等领域开始接受这种应用服务。航拍服务方式通常有三种:

(1)按天计费,即飞手携带航拍无人机为其进行拍摄服务,一天大概有效飞行时间 2h 以内(6~8 块电池的工作能力),行业一般平均价格在 1 500~2 500 元/天之间。这种主要针对普通户外摄影客户,如婚纱、婚庆等飞行时间比较短的业务,算是航拍领域的低端市场。

(2)按次收费,即飞手携带无人机完成预定的航拍任务,这种方式大多针对户外广告、演唱会、娱乐晚会等等,通常最长飞行时间也是控制在 2~3h 之内。但是这种业务相比于第一种而言稍微复杂一些,因为需要多名飞手操作多台无人机同时或者分批进行空中拍摄作业,因此成本较高,算是航拍领域的中端市场。而根据所需人工和机器的情况,价格上下会有较大波动,但通常收费水平在 2 万~3 万元/次。

(3)按任务收费,这主要是为客户提供一段时期的专业航拍服务进行的收费方式,通常以电视剧、电影和纪录片等影视剧组为主要客户,拍摄时间比较长,一个月到十几个月跨度不等。这种航拍任务对于飞手的飞行技术和航拍技术要求最高,通常需要一个专业的航拍摄影团队来介入,动用不少的飞手和各种型号的无人机设备,因此,这种航拍服务属于航拍应用市场的高端领域,收费差异就表现得很大,高的有数百万元,低的也有几十万元。

在 2015 年之后,特别是 2017 年年初大型航拍纪录片《航拍中国》正式公映,精美绝伦的上帝视角,极度展现了国内 34 个省、自治区、直辖市和特别行政区的大美景色,让无数观众为航拍的魅力所倾倒。无人机航拍市场被成功激活,不但大量的无人机飞手选择进军航拍市场,此外航拍业务量也持续上涨,很多传统平面摄影领域,都一改往日风格,提供航拍业务。遵循基本的经济学原理,供大于求的情况之下价格就会持续走低,反之则会走高。因此,在 2015—2016 年里,航拍市场的服务价格呈现出了一种两极分化现象。

大量没有摄影技术沉淀的无人机驾驶新手进入航拍市场,很大程度上冲击了航拍领域的低端市场,主要以婚庆、婚纱、个人写真等业务为主,从效果上看,飞手仅仅进行空中拍摄,完成之后提供一大堆原始图片、视频等素材而已,基本上不提供专业的后期制作。况且,随着时间的推移,国内普通人群已经开始对航拍图片或者视频出现审美疲劳,物以稀为贵的早期市场效应已经成为过去式了。因此,从 2016 年年底开始,这样的基础航拍服务价格大幅下降,基本上维持在 200～300 元/次的水平了。

在航拍应用市场,经过 2～3 年的分化,也有不少原先的航拍爱好者、广告公司、摄影工作室等深度钻研,开始从低端航拍市场走出来,为客户提供更加专业的航拍服务。这些航拍公司不但拥有数量众多的主流高端航拍无人机,还会购置大量专业的航拍云台和镜头等专业设备,此外,还配置了后期处理团队,能够对航拍的图片和视频素材进行专业的处理,这样,加上专业的航拍飞手,可以为客户提供一些更具有难度的航拍镜头。这样的航拍服务收费价格不但没有降低,还会持续上升。与低端市场不同,这一群体航拍服务公司主要面向高端个人航拍、特写航拍、高端广告等领域,主要依据飞行任务和时间等因素确定费用,但通常在 5 000～10 000 元/次之间。

无人机航拍市场也是整个无人机飞行活动中表现得最为"自由"的,在 2015—2016 年期间,几乎全国各地随处可见,期间并没有相关部门进行有效约束。然而,正是这种不受任何监控的行为最终引发了一系列严重的安全事件,比如 2017 年 5 月成都双流国际机场的无人机干扰民航起降事件等。因此,从 2017 年 6 月开始,全国范围内针对无人机乱飞、黑飞现象开展了一系列的实名制、禁飞区、飞行申报等管制制度。在这种严格管制下,航拍市场受到一定的约束,航拍活动数量大幅下降,特别是个人航拍行为缩水更为严重。

受此影响,截至目前,无人机航拍市场供求关系出现了细微变化,低端航拍市场几乎处于停滞状态,而面向影视、传媒、新闻等高端航拍市场影响比较小,航拍市场整体价格都表现出不同程度的短期上涨态势。可见,当前新政策之下,航拍市场正在从早期低端、自由无序的状态向专业化、组织化、正规化方向转变。因此,对于广大无人机航拍的从业公司和从业人员而言,抱怨是没有任何意义的,相反,只有尽快调整心态,适应这种趋势转变,才可以在这一波行业整理浪潮中立于不败之地,迎接新的上升发展时期到来。

### 11.2.2　植保市场

无人机植保应用市场,是利用无人机替代传统的农业机械和人力对农作物进行农药喷洒作业的应用服务领域(见图 11-5)。这一领域称得上是民用无人机在非个人消费市场的第一次成功商业化应用。植保无人机通常需要贴地飞行,距地面的飞行高度不超过 2m,对飞手操作水平和心理素质水平有一定要求。截至目前,无人机植保应用领域已经发展得较为成熟,不仅能够提供各种规格、性能的植保无人机产品,也成立了很多植保服务型的公司、合作社、服务社等,吸引了一大批的从业人员。

在植保无人机产品领域,目前各种型号种类繁多。植保无人机基本上以六轴、八轴的多旋翼无人机居多,动力形式方面主要采用两种方式:电动和油动。

电动植保机的品牌以深圳大疆公司的 MG-1/2 系列、广州极飞公司的"天马"系列为典型代表(见图 11-6)。这两家公司的产品在自动飞行控制、农药管理、定位精度方面做了很多改良设计,全系统的可靠性和安全性要优于目前其他小厂商的同类产品。

图 11－5　植保无人机喷洒作业示意图

图 11－6　广州极飞公司 P20 电动植保无人机

油动植保机的品牌以深圳常锋公司为典型代表。深圳常锋公司是国内第一家专注于采用活塞式发动机为动力源的多旋翼植保无人机,其代表作品"天马-1"型(见图 11－7)采用六台活塞式发动机六轴总体布局,中间布置航电、油箱、喷洒系统。整机具备 40kg 的最大载药量,续航时间高达 3h,单日作业面积 1 000～2 000 亩。这些指标完全颠覆性超越了之前的电动植保机。另外,在飞控系统控制操作方面,油动无人机和电动无人机并无本质不同,专业厂商都可以提供比较优异的操作性能(见图 11－8)。

油动和电动相比,作业成本需要额外考虑,毕竟燃油比电的成本价格高,另外一点,油动无人机维护保养过程比电动无人机要复杂得多。两者之间如何取舍,就看具体的实际需求了。

图 11－7　深圳常锋公司"天马-1"型油动植保无人机

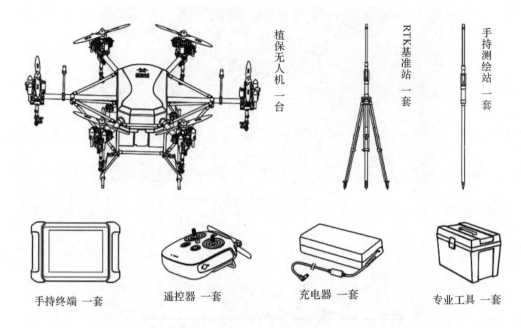

图 11-8　深圳常锋公司"天马-1"型油动植保无人机全系统部件

植保无人机的主要参数除了一些常规的飞行性能参数之外,主要涉及飞行时间、载药量、作业面积、喷洒规划功能、可靠性五个方面。

飞行时间指的是无人机不更换电池的最大飞行时间,植保机由于起飞重量比较大,一般飞行时间都是 10min 左右。采用油动动力方式的植保机,飞行时间比电动要长,根据所搭载的油量,飞行时间长短不一,基本上都是在 1h 以上。

载药量指的是无人机起飞所能搭载的最大农药重量,有 10kg,15kg,20kg,30kg,40kg 产品。虽然载药量越高,喷洒面积则越大,但是如之前章节介绍的,载重量的上升会严重影响飞机的起飞性能,也会导致整台无人机的成本价格成倍上涨。因此,根据每天作业量合理选择和采购植保无人机也关系到整个作业任务的经济效益。实际应用中,电动植保机以 10kg 的载药量最为常见,油动植保机通常载药量在 20kg 以上。

作业面积指的是植保无人机搭载最大药量时所能够达到的最大喷洒面积,以亩为单位。对于 10kg 的药量,电动植保机一天中在理想条件下对成片耕地可以喷洒面积在 400~500 亩之间,但是实际中,考虑到更换电池、自然环境、人员操作等因素,通常最大喷洒面积只能做到 300 亩左右。如果土地分布较为零散,那么实际喷洒面积还会更小。油动植保机由于装药量和飞行时间比电动机长,每天作业面积通常能够达到 1 000 亩以上。

喷洒规划功能其实是无人机航迹规划功能的一种形式,由于农田面积较大,且形状多为矩形,植保无人机需要在农田上空来回反复飞行进行喷洒作业。因此,需要专门的航迹规划控制技术,能够根据农田的地理信息,自动进行航迹优化,提供一个可行的飞行轨迹方案(见图 11-9),并通过地面站或者手机 APP 等移动终端显示出来,供飞手参考使用。此外,有些公司(比如大疆)还提供了航迹记忆恢复功能,在喷洒作业过程中如果出现意外情况,比如农药用完、电量耗尽等,无人机返回起降点更换电池和添加农药之后,可以一键恢复,自动前飞至原先故障点,沿之前航迹继续工作。

图 11-9　植保无人机喷洒作业航迹规划示意图

　　植保无人机产品的可靠性是非常重要的,在每年的农忙期,植保机必须保证每天能够正常起飞作业,完成高强度的起降和喷洒任务,其中一旦出现故障,对于植保服务公司而言都是一笔不小的经济损失,从这一点上看,植保无人机和城市里面的出租车很类似,出勤率和经济效益密切相关。因此,一方面要选择可靠产品,另一方面,植保服务公司作业时往往选择携带两架植保无人机,一架作业、一架备份,这样可有效避免作业风险,提高可靠性。

　　植保喷洒农药的目的是消灭害虫、防止疾病、除草、除落叶等,根据害虫生物活动规律,通常作业时间选择在早上,特别是日出后 10 点之前(不同经度地区具体时间有差异),主要是抢在田间害虫彻底钻入泥土中之前进行喷洒作业,这样才能确保农药杀伤的效果。而其他除草、除落叶等相关田间作业可能安排在下午进行。因此,无人机植保作业的时间特点就是起早贪黑了,农忙时节,几乎连轴转全天作业。以国内水稻、小麦、玉米、棉花等常见农作物为例,春耕开始时其实并不需要无人机进行植保作业,而是选择更为便宜的拖拉机作业方式,因为此时小麦、棉花的幼苗并未破土而出,拖拉机在田间作业并不会伤及幼苗。只有当幼苗破土而出,绿叶繁茂、日渐成熟之际,此时也是害虫最活跃的时候,此时传统的拖拉机无法介入,人工单独喷洒效率太低,因而无人机植保作业才表现出优势。

　　所以,根据中国农业生产的特点,无人机植保行业全年表现出一种非常强烈的季节性特点,通常上半年集中在公历 5 月份和 6 月份,下半年主要集中在公历 9 月份。另外,考虑到作业效率的因素,国内植保行业也表现出强烈的地域集中性,往往集中在我国主要的粮食产区,比如东三省、新疆等传统大面积农场所在地,近来也开始推广到内蒙古、四川、湖北、青海、甘肃等其他一些农业大省。而在这 3 个月份之外的其他时间,植保行业一般以南方省份区域为主要工作地点,这些区域由于耕地面积较小且较为分散,因此作业任务量不如东三省和新疆。

　　植保工作期间,无人机植保服务队伍通常以两人一组的基本小分队形式深入田间地头,开展喷洒作业。这样的小分队配置两台植保无人机、大量的电池和农药,为了保证工作效率还要配置一台面包车,随车携带保障作业的饮用水、食物、药品等。人员配置上基本都是采用一名飞手和一名副手的方式。飞手负责操作无人机和规划航线,副手负责协助飞手更换电池、农药、维护等次要性工作。

　　抵达任务地点之后,开始进行机务准备工作,飞手针对任务量合理规划喷洒航迹。由于是低空贴地飞行,因此飞行期间需要密切关注无人机的控制,防止出现“炸机”的事故。每次喷洒作业完成之后,必须立即进行植保机机体的清洗保养,一方面为了清洗掉农药残留,防止因为操作人员误操作导致的中毒事故;另一方面为了防止喷洒系统出现故障,比如喷洒头堵塞等。

考虑到大多数植保无人机并不是全密封防水设计的,因此,不能直接用水冲洗,而是使用较干的湿抹布进行擦拭,主要擦拭机体表面暴露部分。通常这些工作由副手完成。

收入方面,植保行业收费标准一般按亩计算,不但包括所有人工成本,还要包含农药费用,在 2016 年之前由于国家农业部大力支持和普及使用无人机这种创新科技产品,并将其视为农业科技创新的切入点,对于基层农机合作社、服务站、个人农业服务公司等在购买植保无人机、操作培训、保险等方面都提供了相应的财政补贴。因此,早期阶段植保行业利润比较高,每亩植保作业均价在 12~15 元,农忙时节一天下来有 3 000~4 000 元的收入。而进入 2017 年之后由于大量从业人员的涌入,加剧了市场竞争,同时原有财政补贴到期之后不再给予扶持,植保价格大幅下降,截至目前已经出现了每亩 6 元左右的报价。作为关键的飞手,如果是操作电动植保机,通常按每亩 1 元的价格获取提成收益,高峰时会上涨至 1.5 元/亩左右;如果是操作油动植保机,一般按 0.8 元/亩左右的标准来计算,农忙时节会上涨到 1 元/亩以上。对于副手则是按每天 150~200 元的标准固定核算收益。当然,这种收入都是一种近似"纯收入",因为飞手和副手的吃住行一般都是由植保服务公司提供的。所以,总的来说,以两人为组的单个植保小分队来看,植保收入已经从最初的每年 20 万~30 万元回归到每年 10 万~15 万元。而成本投入方面,两个人配置一台车、两台植保无人机、相关配件,通常需要在 15 万~18 万元之间。

因此,从总体上来观察,无人机植保行业仍然是一个"有利可图"的行业,只不过相比于之前来说,利润已经由暴利回归到理性。但是,对于将要从事植保行业的新人而言,需要时刻明白一点,无人机植保是一个非常看重"吃苦耐劳+技术水平"双重品质的行业,如果操作技术不成熟,又难以忍受这样的工作强度,那很难在无人机植保领域尝到甜头。

### 11.2.3 测绘市场

无人机测绘应用市场表现形式和植保行业有着截然不同的行业特点。与植保无人机作业流程不一样的是,当无人机落地瞬间,并不表示工作结束,相反,测绘无人机降落之后,只是表示测绘工作才完成开始的第一步而已。

一个完整的无人机测绘作业流程包括制订航拍计划、实地调查、无人机航测、影像数据后处理、出图交付等,其中和无人机应用相关的工作主要集中在前期目标测绘区域的原始图像采集这一方面,由于测绘作业不同于普通商业航拍,因此在空中捕捉地面图像的过程中尤其需要关注精度问题。因为航测的基本原理是利用无人机拍摄的影像素材,并根据具体的 GPS 航迹数据、拍摄时无人机位置、姿态角度等计算出素材中各个像素点背后的实际地理坐标值。由于GPS 信号存在着米级的误差,且随着飞行时间、距离等因素的影响,整个系统误差不断地被累积,因此,为了在后期处理过程中能够对于航测素材(静态图片)进行处理时提供必要的误差修正,就要在实际作业区设置若干个参考点,这些参考点在航测飞行前就要利用精度较高的GPS 设备进行事先标定,通常采用 RTK 差分定位,从而获得厘米级别的定位精准度。

因此,在航测项目启动之后,必须事先根据项目要求制订一个初步的航测工作计划。首先,在卫星地图(多数使用 Google 地图)上对目标区域进行合理划分,因为多数情况下无人机航测作业区采用矩形规划,对于单一规整的测量区域可以直接大致标定出一个矩形航测区域;对于不规则的测量区域,可能就需要合理设计出多个矩形区域进行组合来覆盖全部的测量区域。在初步划定的矩形区域内需要预先标定出若干个航测参考点,通常采用矩形区域各个顶点、边界及内部区域设置若干个参考点,这些点的坐标参数都要记录在案。

　　之后,团队成员就要对目标区进行实地考察,了解地面建筑物、植被、地形起伏、天气等情况,由于 Google 地图并不是实时更新的,因此需要依据这些实际情况对原先制订的计划进行有针对性的修正。特别是需要注意原先预设定的参考点所在位置的实际情况,比如某一个参考点位置在实际情况中是一个水塘,或者正好在一棵大树边、一栋建筑边缘等这些意外情况,这时就需要及时更改参考点位置。实际参考点选择时尽量选择一些清晰可见,无遮蔽物,有利于空中定位的位置,比如道路十字路中心点、楼房顶部中央点等。确定新的参考点之后,就要通过携带测量仪器对参考点进行精确坐标测量,坐标点数据要逐一记录。

　　通过实际考察就可以修正原先的航测计划,接下来就可以进行无人机航测飞行了,通常情况下两个人的飞行小组(一个飞手、一个操作地面站)就可以执行这一阶段的工作。当然还要考虑到测绘区域面积的大小,以目前多旋翼航测无人机为例,单点覆盖工作区域一天时间理论上在 $300km^2$(即 17km 的一个正方形区域),但实际工作中受到测绘精度要求、地形因素、天气因素、无人机镜头参数等影响,多数情况下维持在 $100\sim200km^2$ 之间。如果测量区域面积比较大,那么可能需要单个小组多天作业或者配置多个小组同时作业,从而能够在最短时间内获取足够的航拍影像。在无人机实际航测飞行过程中,小项目一两天、大项目三五天时间就差不多了,通常使用预先航迹规划方式进行航空拍摄,所拍摄的图像要完全覆盖所有测量面积,并且特别需要注意一点,尽可能让无人机以 90°垂直方向从参考点正上方飞过,这对于后处理时进行的误差修正极为有利。

　　当无人机飞行航测完成之后,对于无人机操作来说,项目工作基本就结束了,除非出现航测失误情况以及后处理时发现部分数据不全,需要进行二次补飞,即使再次空中飞行作业,都是有针对性飞行,不是全区域范围的飞行。

　　所有的素材交付给项目团队负责后处理工作的小组,尽管目前在航空影像后处理工作中已经有专业的处理软件,如 INPHO,MapMatrix,EPT 等国外知名专业软件,但是面对数万张甚至更多的航拍素材进行拼接、修剪、高程标记、图例标记、色彩着色、文字标记等处理,特别是这种后处理工作在熟悉软件操作之后,就会表现出较为繁重的体力劳动特性。

　　而且,以目前实际情况来看,由于测绘图像处理专业性比较强,需要接受正规的测绘专业科班教育以及多年的航测工程应用训练,因此无人机航测后处理工作表现的分工现象比较明显,能够将后处理各个流程全部掌握的人比较少。

　　总的来看,目前无人机测绘市场需求还是比较旺盛的,主要服务于地方政府城市发展规划、国有土地测量、基础设施建设、农村土地确权测量等,费用核算主要采用项目制,单个项目单个竞标方式为主,如果以测绘面积来表示价格区间,则多在 12 000~20 000 元/$km^2$,不同项目会有浮动,整体的利润空间要比植保、普通航拍高一些。但是对于无人机飞手个人而言这个行业收入并不会很高,由于航测项目需要团队工作,大量人员集中在后处理阶段,且后处理周期比较长,实际外出飞行时间比较短,因此,以目前西安市标准来看,无人机操作手的工资范围多数在 4 000~5 000 元/月之间,如果项目比较多,收入会有一定幅度的提高,但不会很大,多数维持在 5 000~6 000 元/月之间。

　　但是,目前无人机航测这一应用领域对于复合型人才需求比较旺盛,如果无人机操作手不仅能够独立操作无人机进行飞行航测作业,也可以进行相关地图素材的后处理,具备完整的测绘项目作业能力,那么收入水平就会很高了,以西安的标准,至少要比基本飞手高出一倍有余。因此,无人机测绘领域对于人才方面的核心要求就是"学习型飞手"。如果不具备持续性的学习能力和意识,那么很难在这个领域中实现自身价值。

### 11.2.4　其他市场

相比于航拍、植保和测绘市场,民用无人机在其他领域的商业化应用就没有表现出成熟的一面,而体现出的是一种市场开拓特点。截至目前,这些开拓性应用市场包括消防、安防、气象、快递物流等领域。当然随着时间的推移,会有更多的应用市场被开发出来。本节主要对现有的这些应用领域进行简单介绍。

1. 消防

消防领域应该算得上是目前无人机应用领域中仅次于航拍、植保、测绘的方向,目前国内不但有多家无人机研发企业推出了相应的消防无人机产品,而且少数省份的消防单位已经开始进行了尝试性装备。

这种消防无人机根据使用目的已经分化出两种截然不同的类型。第一种,让无人机搭载着水箱、亦或者灭火药剂进行空中定点喷洒作业。这种作业主要使用多旋翼无人机以及无人直升机来进行(见图 11-10、图 11-11),受起飞性能的制约,搭载药剂的量还是比较有限的,一般控制在 40kg 以下,因此这种方式进行灭火作业的能力较为有限,需要多架次反复进行。这种无人机需要在火场上空飞行,热气流运动较为复杂,对人员的操作技术而言也是一种考验。

图 11-10　消防无人机作业 1

图 11-11　消防无人机作业 2

这一类无人机还有一种更简单的应用模式,即携带软管升空,从而构建出一个空中喷水管,地面的水源可以从高空向火源进行喷洒(见图 11-12)。这种工作方式对无人机的载重能力和稳定性能都有较高要求,因为高压水流喷射而出,对无人机本身就会产生极强的"后坐力",这种水压随着飞行高度每增加 1m 就会增加近 1 个标准大气压,因此,这种多旋翼无人机尤其要注意喷水作业时的安全性。

第二种消防无人机就有点和航拍无人机类似,不过一般都是采用工业级多旋翼无人机为平台,以四旋翼和六旋翼为主(见图 11-13、图 11-14)。

这一类消防无人机配置的是可见光照相设备和红外热成像设备,并且装备了高带宽的数据链系统。当其在高危区域进行空中巡逻时,可以进行可见光情况的火源危险性巡逻,并且同时进行红外热信号的鉴别侦查,一旦发现某些区域温度上升到危险值时就可以发出警告;在进行实际火灾扑灭过程中,这种消防无人机一方面可以承担起空中全景侦查,为整个事故消防作业的指挥提供情报支持,帮助消防部门更有针对性地配置消防力量,另一方面,在扑灭火灾的过程中可以利用红外探测方式对扑灭效果进行评估,并能够及时发现一些未扑灭的、人工难以发现的火源点,从而确保扑灭效果。

图 11-12 消防无人机作业 3

图 11-13 广州慧航消防无人机(四旋翼)

图 11-14 克拉玛依市九州科技消防无人机(六旋翼)

此外,由于我国国情的特殊性,消防部门不但承担着消防作业的任务,还一并承担着抗洪救灾、城市突发事件救援等多个领域的救援任务(见图 11-15),因此,消防无人机在具体应用时需要表现出一种更加多功能性的任务能力,快装快卸,可以随时根据任务特性搭载相应的任务设备,这样才能更好地适应这种行业用户实际需求。

图 11-15 无人机空投救生衣

2.安防

安防应用领域主要是针对公安部门执法需求而出现的又一个无人机应用市场,这一个市场的发展方向比较明晰,并且在很多实际执法行动中得到有效使用,这将促使公安部门未来更多地使用无人机进行有关作业。

根据公安部门的使用特点,安防无人机主要分成两类:

第一类属于情报支持类,采用多旋翼无人机或者小型固定翼无人机方式,主要搭载各种侦察设备,如可见光拍摄设备(最常见)、红外热成像设备、微光夜视设备等进行影像情报的获取,可以全天候为警方的执法行动提供有力支持。比较典型的案例产品如鹰眼科技公司的安防无人机(见图 11-16),这种小型固定翼警用无人机具备较长航时飞行能力和模块化任务设备拓展装备能力,能够针对警方任务需要进行快速换装,在 2013 年广东警方缉毒行动中曾经快速搭载红外热成像仪升空作业,夜间飞行对目标村庄进行热成像扫描,并成功标定出所有潜在的制毒作坊,有力协助地面武警成功进行突击抓捕,堪称安防领域无人机应用的典范(见图11-17)。

图 11-16  鹰眼科技一号安防无人机

图 11-17  安防无人机在缉毒领域的应用

第二类属于杀伤类,主要为无人机平台配置软杀伤或者硬杀伤的各种任务设备。软杀伤设备如高音扩音器(见图 11-18),硬杀伤设备如一些小口径枪械(见图 11-19),其中搭载枪械的这款无人机是美国一家无人机公司研发的产品,名叫 TIKAD,采用多旋翼无人机平台,并为自动步枪提供了一个六自由度的稳定平台和光电瞄准器,经过测试可以进行无线电遥控操作高精确度的射击。

图 11-18　搭载扩音器的安防无人机　　　　图 11-19　搭载自动步枪的安防无人机

不过,总的来看,目前国内安防无人机主要的应用方向还是以第一类为主,市场需求随着每一次警方的成功应用日益增强,第二类还是属于一种非主流需求,特别是使用枪械的这种产品,截至目前还未见有类似的国内相关产品投入实际应用的报道。

3.气象

气象部门主要在两个方面对无人机有需求,第一个方面就是气象探测,主要是低空、中空的气象探测方向,目前大多使用气象气球或者有人飞机;另一个方面就是人工降雨作业,目前进行人工降雨作业时主要采用从地面发射小型的气象火箭弹方式,将增雨弹发射到目标云层中去,从而实现人工降雨。这种方式是一种被动式人工降雨作业方式,必须等到云层密集到一定程度、符合作业要求时才可以作业,且发射火箭弹的位置都是固定的,受到诸多安全要求的制约,无法根据云层变化情况实时机动地进行作业。此外,火箭弹属于一次性耗材,发射成本高,受到弹体需要落地的影响,不能在城市上空使用。

针对这种作业问题,无人机就能发挥其自身价值。不过相比于消防和安防领域而言,气象领域的应用需要面临着几个比较棘手的技术问题。

第一个问题,无人机必须具备能够在 5 000～7 000m 高度飞行的能力,能够穿越云层,特别是积雨云,并且要在这种高度进行 1h 以上的持续性飞行。

第二个问题,具备能够搭载 30kg 左右的载荷能力,这样才能够搭载各种气象探测设备和增雨弹。

第三个问题,不要依赖机场,起降方式要简单。

针对这三个问题,截至目前,采用多旋翼方式的无人机或者是无人直升机除了第三条,前两条是无法满足的。现有的一些大型固定翼无人机前两条都可以满足,唯独需要跑道,这对于气象部门来说使用就比较麻烦了,一些小型固定翼无人机可能在载荷能力、升限、航时等某一项或者三个方面都比较差,也不是很符合需求。

目前可能的突破技术方向就是垂直起降倾转旋翼,或者是多旋翼和固定翼结合的复合式布局无人机,并且结合气象应用的特点,这种无人机的操作应该以标准地面站全自动操作为主要方式,从而降低操作使用方面的烦琐度。但是截至目前,在工业级无人机产品领域,无论哪一种都还未达到真正意义上的气象使用要求。

不过,在当今市场需求的刺激下,相信很快就会有符合使用要求的无人机产品推出,毕竟这也是一个比较大的应用市场,保守估计应该存在 50 亿元以上的市场容量。

4.快递物流

快递物流领域是无人机 2016 年开始引入的应用方向,也是最具有潜力的应用方向。在这个领域美国亚马逊公司最早进行了尝试性无人机快递运输(见图 11-20),并且是从物流仓库运送到收货人住宅门口的小院草坪上。不过国内城市的住房条件和美国完全不同,居住密度要高很多。在这种刺激之下,国内的一些物流快递公司也进行了相关性尝试,其中比较有宣传力度的要数京东公司。京东公司 2017 年也推出了快递无人机(见图 11-21),并且进行了小范围的尝试性商业运输。国内的这种无人机物流模式目前是从城市内的一个快递点发送到另一个快递点,或者在山区、农村等偏远地方进行点对点的交替运输,暂时并不面向个人客户提供配送服务。在取得一定成果之后,京东公司持续性进行研发投入,并在西安成立了无人机物流配送基地和产业园,从投入资金和规模上看,目前京东相比于国内其他物流公司要走在前列。

不过,目前这种快递领域的无人机应用模式仍然面临着很多不可回避的问题,既有技术方面的,也有使用方面的,还有法律法规层面的。这方面还需要依靠时间来进行验证和改进,不过一旦被证明是成功可行的,那么,无人机物流行业将会成为一个新的无人机增长点,也会成为大量提供无人机应用操作人员就业岗位的行业。

图 11-20　亚马逊物流无人机

图 11-21　京东物流无人机

## 11.3　民用无人机市场前景

民用无人机应用市场自 2013 年被激活以来,至今不过区区四年的时间,不过在这短短的四年时间里,很多传统行业的运作模式和方法已经被颠覆了,比如摄影、农林病虫害防护、安防等领域。在其背后,追本溯源,不仅有资本的推动作用,也有国内工业技术积累的厚积薄发,还存在着国内人力资源中创新精神的释放,当然,不可忽视的一点,就是无人机本身成功实现了将原本高大上的飞行平台以一种更加简单、低成本的方式提供给几乎所有的传统行业,形成一种海纳百川般的市场适应性。

正因为如此,尽管目前民用无人机商业应用还集中在航拍、植保、测绘、消防、安防等若干个领域,但是,随着这些标杆领域的每一次成功应用,都会吸引着更多的行业像民用无人机伸出橄榄枝,比如当前最为"火热"的物流无人机。不过,任何一种新事物的产生和发展过程都不会也不应该是顺风顺水的,历经挫折之后,发展壮大起来才是最为坚实的。

笔者也已经从无人机研发工作转换成无人机行业的商业运营,尽管 2017 年对于无人机行业而言情况还比较复杂,但是对于无人机的未来,笔者持续坚定看好,目前新的机遇已经在悄然孕育之中,也许 2018 年亦或者 2019 年就会迎来新的一波高速发展浪潮。如同人生中遇到挫折和迷茫一样,面对无人机行业中的跌宕式发展,不妨追溯一下一些伟大的航空公司发展经历,比如波音公司,20 世纪 50 年代波音公司差一点就要倒闭了,被麦道公司收购,可是柳暗花明,坚韧的毅力换来了奇迹发生,从而造就了波音成为当今世界航空业最伟大的公司之一,并且反过来于 1997 年把麦道公司收入囊中。

不过,在肯定发展趋势的同时,更需要冷静思考。必须肯定的是,无人机绝对不是万能装备,不是每一个行业出现的问题都可以凭借无人机的介入就成功解决了,无人机还没有伟大到如此高不可及的地步。

相反,无人机和传统行业的结合,不但要考虑技术问题,更重要的要算经济账,需要回答一个问题——如果使用这台无人机,相比于未使用前的状态,它能够在全寿命周期内为用户带来多大的利润或者是节约了多少成本? 如果这个问题答案的数字很大,那么,无论这台无人机的外形、使用的材料、发动机、飞控等是什么规格样式的,都可以暂且放在一边,但有一点是可以肯定的,这台无人机的核心竞争力绝对不低,足以深深地打动用户的心了。

不过,经过这三年左右的发展,无人机行业吸引了很多年轻人的涌入,无论是从事应用操作,还是进行研发设计,早期的盲目性应该被市场变化所提供的被动式教育给磨掉了。绝大多数从业人员都应该意识到无人机行业不是一个轻而易举就可以获得高收入的行业,对于个人而言,也许最好的应对策略应该是努力提高自身的无人机素养,以不变应万变的职业规划策略,跟随无人机行业的发展而实现属于自己的人生价值。

毕竟,航空业从 1903 年开始到现在只不过 100 年,民用无人机即使从 2005 年算起也不过 12 年时间,比较一下当年莱特兄弟那个超级简单的"飞行者一号",再看看现在的 A380,民用无人机未来发展的空间超出你我之想象。

所以,一起努力吧,读者朋友们。

# 思 考 题

1. 自行收集资料分析 10 家国内无人机企业的产品及其特点。

2. 简述航拍无人机应用领域当前情况,并阐述自己的见解。

3. 对比分析航拍、测绘、植保三大民用无人机应用领域的共性特点,并总结当前民用无人机应用领域的整体性特点。

5. 组织分组讨论民用无人机的未来发展方向。

# 参 考 文 献

[1]  程保银.先进的以色列无人机[J].现代军事,1996(3):33-35.

[2]  谢辉.美国陆军无人机发展趋势[J].国际航空,2016(9):23-25.

[3]  魏钢,陈应明,张维.中国飞机全书[M].北京:中航出版传媒有限责任公司,2012.

[4]  陶考德,历程·传承·征程 西工大航空模型运动60周年纪念活动[J].航空模型,2016
     (7):8-11.

[5]  郭琦,任舜.某型飞机前服务门强度刚度分析与结构改进[C]∥Altair Hyperworks技术
     大会论文集.上海:[出版者不详],2012.

[6]  王和平.现代飞机总体设计[M].西安:西北工业大学出版社,1995.

[7]  徐华舫.空气动力学基础[M].北京:国防工业出版社,1979.

[8]  王兴海,马震,郑勇.无人机用小型航空活塞发动机的发展[C]∥尖兵之翼——无人机大
     会论文集.北京:航空工业出版社,2006.

[9]  中国科学院"长续航动力锂电池"项目组.中国科学院高能量密度锂电池研究进展快报
     [J].储能科学与技术,2016,5(2):172-176.

[10]  谢辉,王力,张琳.一种适用于中小型无人机的新型螺旋桨设计[J].航空工程进展,
      2015,6(1):71-76.

[11]  刘沛清.空气螺旋桨理论及其应用[M].北京:北京航空航天大学出版社,2006.

[12]  何湘智,王荣春,罗倩倩.固定翼无人机纵向控制律设计及仿真验证[J].科学技术与工
      程,2010,10(9):2134-2138.

[13]  李满福,程锦涛,王清龙.国外旋翼桨毂构型技术综述[J].直升机技术,2010(4):
      64-70.